看范例快速识图

U0261589

建筑设备工程快速识图

张正南　主编

中国铁道出版社

2012年·北京

内容提要

本书共分为五章：建筑制图基本规定、建筑设备工程识读基础、管道工程施工图识读、通风空调施工图识读、采暖工程施工图识读。

本书系统实用，简明扼要，重点突出，力求做到图文并茂，表述准确，具有较强的指导性和专业性。本书可供从事建筑工程施工的工程技术人员、管理人员使用，也可作为大专院校相关专业的辅导用书。

图书在版编目(CIP)数据

建筑设备工程快速识图/张正南主编．—北京：中国铁道出版社，2012.7

(看范例快速识图系列)

ISBN 978-7-113-14625-2

Ⅰ.①建… Ⅱ.①张… Ⅲ.①房屋建设设备—建筑制图—识别 Ⅳ.①TU8

中国版本图书馆CIP数据核字(2012)第087920号

书　　名：看范例快速识图系列
建筑设备工程快速识图

作　　者：张正南

策划编辑：江新锡　徐　艳

责任编辑：曹艳芳　陈小刚　　**电话：**010－51873193

助理编辑：张荣君

封面设计：郑春鹏

责任校对：张玉华

责任印制：郭向伟

出版发行：中国铁道出版社(100054，北京市西城区右安门西街8号)

网　　址：http://www.tdpress.com

印　　刷：化学工业出版社印刷厂

版　　次：2012年7月第1版　2012年7月第1次印刷

开　　本：787 mm×1 092 mm　1/16　印张：11.5　字数：286千

书　　号：ISBN 978-7-113-14625-2

定　　价：29.00元

版权所有　侵权必究

凡购买铁道版的图书，如有缺页、倒页、脱页者，请与本社读者服务部联系调换。

电　　话：市电(010)51873170，路电(021)73170(发行部)

打击盗版举报电话：市电(010)63549504，路电(021)73187

前　言

随着施工技术的不断发展，除了在看懂施工图方面对施工技术人员的要求越来越高；同样今后将采用平面法设计的施工图，对施工技术人员的技术要求也将越来越高。由于建筑物的千姿百态，建筑工程的千变万化，所以在本书中我们提供的看图实例总是有限的，但能起到帮助掌握看懂施工图纸的基本知识和具体方法的作用，给读者以初步入门的指引。

建筑工程施工图是工程设计人员科学表达建筑形体、结构、功能的图语言。如何正确理解设计意图，实现设计目的，把设计蓝图变成实际建筑，前提就在于实施者必须看懂施工图。这是对建筑施工技术人员、工程监理人员和工程管理人员的最基本要求，也是他们应该掌握的基本技能。

随着国家经济建设的发展，建筑工程的规模也日益扩大。对于刚参加工程建筑施工的人员，对房屋的基本构造不熟悉，还不能看懂建筑施工的图纸。为此迫切希望能够看懂建筑施工的图纸，学会这门技术，为实施工程施工创造良好的条件。

建筑工程图是建筑工程施工的依据。本书的目的，一是培养读者的空间想象能力；二是培养读者依照国家标准，正确绘制和阅读建筑工程图的基本能力。因此，本书理论性和实践性都较强。

本丛书按照住房和城乡建设部最新颁布的《房屋建筑制图统一标准》(GB/T 50001—2010)、《总图制图标准》(GB/T 50103—2010)、《建筑制图标准》(GB/T 50104—2010)、《建筑结构制图标准》(GB/T 50105—2010)、《建筑给水排水制图标准》(GB/T 50106—2010)、《暖通空调制图标准》(GB/T 50114—2010)等相关国家标准。主要作为有关建筑工程技术人员参照新的制图标准学习怎样识读和绘制建筑施工现场工程图的自学参考书，还可作为高等院校本、专科土建类各专业、工程管理专业以及其他相近专业的参考教材。

本丛书在编写过程中，既融入了编者多年的工作经验，又采用了许多近年完成的有代表性的工程施工图实例。本丛书注重工程实践，侧重实际工程图的识读。为便于读者结合实际，并系统掌握相关知识，在附录中还附有全套近年工程设计图样，这套图样包括建筑施工图、结构施工图和设备施工图等相关图样。

本丛书共分为四本分册：

(1)《建筑结构工程快速识图》；

(2)《建筑给水排水工程快速识图》;

(3)《建筑电气工程快速识图》;

(4)《建筑设备工程快速识图》。

丛书特点:

在介绍识图基础知识的前提下,加入施工图实例,力求做到通过实例的讲解,快速地读懂施工图,达到快速识图的目的。

参加本丛书的编写人员有王林海、孙培祥、栾海明、孙占红、宋迎迎、张正南、武旭日、张学宏、孙欢欢、王双敏、王文慧、彭美丽、李仲杰、李芳芳、乔芳芳、张凌、岳永铭、蔡丹丹、许兴云、张亚等。

由于编写水平有限,书中的缺点在所难免,希望同行和读者给予指正。

编　者

2012年4月

目　录

第一章　建筑制图基本规定

第一节　图线、字体

一、图线

(1)图线的宽度 b,宜从 1.4 mm、1.0 mm、0.7 mm、0.5 mm、0.35 mm、0.25 mm、0.18 mm、0.13 mm 线宽系列中选取,图线宽度不应小于 0.1 mm。每个图样,应根据复杂程度与比例大小,先选定基本线宽 b,再选用表 1-1 中相应的线宽组。

表 1-1　线宽组　　　　(单位:mm)

线宽比	线宽组			
b	1.4	1.0	0.7	0.5
$0.7b$	1.0	0.7	0.5	0.35
$0.5b$	0.7	0.5	0.35	0.25
$0.25b$	0.35	0.25	0.18	0.13

注:1. 需要微缩的图纸,不宜采用 0.18 mm 及更细的线宽。

2. 同一张图纸内,各不同线宽中的细线,可统一采用较细的线宽组的细线。

(2)工程建设制图应选用表 1-2 所示的图线。

表 1-2　图　线

名称		线型	线宽	用途
实线	粗		b	主要可见轮廓线
	中粗		$0.7b$	可见轮廓线
	中		$0.5b$	可见轮廓线、尺寸线、变更云线
	细		$0.25b$	图例填充线、家具线
虚线	粗		b	见各有关专业制图标准
	中粗		$0.7b$	不可见轮廓线
	中		$0.5b$	不可见轮廓线、图例线
	细		$0.25b$	图例填充线、家具线
单点长画线	粗		b	见各有关专业制图标准
	中		$0.5b$	见各有关专业制图标准
	细		$0.25b$	中心线、对称线、轴线等

名称		线型	线宽	用途
双点长画线	粗		b	见各有关专业制图标准
	中		0.5b	见各有关专业制图标准
	细		0.25b	假想轮廓线、成型前原始轮廓线
折断线	细		0.25b	断开界线
波浪线	细		0.25b	断开界线

(3)同一张图纸内,相同比例的各图样,应选用相同的线宽组。

(4)图纸的图框和标题栏线可采用表1-3的线宽。

表1-3　图框和标题栏线的宽度　(单位:mm)

幅面代号	图框线	标题栏外框线	标题栏分格线
A0、A1	b	0.5b	0.25b
A2、A3、A4	b	0.7b	0.35b

(5)相互平行的图例线,其净间隙或线中间隙不宜小于0.2 mm。

(6)虚线、单点长画线或双点长画线的线段长度和间隔,宜各自相等。

(7)单点长画线或双点长画线,当在较小图形中绘制有困难时,可用实线代替。

(8)单点长画线或双点长画线的两端,不应是点。点画线与点画线交接点或点画线与其他图线交接时,应是线段交接。

(9)虚线与虚线交接或虚线与其他图线交接时,应是线段交接。虚线为实线的延长线时,不得与实线相接。

(10)图线不得与文字、数字或符号重叠、混淆,不可避免时,应首先保证文字的清晰。

二、字体

(1)图纸上所需书写的文字、数字或符号等,均应笔画清晰、字体端正、排列整齐;标点符号应清楚正确。

(2)文字的字高应从表1-4中选用。字高大于10 mm的文字宜采用True type字体,当需书写更大的字时,其高度应按$\sqrt{2}$的倍数递增。

表1-4　文字的字高　(单位:mm)

字体种类	中文矢量字体	True type字体及非中文矢量字体
字高	3.5、3、5、7、10、14、20	3、4、6、8、10、14、20

(3)图样及说明中的汉字,宜采用长仿宋体或黑体,同一图纸字体种类不应超过两种。长仿宋体的高宽关系应符合表1-5的规定,黑体字的宽度与高度应相同。大标题、图册封面、地形图等的汉字,也可书写成其他字体,但应易于辨认。

表 1-5　长仿宋字高宽关系　（单位：mm）

字高	20	14	10	7	5	3.5
字宽	14	10	7	5	3.5	2.5

(4)汉字的简化字书写应符合国家有关汉字简化方案的规定。

(5)图样及说明中的拉丁字母、阿拉伯数字与罗马数字，宜采用单线简体或 ROMAN 字体。拉丁字母、阿拉伯数字与罗马数字的书写规则，应符合表 1-6 的规定。

表 1-6　拉丁字母、阿拉伯数字与罗马数字的书写规则　（单位：mm）

书写格式	字　体	窄字体
大写字母高度	h	h
小写字母高度(上下均无延伸)	$7/10h$	$10/14h$
小写字母伸出的头部或尾部	$3/10h$	$4/14h$
笔画宽度	$1/10h$	$1/14h$
字母间距	$2/10h$	$2/14h$
上下行其准线的最小间距	$15/10h$	$21/14h$
词间距	$6/10h$	$6/14h$

(6)拉丁字母、阿拉伯数字与罗马数字，当需写成斜体字时，其斜度应是从字的底线逆时针向上倾斜 75°。斜体字的高度和宽度应与相应的直体字相等。

(7)拉丁字母、阿拉伯数字与罗马数字的字高，不应小于 2.5 mm。

(8)数量的数值注写，应采用正体阿拉伯数字。各种计量单位凡前面有量值的，均应采用国家颁布的单位符号注写。单位符号应采用正体字母。

(9)分数、百分数和比例数的注写，应采用阿拉伯数字和数学符号。

(10)当注写的数字小于 1 时，应写出各位的“0”，小数点应采用圆点，齐基准线书写。

(11)长仿宋汉字、拉丁字母、阿拉伯数字与罗马数字示例应符合现行国家标准《技术制图—字体》(GB/T 14691—1993)的有关规定。

第二节　比例、符号

一、比例

(1)图样的比例，应为图形与实物相对应的线性尺寸之比。

(2)比例的符号应为“∶”，比例应以阿拉伯数字表示。

(3)比例宜注写在图名的右侧，字的基准线应取平；比例的字高宜比图名的字高小一号或二号(图 1-1)。

平面图　1∶100　⑥ 1∶20

图 1-1　比例的注写

(4)绘图所用的比例应根据图样的用途与被绘对象的复杂程度,从表 1-7 中选用,并应优先采用表中常用比例。

表 1-7　绘图所用的比例

常用比例	1∶1、1∶2、1∶5、1∶10、1∶20、1∶30、1∶50、1∶100、1∶150、1∶200、1∶500、1∶1 000、1∶2 000
可用比例	1∶3、1∶4、1∶6、1∶15、1∶25、1∶40、1∶60、1∶80、1∶250、1∶300、1∶400、1∶600、1∶5 000、1∶10 000、1∶20 000、1∶50 000、1∶100 000、1∶200 000

(5)一般情况下,一个图样应选用一种比例。根据专业制图需要,同一图样可选用两种比例。

(6)特殊情况下也可自选比例,这时除应注出绘图比例外,还应在适当位置绘制出相应的比例尺。

二、符号

(1)剖切符号。

1)剖视的剖切符号应由剖切位置线及剖视方向线组成,均应以粗实线绘制。剖视的剖切符号应符合下列规定:

①剖切位置线的长度宜为 6～10 mm;剖视方向线应垂直于剖切位置线,长度应短于剖切位置线,宜为 4～6 mm(图 1-2),也可采用国际统一和常用的剖视方法,如图 1-3。绘制时,剖视剖切符号不应与其他图线相接触。

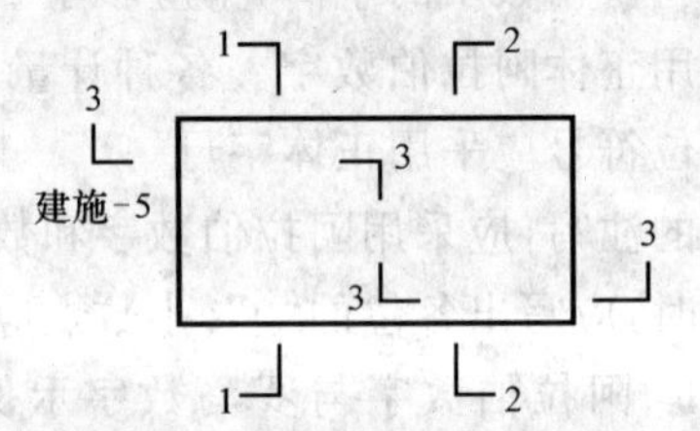

图 1-2　剖视的剖切符号(一)

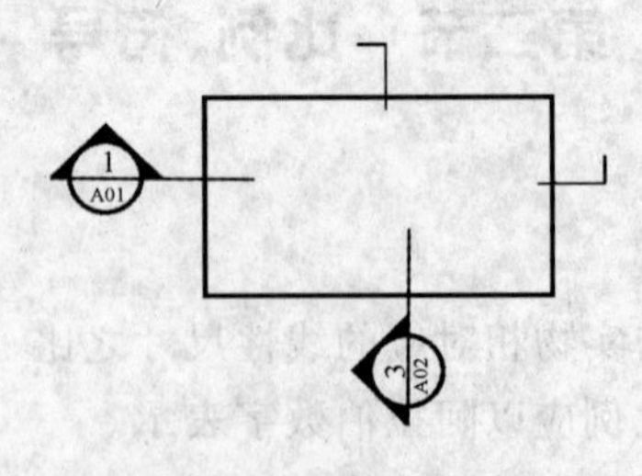

图 1-3　剖视的剖切符号(二)

②剖视剖切符号的编号宜采用粗阿拉伯数字,按剖切顺序由左至右、由下向上连续编排,并应注写在剖视方向线的端部。

③需要转折的剖切位置线,应在转角的外侧加注与该符号相同的编号。

④建(构)筑物剖面图的剖切符号应注在±0.000 标高的平面图或首层平面图上。

⑤局部剖面图(不含首层)的剖切符号应注在包含剖切部位的最下面一层的平面图上。

2)断面的剖切符号应符合下列规定:

①断面的剖切符号应只用剖切位置线表示,并应以粗实线绘制,长度宜为 6～10 mm。

②断面剖切符号的编号宜采用阿拉伯数字,按顺序连续编排,并应注写在剖切位置线的一侧;编号所在的一侧应为该断面的剖视方向(图 1-4)。

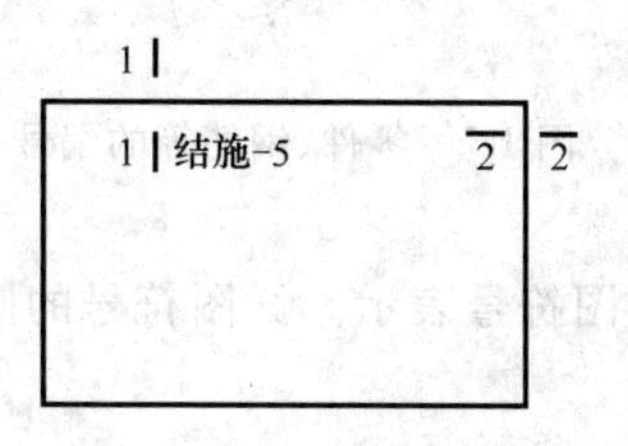

图 1-4　断面的剖切符号

③剖面图或断面图,当与被剖切图样不在同一张图内,应在剖切位置线的另一侧注明其所在图纸的编号,也可以在图上集中说明。

(2)索引符号与详图符号。

1)图样中的某一局部或构件,如需另见详图,应以索引符号索引[图 1-5(a)]。索引符号是由直径为 8～10 mm 的圆和水平直径组成,圆及水平直径应以细实线绘制。索引符号应按下列规定编写:

①索引出的详图,如与被索引的详图同在一张图纸内,应在索引符号的上半圆中用阿拉伯数字注明该详图的编号,并在下半圆中间画一段水平细实线[图 1-5(b)]。

②索引出的详图,如与被索引的详图不在同一张图纸内,应在索引符号的上半圆中用阿拉伯数字注明该详图的编号,在索引符号的下半圆用阿拉伯数字注明该详图所在图纸的编号[图 1-5(c)]。数字较多时,可加文字标注。

③索引出的详图,如采用标准图,应在索引符号水平直径的延长线上加注该标准图集的编号[图 1-5(d)]。需要标注比例时,文字在索引符号右侧或延长线下方,与符号下对齐。

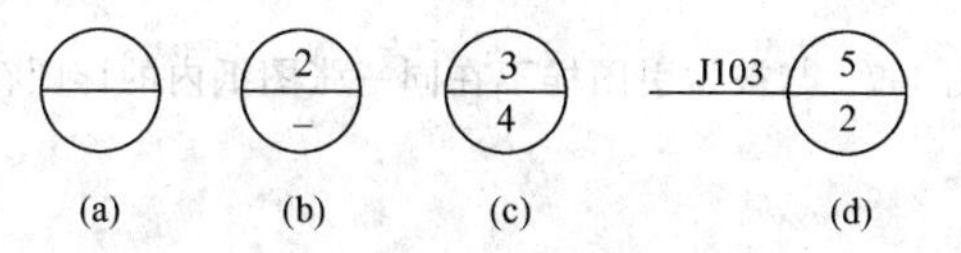

图 1-5　索引符号

2)索引符号当用于索引剖视详图,应在被剖切的部位绘制剖切位置线,并以引出线引出索引符号,引出线所在的一侧应为剖视方向(图 1-6)。

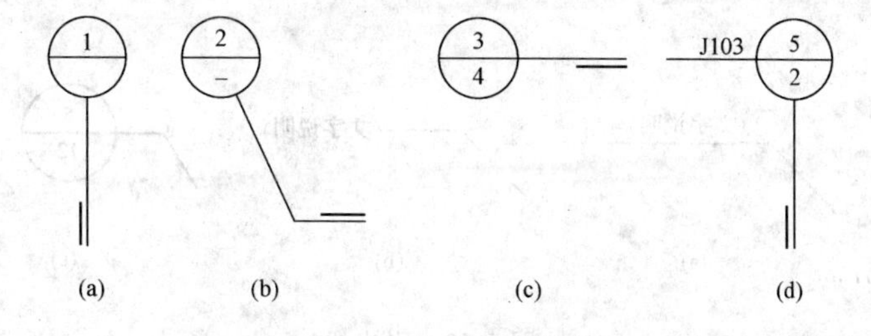

图 1-6　用于索引剖面详图的索引符号

3)零件、钢筋、杆件、设备等的编号宜以直径为 5～6 mm 的细实线圆表示,同一图样应保持一致,其编号应用阿拉伯数字按顺序编写(图 1-7)。消火栓、配电箱、管井等的索引符号,直径宜为 4～6 mm。

图 1-7 零件、钢筋等的编号

4)详图的位置和编号应以详图符号表示。详图符号的圆应以直径为 14 mm 粗实线绘制。详图编号应符合下列规定:

①详图与被索引的图样同在一张图纸内时,应在详图符号内用阿拉伯数字注明详图的编号(图 1-8)。

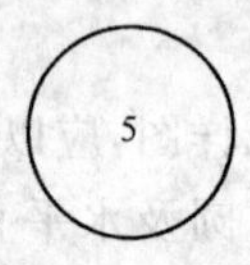

图 1-8 与被索引图样同在一张图纸内的详图符号

②详图与被索引的图样不在同一张图纸内时,应用细实线在详图符号内画一水平直径,在上半圆中注明详图编号,在下半圆中注明被索引的图纸的编号(图 1-9)。

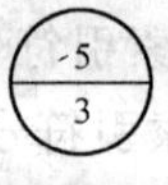

图 1-9 与被索引图样不在同一张图纸内的详图符号

(3)引出线。

1)引出线应以细实线绘制,宜采用水平方向的直线,与水平方向成 30°、45°、60°、90°的直线,或经上述角度再折为水平线。文字说明宜注写在水平线的上方[图 1-10(a)],也可注写在水平线的端部[图 1-10(b)]。索引详图的引出线,应与水平直径线相连接[图 1-10(c)]。

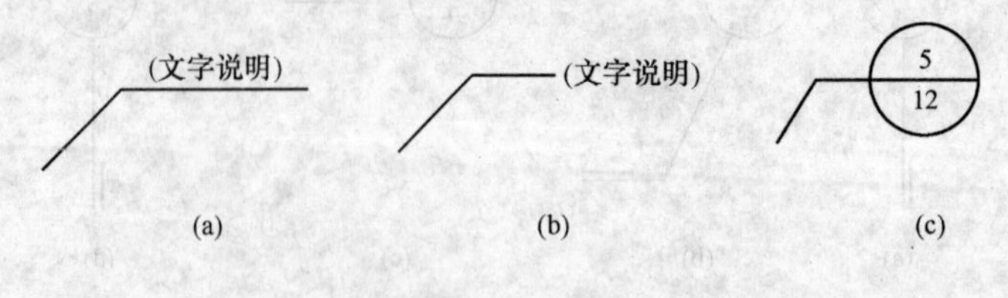

图 1-10 引出线

2)同时引出的几个相同部分的引出线,宜互相平行[图 1-11(a)],也可画成集中于一点的放射线[图 1-11(b)]。

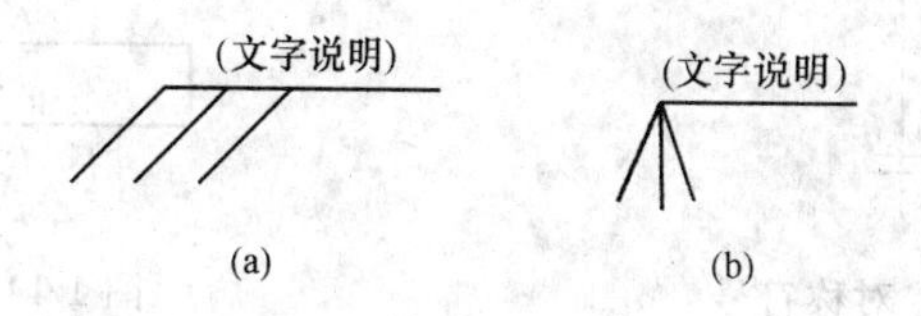

图 1-11　共用引出线

3)多层构造或多层管道共用引出线,应通过被引出的各层,并用圆点示意对应各层次。文字说明宜注写在水平线的上方,或注写在水平线的端部,说明的顺序应由上至下,并应与被说明的层次对应一致;如层次为横向排序,则由上至下的说明顺序应与由左至右的层次对应一致(图 1-12)。

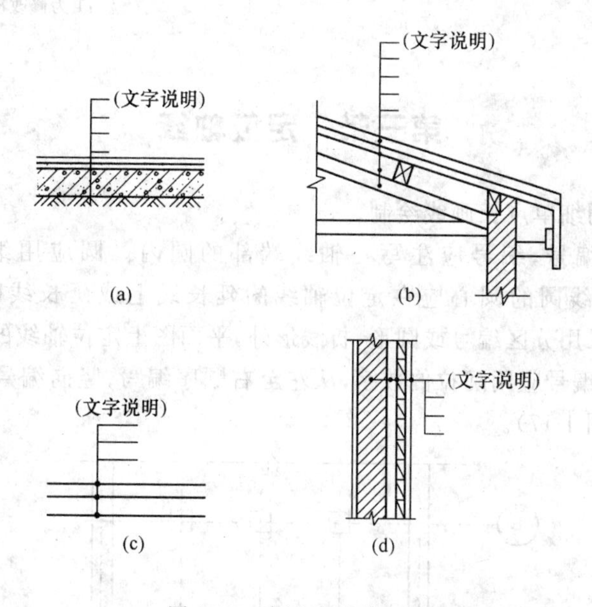

图 1-12　多层共用引出线

(4)其他符号。

1)对称符号由对称线和两端的两对平行线组成。对称线用细单点长画线绘制;平行线用细实线绘制,其长度宜为 6～10 mm,每对的间距宜为 2～3 mm;对称线垂直平分于两对平行线,两端超出平行线宜为 2～3 mm(图 1-13)。

2)连接符号应以折断线表示需连接的部位。两部位相距过远时,折断线两端靠图样一侧应标注大写拉丁字母表示连接编号。两个被连接的图样应用相同的字母编号(图 1-14)。

3)指北针的形状符合图 1-15 的规定,其圆的直径宜为 24 mm,用细实线绘制;指针尾部的宽度宜为 3 mm,指针头部应注“北”或“N”字。需用较大直径绘制指北针时,指针尾部的宽度宜为直径的 1/8。

4)对图纸中局部变更部分宜采用云线,并宜注明修改版次(图 1-16)。

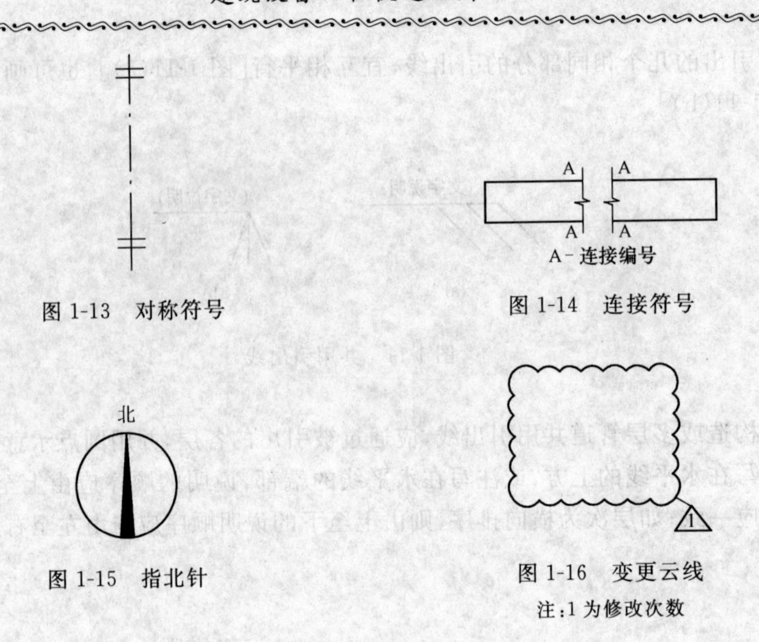

图 1-13　对称符号

图 1-14　连接符号

图 1-15　指北针

图 1-16　变更云线

注:1 为修改次数

第三节　定位轴线

(1)定位轴线应用细单点长画线绘制。

(2)定位轴线应编号,编号应注写在轴线端部的圆内。圆应用细实线绘制,直径为 8～10 mm。定位轴线圆的圆心应在定位轴线的延长线上或延长线的折线上。

(3)除较复杂需采用分区编号或圆形、折线形外,平面图上定位轴线的编号,宜标注在图样的下方或左侧。横向编号应用阿拉伯数字,从左至右顺序编写;竖向编号应用大写拉丁字母,从下至上顺序编写(图 1-17)。

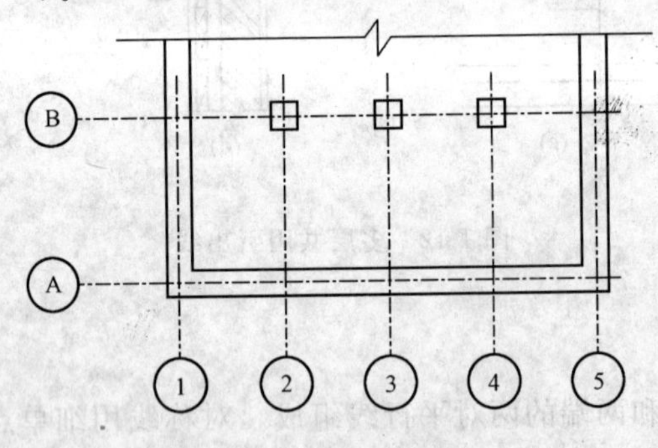

图 1-17　定位轴线的编号顺序

(4)拉丁字母作为轴线号时,应全部采用大写字母,不应用同一个字母的大小写来区分轴线号。拉丁字母的 I、O、Z 不得用做轴线编号。当字母数量不够使用,可增用双字母或单字母加数字注脚。

(5)组合较复杂的平面图中定位轴线也可采用分区编号(图 1-18)。编号的注写形式应为“分区号-该分区编号”。“分区号-该分区编号”采用阿拉伯数字或大写拉丁字母表示。

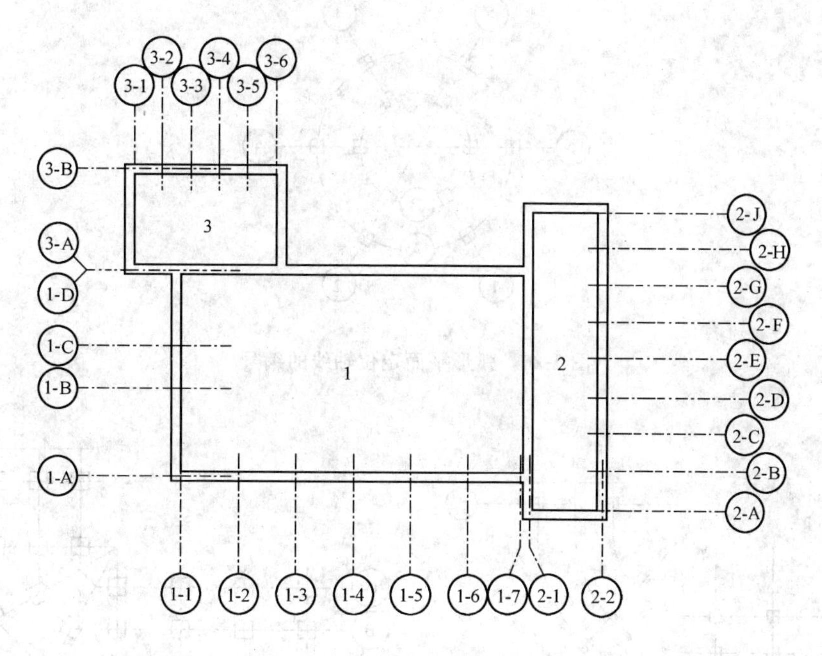

图 1-18　定位轴线的分区编号

(6)附加定位轴线的编号,应以分数形式表示,并应符合下列规定:

1)两根轴线的附加轴线,应以分母表示前一轴线的编号,分子表示附加轴线的编号。编号宜用阿拉伯数字顺序编写。

2)1 号轴线或 A 号轴线之前的附加轴线的分母应以 01 或 0A 表示。

(7)一个详图适用于几根轴线时,应同时注明各有关轴线的编号(图 1-19)。

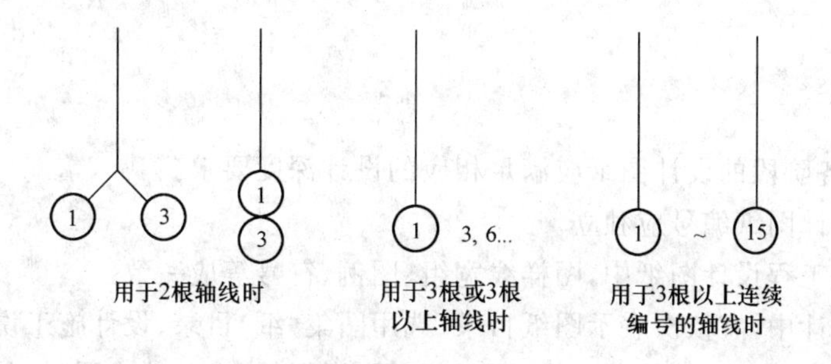

图 1-19　详图的轴线编号

(8)通用详图中的定位轴线,应只画圆,不注写轴线编号。

(9)圆形与弧形平面图中的定位轴线,其径向轴线应以角度进行定位,其编号宜用阿拉伯数字表示,从左下角或-90°(若径向轴线很密,角度间隔很小)开始,按逆时针顺序编写;其环向轴线宜用大写阿拉伯字母表示,从外向内顺序编写(图 1-20、图 1-21)。

(10)折线形平面图中定位轴线的编号可按图 1-22 的形式编写。

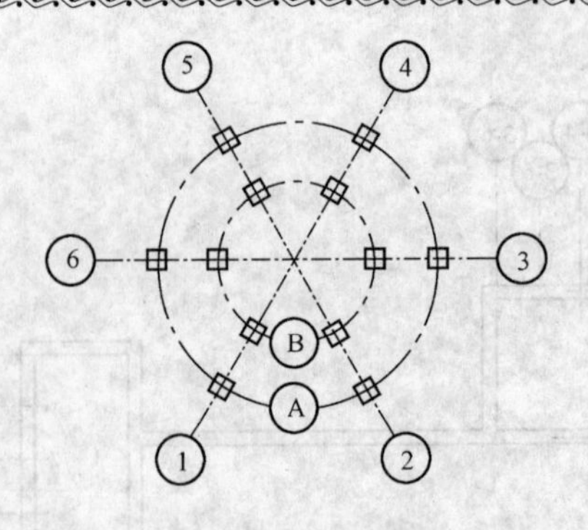

图 1-20 弧形平面定位轴线的编号

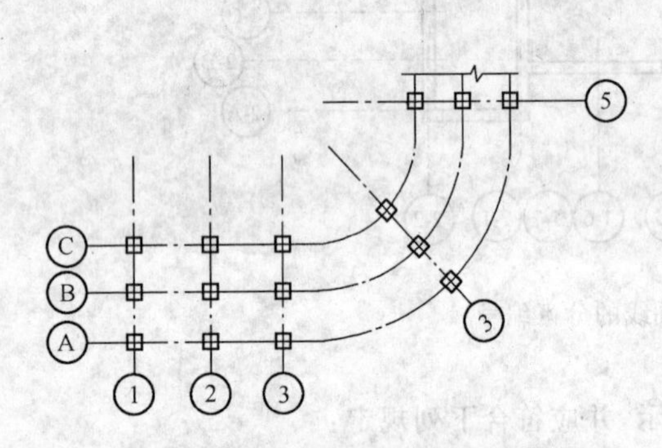

图 1-21 折线形平面定位轴线的编号

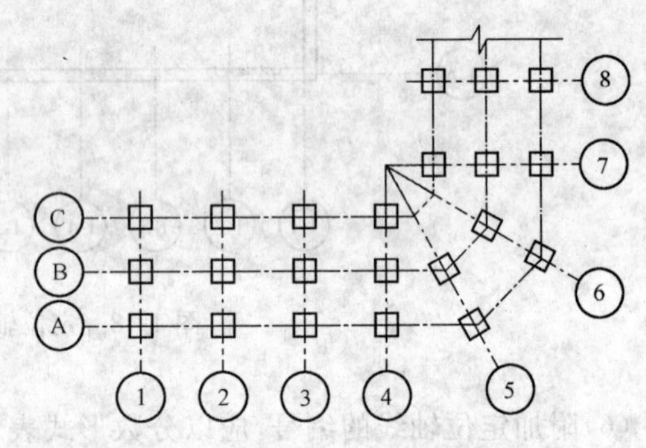

图 1-22 折线形平面定位轴线的编号

第四节 图样画法

一、一般规定

(1)各工程、各阶段的设计图纸应满足相应的设计深度要求。

(2)本专业设计图纸编号应独立。

(3)在同一套工程设计图纸中,图样线宽组、图例、符号等应一致。

(4)在工程设计中,宜依次表示图纸目录、选用图集(纸)目录、设计施工说明、图例、设备及主要材料表、总图、工艺图、系统图、平面图、剖面图、详图等,如单独成图时,其图纸编号应按所述顺序排列。

(5)图样需用的文字说明,宜以“注:”、“附注:”或“说明:”的形式在图纸右下方、标题栏的上方书写,并应用“1、2、3……”进行编号。

(6)一张图幅内绘制平、剖面等多种图样时,宜按平面图、剖面图、安装详图,从上至下、从左至右的顺序排列;当一张图幅绘有多层平面图时,宜按建筑层次由低至高、由下而上顺序排列。

(7)图纸中的设备或部件不便用文字标注时,可进行编号。图样中仅标注编号时,其名称宜以“注:”、“附注:”或“说明:”表示。如需表明其型号(规格)、性能等内容时,宜用“明细表”表示,如图 1-23 所示。

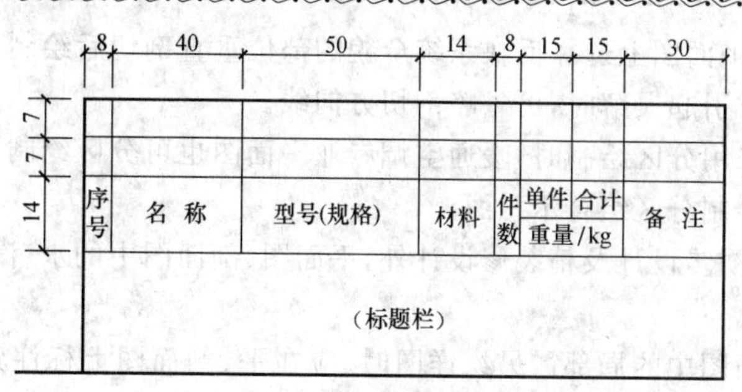

图 1-23　明细栏提示

(8)初步设计和施工图设计的设备表应至少包括序号(或编号)、设备名称、技术要求、数量、备注栏;材料表应至少包括序号(或编号)、材料名称、规格或物理性能、数量、单位、备注栏。

二、管道和设备布置平面图、剖面图及详图

(1)管道和设备布置平面图、剖面图应以直接正投影法绘制。

(2)用于暖通空调系统设计的建筑平面图、剖面图,应用细实线绘出建筑轮廓线和与暖通空调系统有关的门、窗、梁、柱、平台等建筑构配件,并应标明相应定位轴线编号、房间名称、平面标高。

(3)管道和设备布置平面图应按假想除去上层板后俯视规则绘制,其相应的垂直剖面图应在平面图中标明剖切符号,如图 1-24 所示。

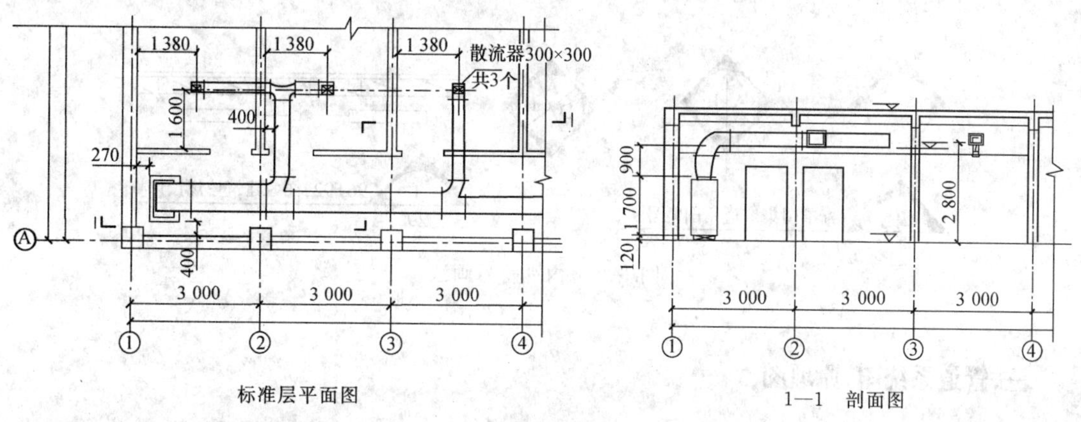

图 1-24　平、剖面示例

(4)剖视的剖切符号应由剖切位置线、投射方向线及编号组成,剖切位置线和投射方向线均应以粗实线绘制。剖切位置线的长度宜为 6～10 mm;投射方向线长度应短于剖切位置线,宜为 4～6 mm;剖切位置线和投射方向线不应与其他图线相接触;编号宜用阿拉伯数字,并宜标在投射方向线的端部;转折的剖切位置线,宜在转角的外顶角处加注相应编号。

(5)断面的剖切符号应用剖切位置线和编号表示。剖切位置线宜为长度6～10 mm的粗实线;编号可用阿拉伯数字、罗马数字或小写拉丁字母,标在剖切位置线的一侧,并应表示投射方向。

(6)平面图上应标注设备、管道定位(中心、外轮廓)线与建筑定位(轴线、墙边、柱边、柱中)线间的关系;剖面图上应注出设备、管道(中、底或顶)标高。必要时,还应注出距该层楼(地)板面的距离。

(7)剖面图,应在平面图上选择反映系统全貌的部位垂直剖切后绘制。当剖切的投射方向为向下和向右,且不致引起误解时,可省略剖切方向线。

(8)建筑平面图采用分区绘制时,暖通空调专业平面图也可分区绘制。但分区部位应与建筑平面图一致,并应绘制分区组合示意图。

(9)除方案设计、初步设计及精装修设计外,平面图、剖面图中的水、汽管道可用单线绘制,风管不宜用单线绘制。

(10)平面图、剖面图中的局部需另绘详图时,应在平、剖面图上标注索引符号。索引符号的画法,如图 1-25 所示。

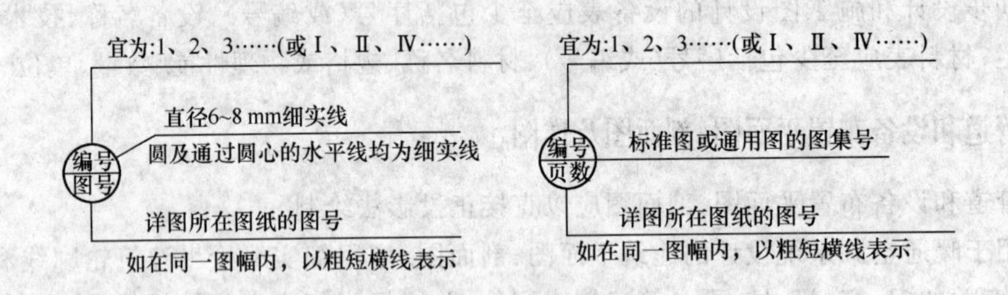

图 1-25　索引符号画法

(11)当表示局部位置的相互关系时,在平面图上应标注内视符号,如图 1-26 所示。

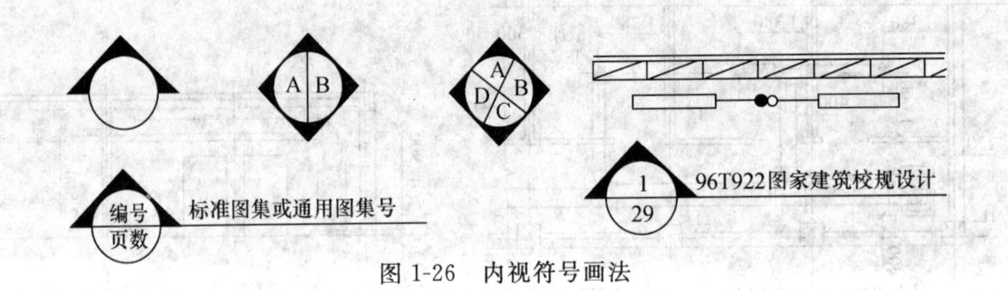

图 1-26　内视符号画法

三、管道系统图、原理图

(1)管道系统图应能确认管径、标高及末端设备,可按系统编号分别绘制。

(2)管道系统图采用轴测投影法绘制时,宜采用与相应的平面图一致的比例,按正等轴测或正面斜二轴测的投影规则绘制,可按现行国家标准《房屋建筑制图统一标准》(GB/T 50001—2010)绘制。

(3)在不致引起误解时,管道系统图可不按轴测投影法绘制。

(4)管道系统图的基本要素应与平、剖面图相对应。

(5)水、汽管道及通风、空调管道系统图均可用单线绘制。

(6)系统图中的管线重叠、密集处,可采用断开画法。断开处宜以相同的小写拉丁字母表示,也可用细虚线连接。

(7)室外管网工程设计宜绘制管网总平面图和管网纵剖面图。

(8)原理图可不按比例和投影规则绘制。

(9)原理图基本要素应与平面图、剖视图及管道系统图相对应。

四、系统编号

(1)一个工程设计中同时有供暖、通风、空调等两个及以上的不同系统时,应进行系统编号。

(2)暖通空调系统编号、入口编号,应由系统代号和顺序号组成。

(3)系统代号用大写拉丁字母表示,见表 1-8,顺序号用阿拉伯数字表示,如图 1-27 所示。当一个系统出现分支时,可采用图 1-27(b)的画法。

表 1-8　系统代号

序　号	字母代号	系统名称	序　号	字母代号	系统名称
1	N	(室内)供暖系统	9	H	回风系统
2	L	制冷系统	10	P	排风系统
3	R	热力系统	11	XP	新风换气系统
4	K	空调系统	12	JY	加压送风系统
5	J	净化系统	13	PY	排烟系统
6	C	除尘系统	14	P(PY)	排风兼排烟系统
7	S	送风系统	15	RS	人防送风系统
8	X	新风系统	16	RP	人防排风系统

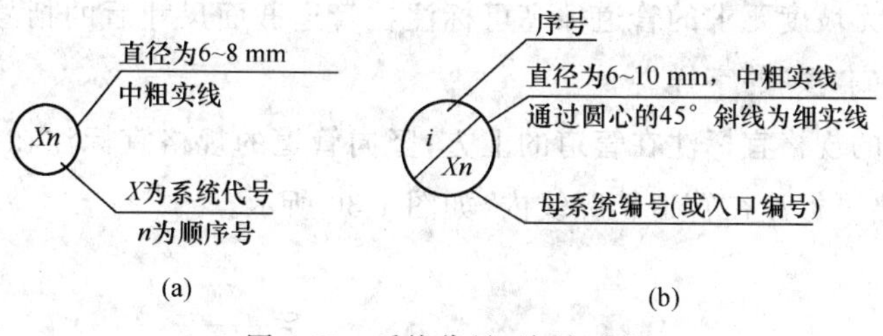

图 1-27　系统代号、编号画法

(4)系统编号宜标注在系统总管处。

(5)竖向布置的垂直管道系统,应标注立管号,如图 1-28 所示。在不致引起误解时,可只标注序号,但应与建筑轴线编号有明显区别。

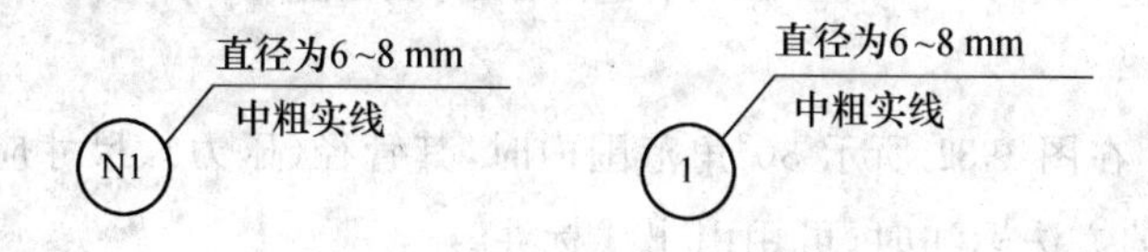

图 1-28　立管号的画法

五、管道标高、管径(压力)、尺寸标注

(1)在无法标注垂直尺寸的图样中,应标注标高。标高应以“m”为单位,并应精确到“cm”

或“mm”。

(2)标高符号应以直角等腰三角形表示。当标准层较多时，可只标注与本层楼(地)板面的相对标高，如图 1-29 所示。

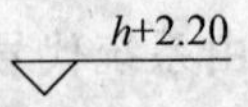

h+2.20

图 1-29　相对标高的画法

(3)水、汽管道所注标高未予说明时，应表示为管中心标高。

(4)水、汽管道标注管外底或顶标高时，应在数字前加“底”或“顶”字样。

(5)矩形风管所注标高应表示管底标高；圆形风管所注标高应表示管中心标高。当不采用此方法标注时，应进行说明。

(6)低压流体输送用焊接管道规格应标注公称通径或压力。公称通径的标记应由字母“DN”后跟一个以“mm”表示的数值组成；公称压力的代号应为“PN”。

(7)输送流体用无缝钢管、螺旋缝或直缝焊接钢管、铜管、不锈钢管，当需要注明外径和壁厚时，应用“D(或 ϕ)外径×壁厚”表示。在不致引起误解时，也可采用公称通径表示。

(8)塑料管外径应用“de”表示。

(9)圆形风管的截面定型尺寸应以直径“ϕ”表示，单位应为“mm”。

(10)矩形风管(风道)的截面定型尺寸应以“$A \times B$”表示。“A”应为该视图投影面的边长尺寸，“B”应为另一边尺寸。A、B 单位均应为“mm”。

(11)平面图中无坡度要求的管道标高可标注在管道截面尺寸后的括号内。必要时，应在标高数字前加“底”或“顶”的字样。

(12)水平管道的规格宜标注在管道的上方；竖向管道的规格宜标注在管道的左侧。双线表示的管道，其规格可标注在管道轮廓线内，如图 1-30 所示。

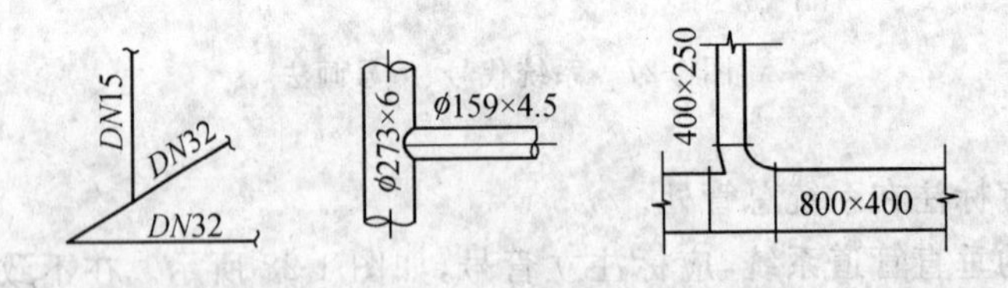

图 1-30　管道截面尺寸的画法

(13)当斜管道不在图 1-31 所示 30°角范围内时，其管径(压力)、尺寸应平行标在管道的斜上方。不用图 1-31 的方法标注时，可用引出线标注。

(14)多条管线的规格标注方法，如图 1-32 所示。

(15)风口表示方法，如图 1-33 所示。

(16)图样中尺寸标注应按现行国家标准的有关规定执行。

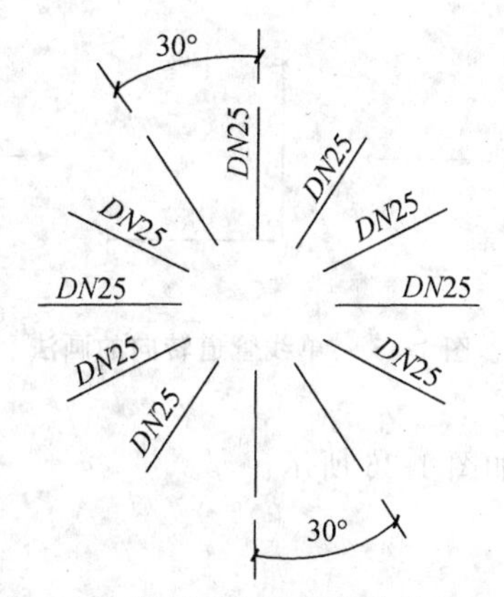

图 1-31　管径(压力)的标注位置示例

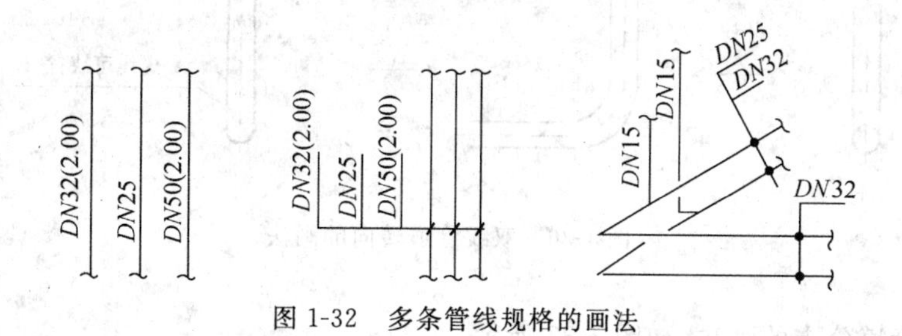

图 1-32　多条管线规格的画法

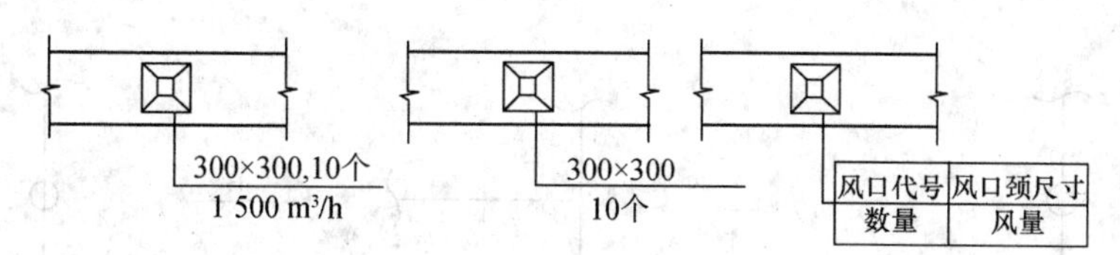

图 1-33　风口、散流器的表示方法

(17)平面图、剖面图上如需标注连续排列的设备或管道的定位尺寸和标高时,应至少有一个误差自由段,如图 1-34 所示。

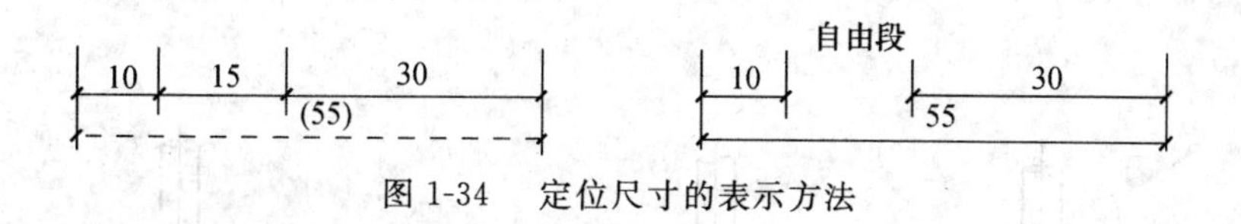

图 1-34　定位尺寸的表示方法

(18)挂墙安装的散热器应说明安装高度。

(19)设备加工(制造)图的尺寸标注应按现行国家标准《机械制图尺寸注法》(GB 4458.4—2003)的有关规定执行。焊缝应按现行国家标准《技术制图 焊缝符号的尺寸、比例及简化表示法》(GB/T 12212—1990)的有关规定执行。

六、管道转向、分支、重叠及密集处的画法

(1)单线管道转向的画法,如图 1-35 所示。

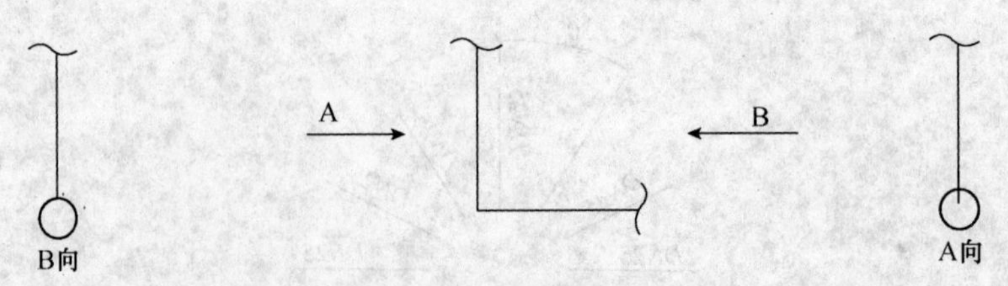

图 1-35　单线管道转向的画法

(2)双线管道转向的画法,如图 1-36 所示。

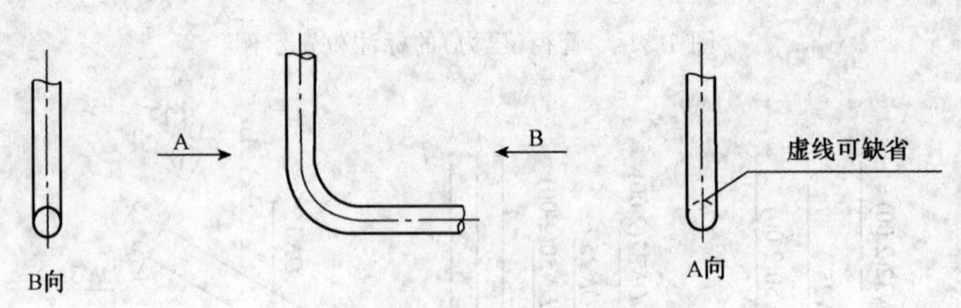

图 1-36　双线管道转向的画法

(3)单线管道分支的画法,如图 1-37 所示。

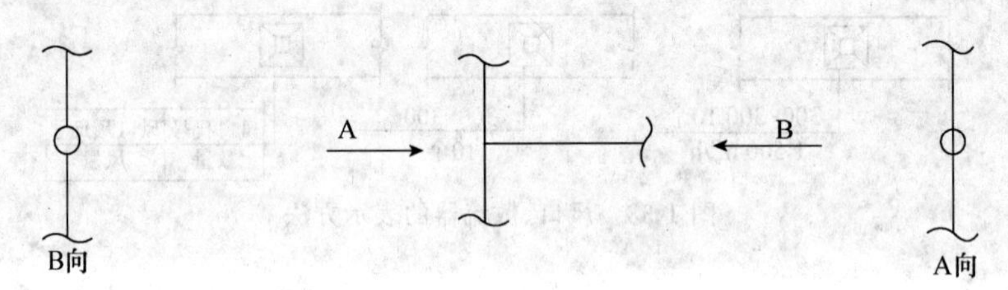

图 1-37　单线管道分支的画法

(4)双线管道分支的画法,如图 1-38 所示。

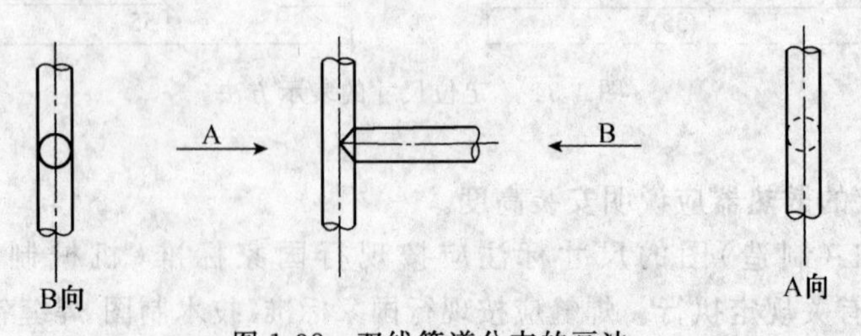

图 1-38　双线管道分支的画法

(5)送风管转向的画法,如图 1-39 所示。

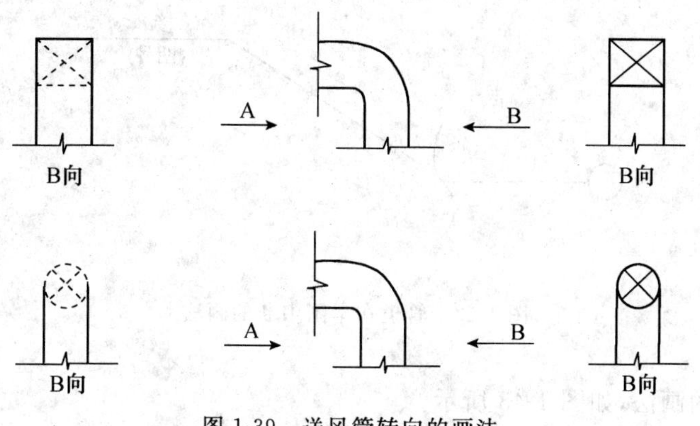

图 1-39 送风管转向的画法

(6)回风管转向的画法,如图 1-40 所示。

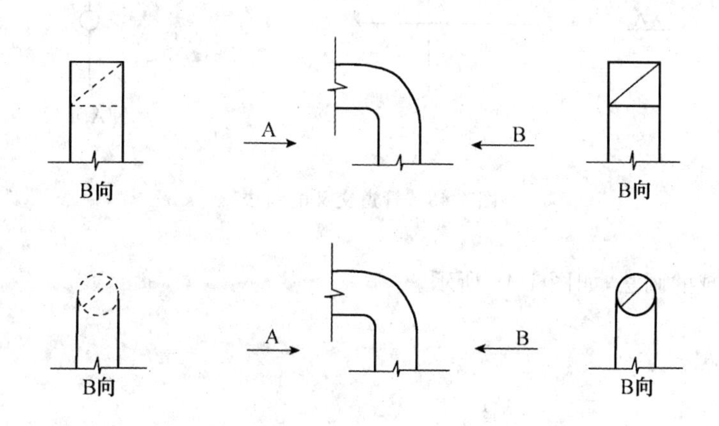

图 1-40 回风管转向的画法

(7)平面图、剖视图中管道因重叠、密集需断开时,应采用断开画法,如图1—41所示。

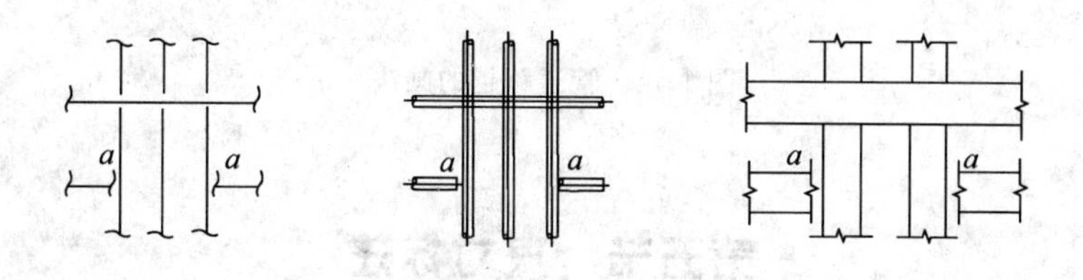

图 1-41 管道断开的画法

(8)管道在本图中断,转至其他图面表示(或由其他图面引来)时,应注明转至(或来自的)的图纸编号,如图 1-42 所示。

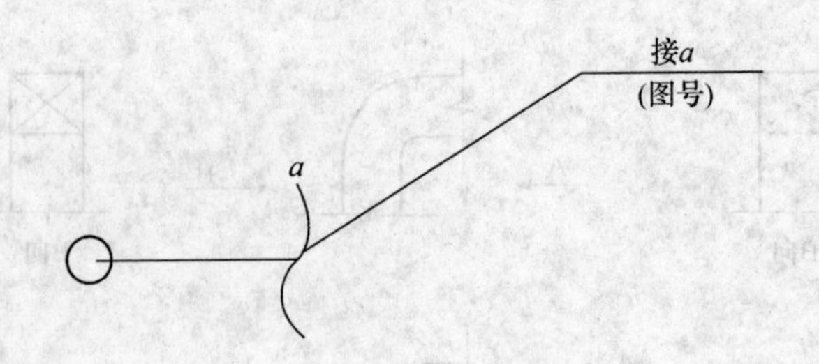

图 1-42　管道在本图中断的画法

(9)管道交叉的画法,如图 1-43 所示。

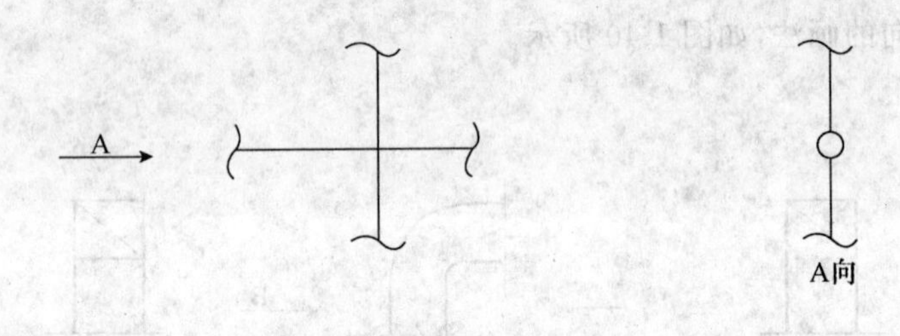

图 1-43　管道交叉的画法

(10)管道跨越的画法,如图 1-44 所示。

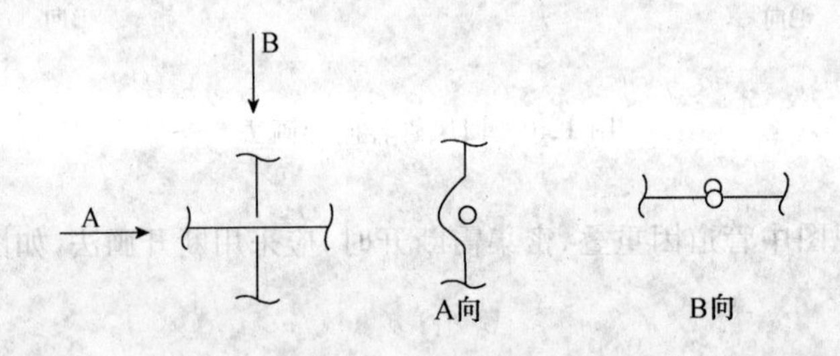

图 1-44　管道跨越的画法

第五节　尺寸标注

一、尺寸界线、尺寸线及尺寸起止符号

(1)图样上的尺寸,应包括尺寸界线、尺寸线、尺寸起止符号和尺寸数字(图 1-45)。

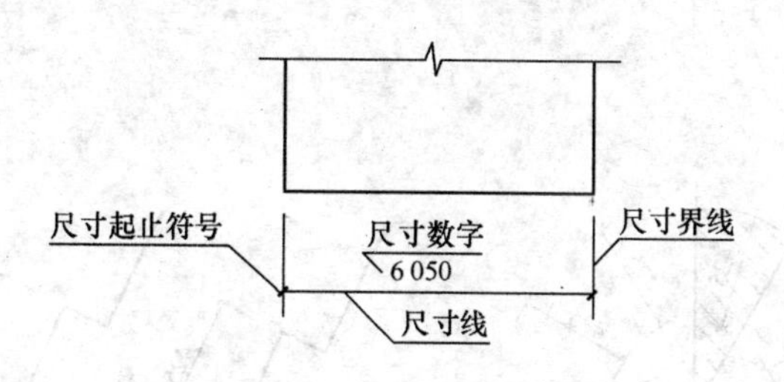

图 1-45　尺寸的组成

(2)尺寸界线应用细实线绘制，应与被注长度垂直，其一端应离开图样轮廓线不应小于 2 mm，另一端宜超出尺寸线 2～3 mm。图样轮廓线可用作尺寸界线(图 1-46)。

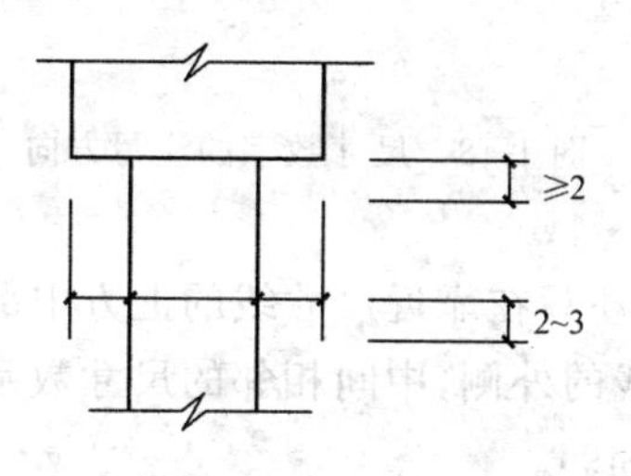

图 1-46　尺寸界线

(3)尺寸线应用细实线绘制，应与被注长度平行。图样本身的任何图线均不得用作尺寸线。

(4)尺寸起止符号用中粗斜短线绘制，其倾斜方向应与尺寸界线成顺时针 45°角，长度宜为 2～3 mm。半径、直径、角度与弧长的尺寸起止符号，宜用箭头表示(图 1-47)。

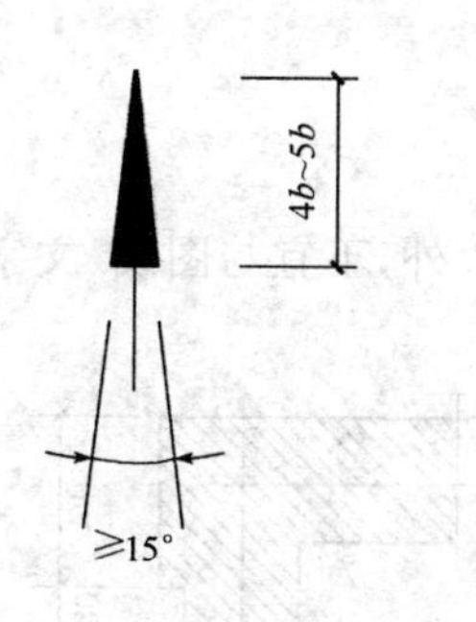

图 1-47　箭头尺寸起止符号

二、尺寸数字

(1)图样上的尺寸，应以尺寸数字为准，不得从图上直接量取。

(2)图样上的尺寸单位，除标高及总平面以米为单位外，其他必须以毫米为单位。

(3)尺寸数字的方向，应按图 1-48(a)的规定注写。若尺寸数字在 30°斜线区内，也可按图

1-48(b)的形式注写。

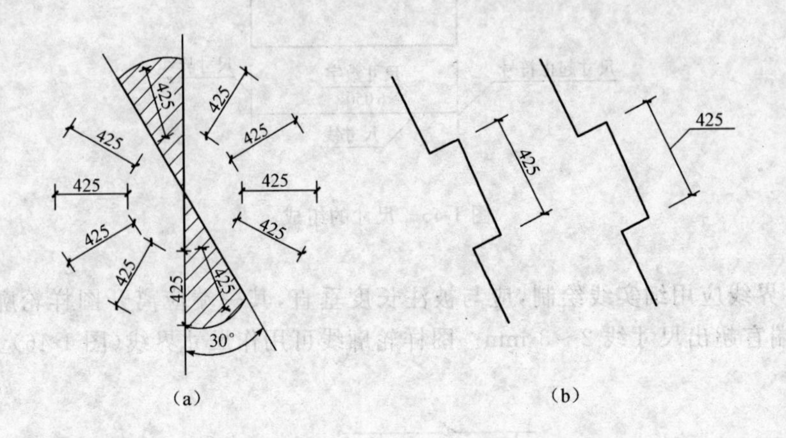

图 1-48 尺寸数字的注写方向

(4)尺寸数字应依据其方向注写在靠近尺寸线的上方中部。如没有足够的注写位置，最外边的尺寸数字可注写在尺寸界线的外侧，中间相邻的尺寸数字可上下错开注写，引出线端部用圆点表示标注尺寸的位置(图 1-49)。

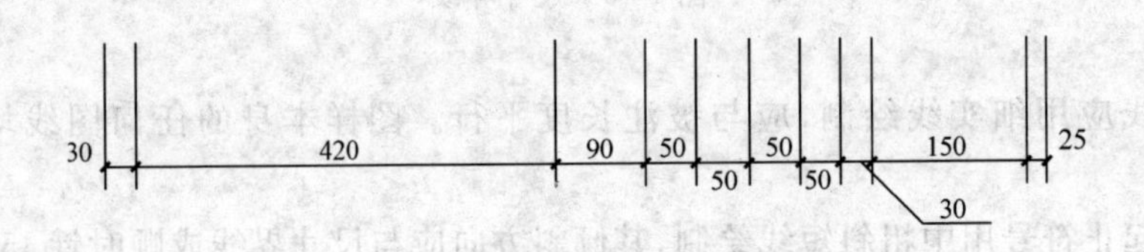

图 1-49 尺寸数字的注写位置

三、尺寸的排列与布置

(1)尺寸宜标注在图样轮廓以外，不宜与图线、文字及符号等相交(图 1-50)。

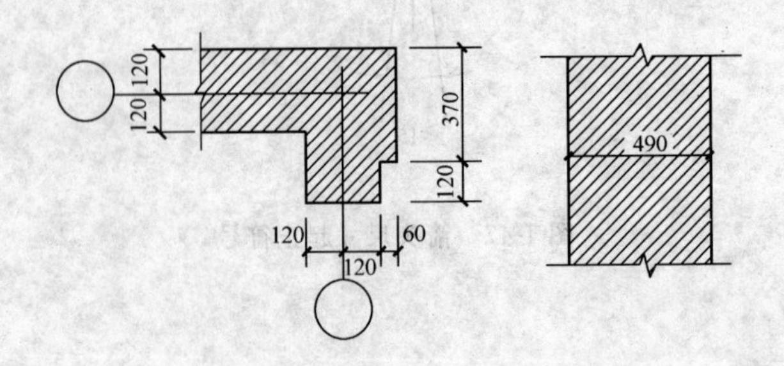

图 1-50 尺寸数字的注写

(2)互相平行的尺寸线，应从被注写的图样轮廓线由近向远整齐排列，较小尺寸应离轮廓线较近，较大尺寸应离轮廓线较远(图 1-51)。

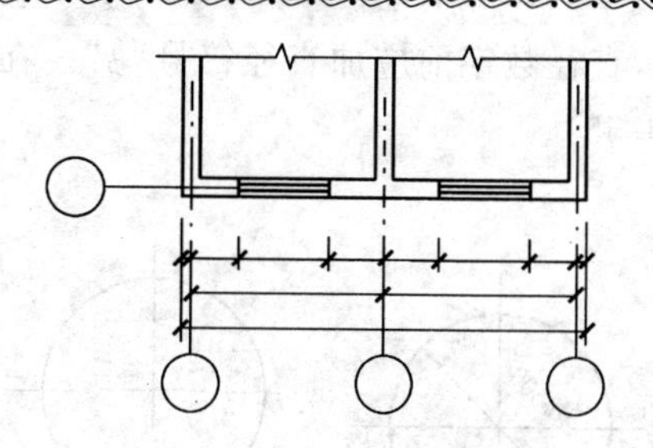

图 1-51　尺寸的排列

(3)图样轮廓线以外的尺寸界线,距图样最外轮廓之间的距离,不宜小于 10 mm。平行排列的尺寸线的间距,宜为 7～10 mm,并应保持一致(图 1-51)。

(4)总尺寸的尺寸界线应靠近所指部位,中间的分尺寸的尺寸界线可稍短,但其长度应相等(图 1-51)。

四、半径、直径、球的尺寸标注

(1)半径的尺寸线应一端从圆心开始,另一端画箭头指向圆弧。半径数字前应加注半径符号“*R*”(图 1-52)。

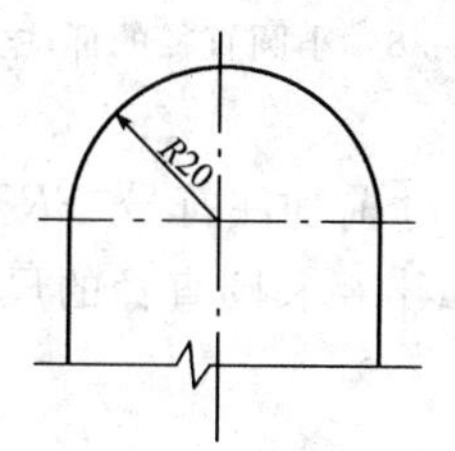

图 1-52　半径标注方法

(2)较小圆弧的半径,可按图 1-53 形式标注。

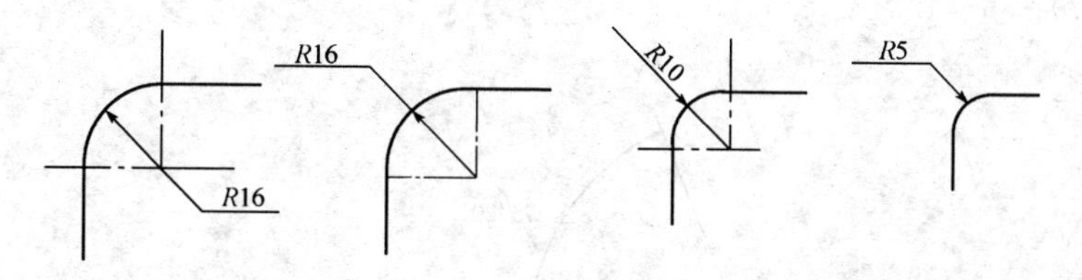

图 1-53　小圆弧半径的标注方法

(3)较大圆弧的半径,可按图 1-54 形式标注。

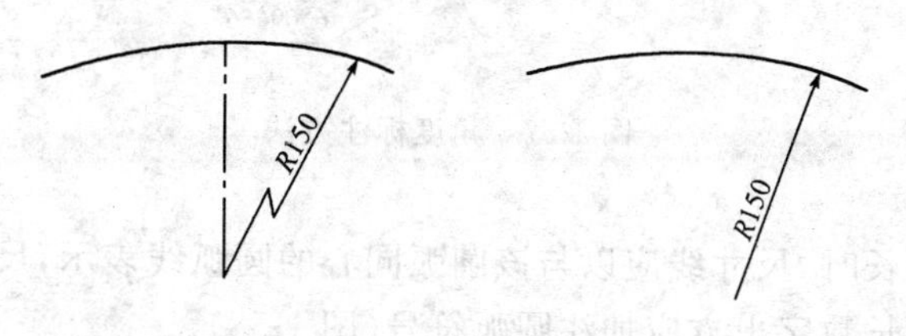

图 1-54　大圆弧半径的标注方法

(4)标注圆的直径尺寸时，直径数字前应加直径符号“ϕ”。在圆内标注的尺寸线应通过圆心，两端画箭头指至圆弧(图 1-55)。

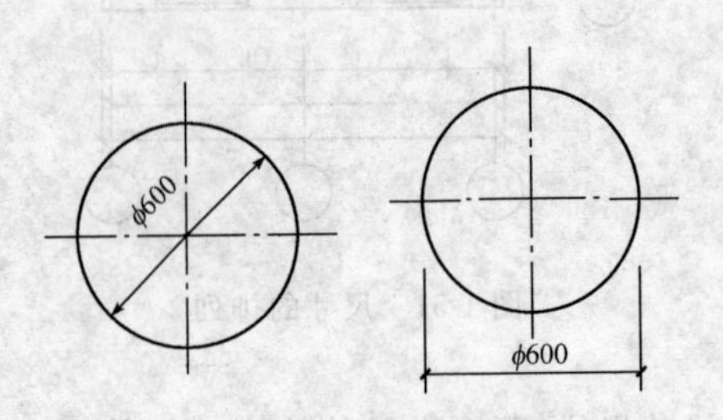

图 1-55　圆直径的标注方法

(5)较小圆的直径尺寸，可标注在圆外(图 1-56)。

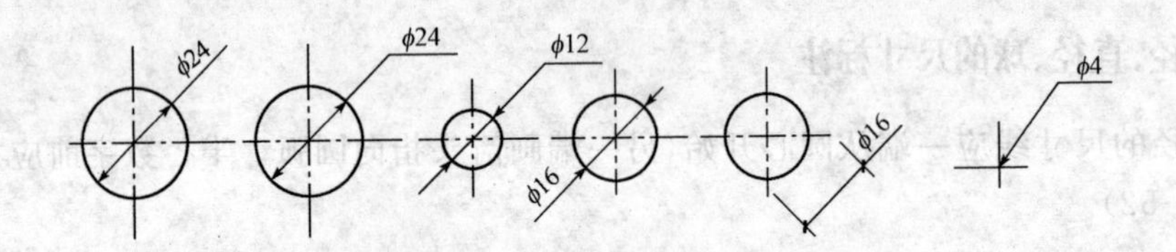

图 1-56　小圆直径的标注方法

(6)标注球的半径尺寸时，应在尺寸前加注符号“SR”。标注球的直径尺寸时，应在尺寸数字前加注符号“$S\phi$”。注写方法与圆弧半径和圆直径的尺寸标注方法相同。

五、角度、弧度、弧长的标注

(1)角度的尺寸线应以圆弧表示。该圆弧的圆心应是该角的顶点，角的两条边为尺寸界线。起止符号应以箭头表示，如没有足够位置画箭头，可用圆点代替，角度数字应沿尺寸线方向注写(图 1-57)。

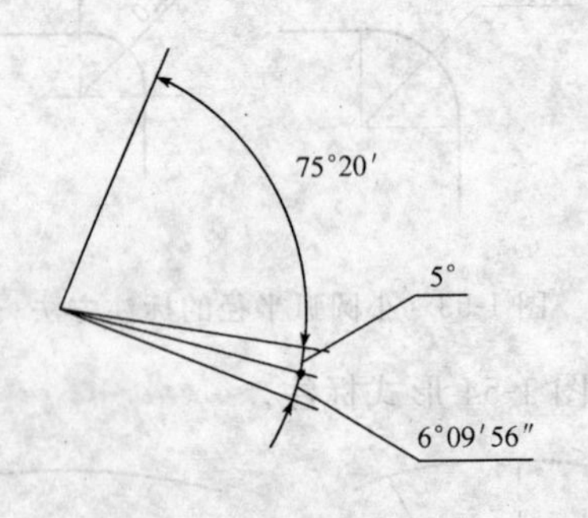

图 1-57　角度标注方法

(2)标注圆弧的弧长时，尺寸线应以与该圆弧同心的圆弧线表示，尺寸界线应指向圆心，起止符号用箭头表示，弧长数字上方应加注圆弧符号(图 1-58)。

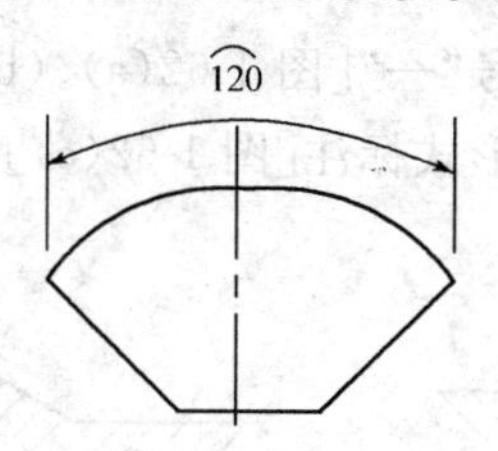

图 1-58　弧长标注方法

(3)标注圆弧的弦长时,尺寸线应以平行于该弦的直线表示,尺寸界线应垂直于该弦,起止符号用中粗斜短线表示(图 1-59)。

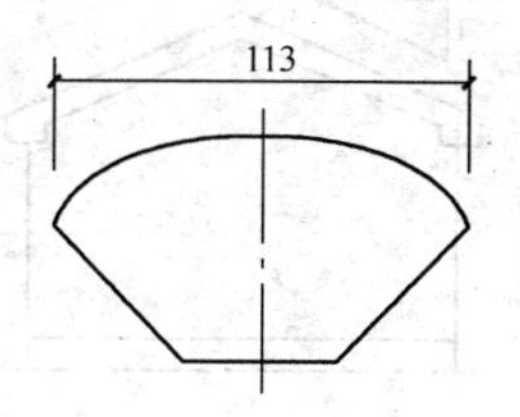

图 1-59　弦长标注方法

六、薄板厚度、正方形、坡度、非圆曲线等尺寸标注

(1)在薄板板面标注板厚尺寸时,应在厚度数字前加厚度符号“t”(图 1-60)。

(2)标注正方形的尺寸,可用“边长×边长”的形式,也可在边长数字前加正方形符号“□”(图 1-61)。

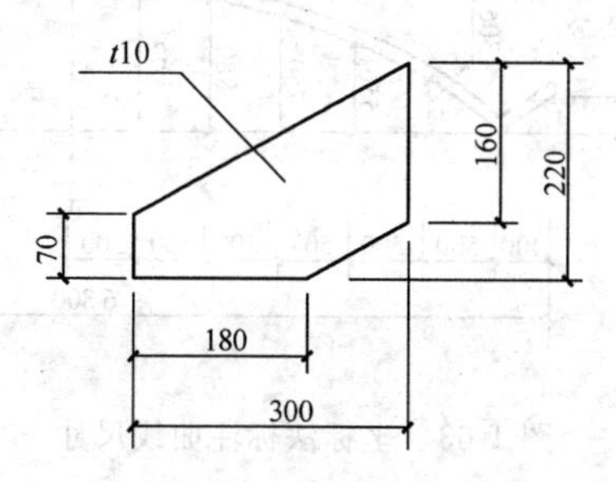

图 1-60　薄板厚度标注方法

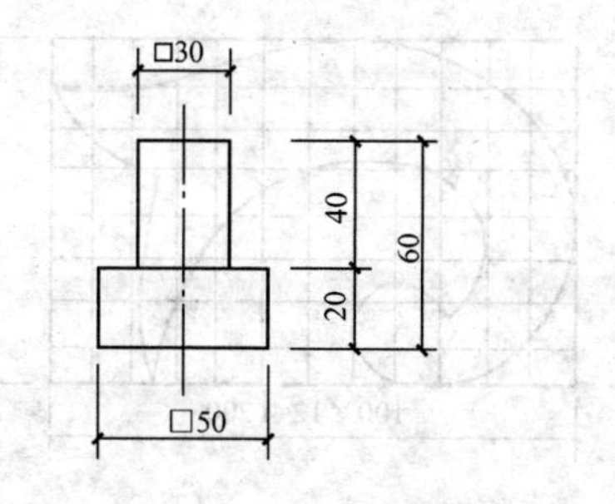

图 1-61　标注正方形尺寸

(3)标注坡度时，应加注坡度符号“←”[图 1-62(a)、(b)]，该符号为单面箭头，箭头应指向下坡方向。坡度也可用直角三角形形式标注[图 1-62(c)]。

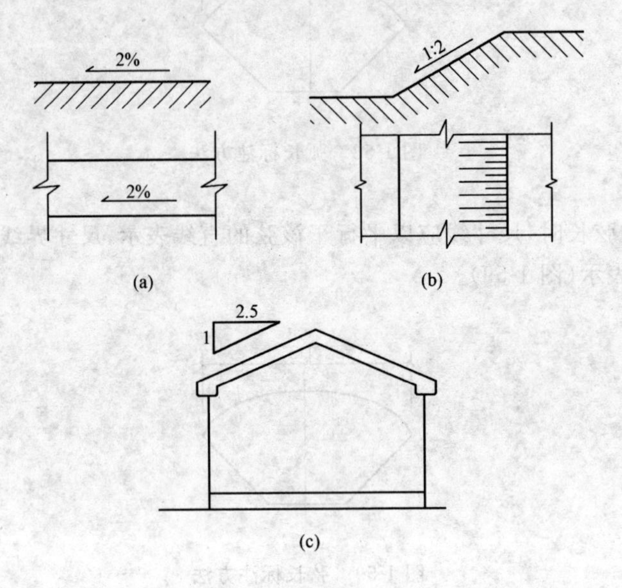

图 1-62　坡度标注方法

(4)外形为非圆曲线的构件，可用坐标形式标注尺寸(图 1-63)。

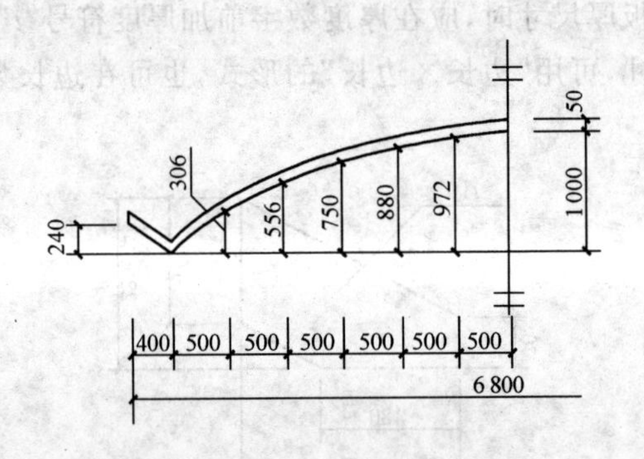

图 1-63　坐标法标注曲线尺寸

(5)复杂的图形，可用网格形式标注尺寸(图 1-64)。

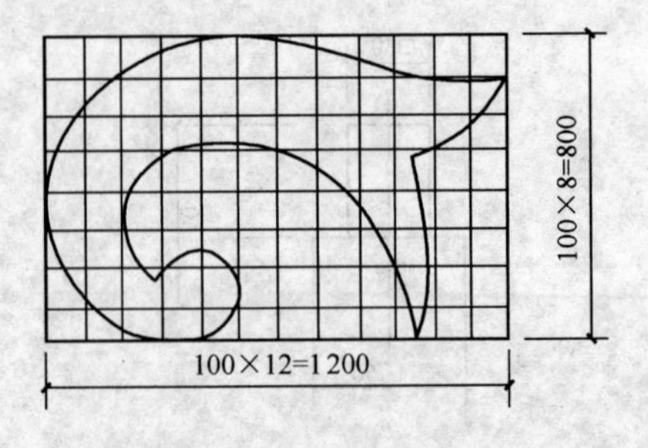

图 1-64　网格法标注曲线尺寸

七、尺寸的简化标注

(1)杆件或管线的长度,在单线图(桁架简图、钢筋简图、管线简图)上,可直接将尺寸数字沿杆件或管线的一侧注写(图 1-65)。

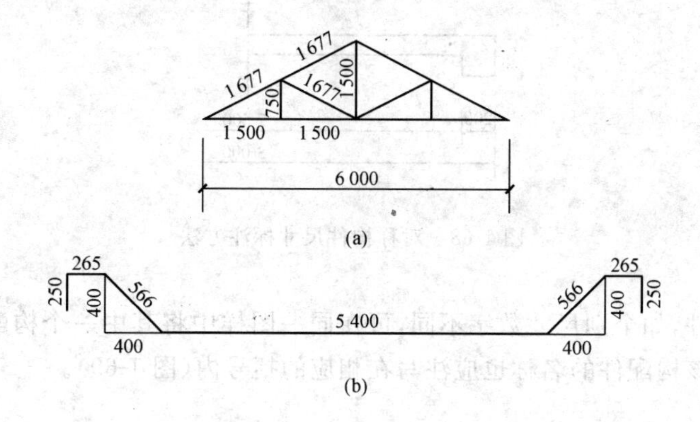

图 1-65　单线图尺寸标注方法

(2)连续排列的等长尺寸,可用"等长尺寸×个数=总长"[图 1-66(a)]或"等分×个数=总长"[图 1-66(b)]的形式标注。

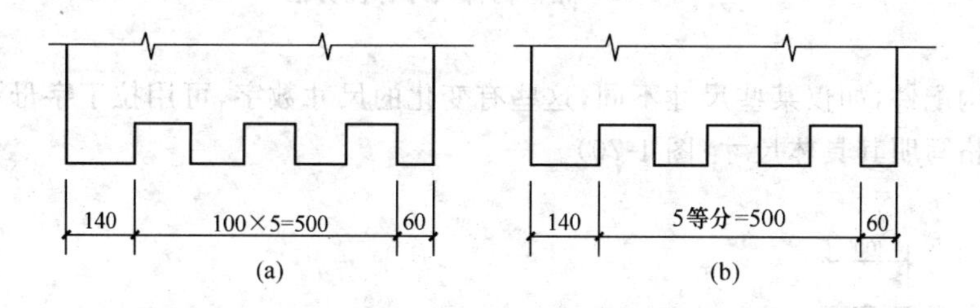

图 1-66　等长尺寸简化标注方法

(3)构配件内的构造因素(如孔、槽等)如相同,可仅标注其中一个要素的尺寸(图 1-67)。

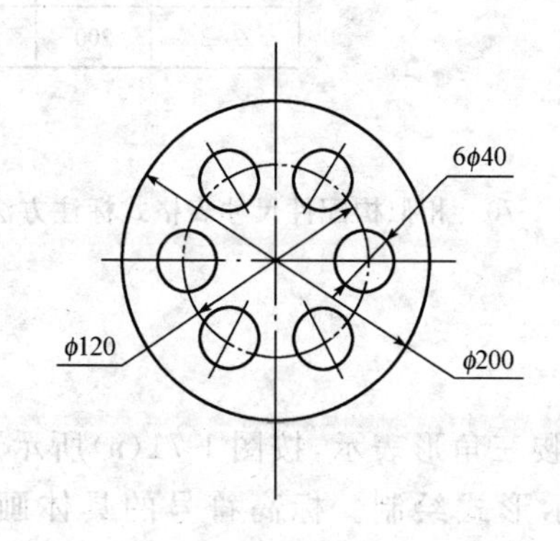

图 1-67　相同要素尺寸标注方法

(4)对称构配件采用对称省略画法时，该对称构配件的尺寸线应略超过对称符号，仅在尺寸线的一端画尺寸起止符号，尺寸数字应按整体全尺寸注写，其注写位置宜与对称符号对齐(图 1-68)。

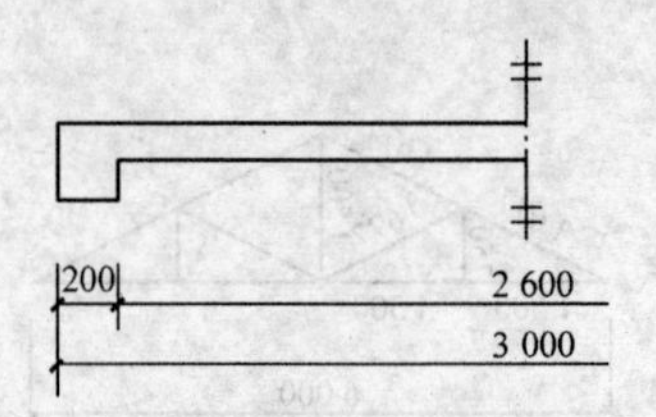

图 1-68　对称构件尺寸标注方法

(5)两个构配件，如个别尺寸数字不同，可在同一图样中将其中一个构配件的不同尺寸数字注写在括号内，该构配件的名称也应注写在相应的括号内(图 1-69)。

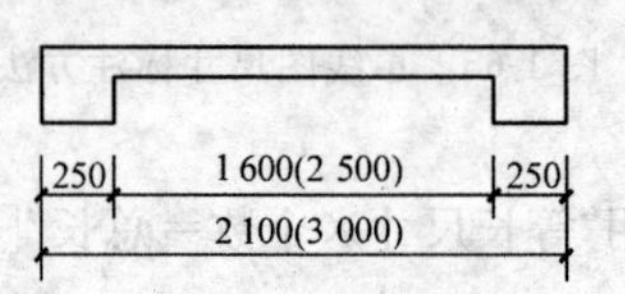

图 1-69　相似构件尺寸标注方法

(6)数个构配件，如仅某些尺寸不同，这些有变化的尺寸数字，可用拉丁字母注写在同一图样中，另列表格写明其具体尺寸(图 1-70)。

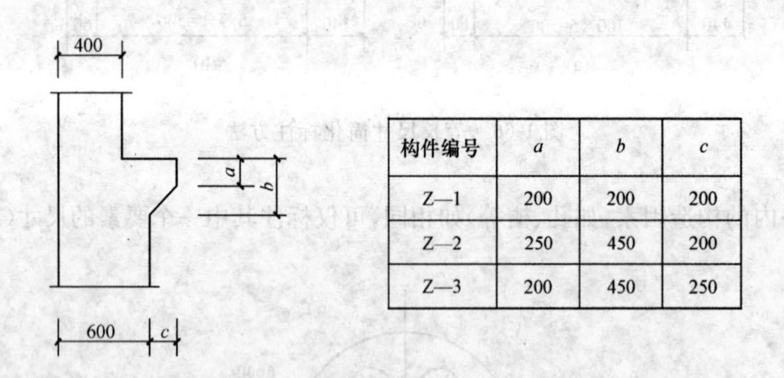

构件编号	*a*	*b*	*c*
Z—1	200	200	200
Z—2	250	450	200
Z—3	200	450	250

图 1-70　相似构配件尺寸表格式标注方法

八、标高

(1)标高符号应以直角等腰三角形表示，按图 1-71(a)所示形式用细实线绘制，当标注位置不够，也可按图 1-71(b)所示形式绘制。标高符号的具体画法应符合图 1-71(c)、(d)的规定。

(2)总平面图室外地坪标高符号，宜用涂黑的三角形表示，具体画法应符合图 1-72 的规定。

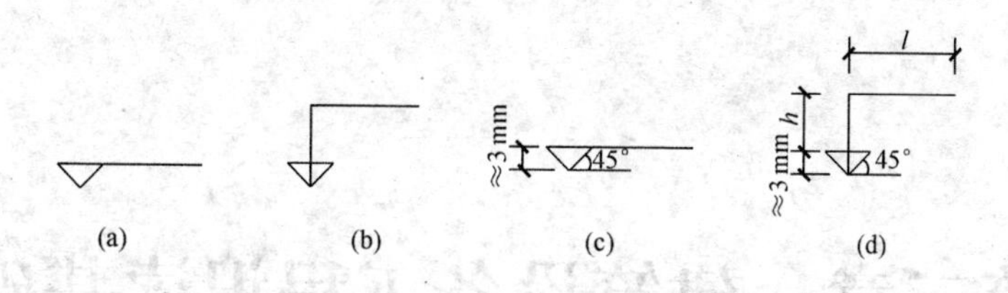

图 1-71 标高符号

l—取适当长度注写标高数字；h—根据需要取适当高度

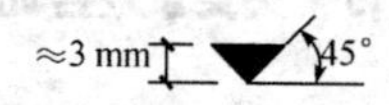

图 1-72 总平面图室外地坪标高符号

(3)标高符号的尖端应指至被注高度的位置。尖端宜向下，也可向上。标高数字应注写在标高符号的上侧或下侧(图 1-73)。

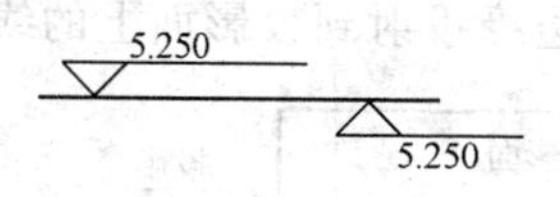

图 1-73 标高的指向

(4)标高数字应以米为单位，注写到小数点以后第三位。在总平面图中，可注写到小数字点以后第二位。

(5)零点标高应注写成±0.000，正数标高不注"＋"，负数标高应注"－"，例如3.000、－0.600。

(6)在图样的同一位置需表示几个不同标高时，标高数字可按图 1-74 的形式注写。

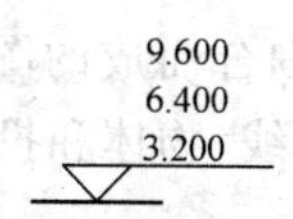

图 1-74 同一位置注写多个标高数字

第二章　建筑设备工程识读基础

第一节　投影基础知识

一、投影的形成与投影法

1. 投影的形成

(1)投影线。

图 2-1 中，把光源用 S 表示，把墙面作为投影面(承受落影的面)，用 P 来表示，从光源 S 发出的光线，经过物体(三角板)的边缘投射到投影面上的线，称为投影线。

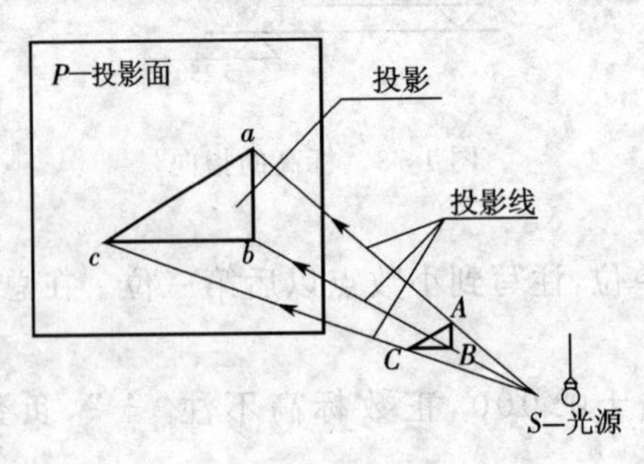

图 2-1　投影的形成

(2)投影的形成。

投影线与投影面相交的交点连线所围合而成的图形，为物体在投影面上的投影。由此可以判定要获得物体的投影，必须具备投影线、物体和投影面这三个基本条件。

2. 投影法的分类

(1)中心投影法。

中心投影法是投影线从一点射出所产生的投影方法，如图 2-2 所示。

(2)平行投影法。

平行投影法是投影线互相平行所产生的投影方法。平行投影法又分为正投影法和斜投影法。

1)正投影法是投影线互相平行且垂直于投影面所产生的投影方法，是工程图样常用的投影方法，如图 2-3 所示。

2)正投影的基本特征，如图 2-4 所示。

①积聚性的特征。直线和平面垂直于投影面时，直线和平面的投影积聚成一个点和一条直线。

②显实性的特征。直线和平面平行于投影面时，直线和平面的投影分别反映实长和实形。

③相似性的特征。直线和平面与投影面倾斜时，直线的投影变短，平面的投影变小，但投

影的形状与原来形状相似。

3)斜投影法投影线互相平行且倾斜于投影面所产生的投影方法,如图 2-5 所示。

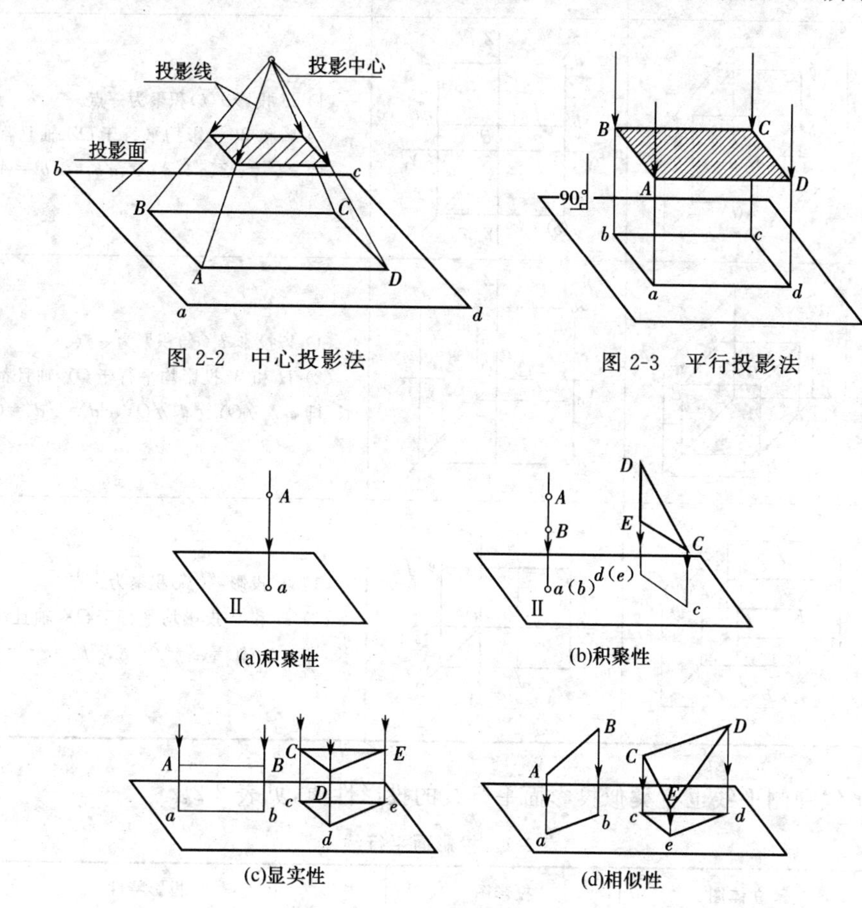

图 2-2　中心投影法

图 2-3　平行投影法

图 2-4　正投影的基本特征

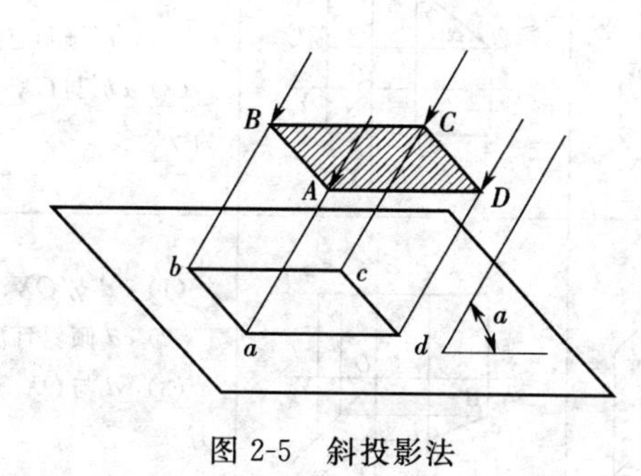

图 2-5　斜投影法

二、直线的投影

1.各种位置直线的投影

(1)正垂线和侧垂线也有类似投影面垂直线的投影性质,见表 2-1。

表 2-1　投影面垂直线

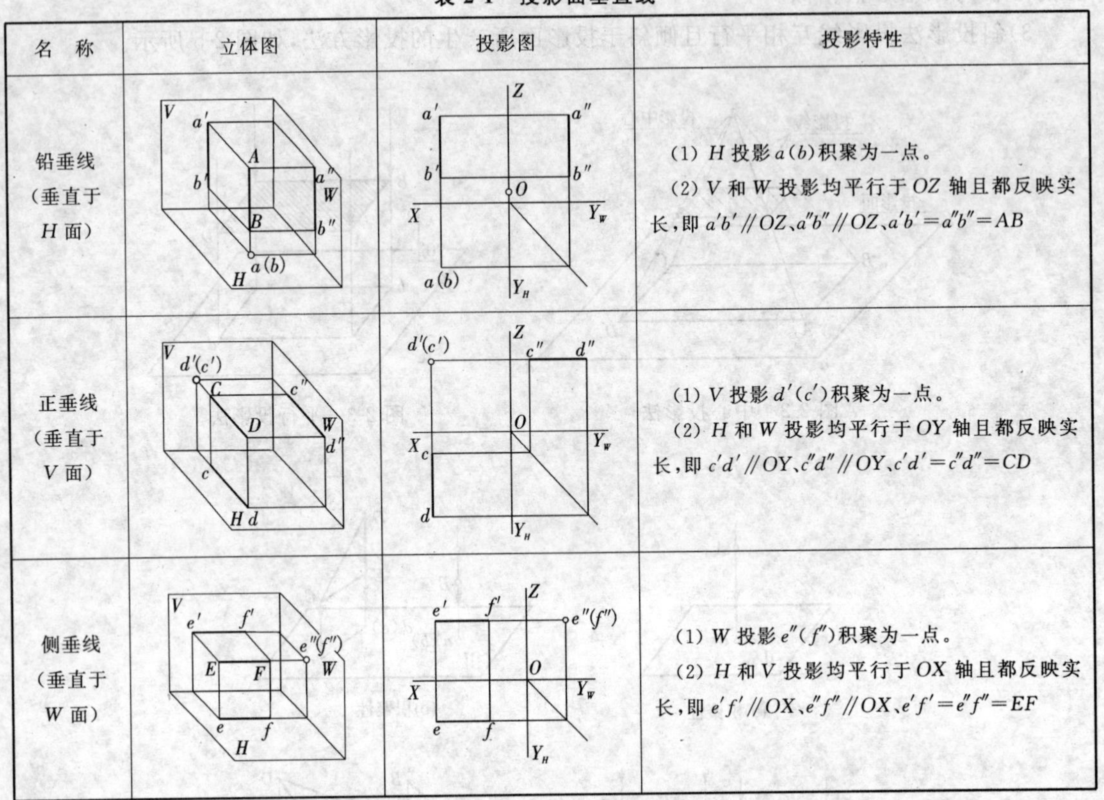

名　称	立体图	投影图	投影特性
铅垂线（垂直于 H 面）			(1) H 投影 $a(b)$ 积聚为一点。 (2) V 和 W 投影均平行于 OZ 轴且都反映实长，即 $a'b' // OZ$、$a''b'' // OZ$、$a'b' = a''b'' = AB$
正垂线（垂直于 V 面）			(1) V 投影 $d'(c')$ 积聚为一点。 (2) H 和 W 投影均平行于 OY 轴且都反映实长，即 $c'd' // OY$、$c''d'' // OY$、$c'd' = c''d'' = CD$
侧垂线（垂直于 W 面）			(1) W 投影 $e''(f'')$ 积聚为一点。 (2) H 和 V 投影均平行于 OX 轴且都反映实长，即 $e'f' // OX$、$e''f'' // OX$、$e'f' = e''f'' = EF$

(2)水平线和侧平线也有类似投影面平行线的投影性质，见表 2-2。

表 2-2　投影面平行线

名　称	立体图	投影图	投影特性
正平线（只平行于 H 面）			(1) $a'b' // OX$，$a''b'' // OZ$。 (2) $a'b'$ 倾斜且反映实长。 (3) $a'b'$ 与 OX 轴夹角即为 α，$a'b'$ 与 OZ 轴夹角即为 γ
水平线（只平行于 V 面）			(1) $c'd' // OX$、$c''d'' // OZ$。 (2) cd 倾斜且反映实长。 (3) cd 与 OX 轴夹角即为 β，cd 与 OY_H 轴夹角即为 γ
侧平线（只平行于 W 面）			(1) $e'f' // OZ$、$ef // OY_H$。 (2) $e''f''$ 倾斜且反映实长。 (3) $e''f''$ 与 OY_W 轴夹角即为 α，$e''f''$ 与 OZ 轴夹角即为 β

2. 直线与直线上点的投影

直线与直线上点的投影，见表 2-3。

表 2-3　直线与直线上点的投影

项　目	内　容
直线的投影	由平行投影的基本性质可知：直线的投影一般仍为直线，特殊情况下投影成一点。 根据初等几何，空间的任意两点确定一条直线。因此，只要作出直线上任意两点的投影，用直线段将两点的同面投影相连，即可得到直线的投影。为便于绘图，在投影图中，通常是用有限长的线段来表示直线。 如图 2-6(a)所示，作出直线 AB 上 A、B 两点的三面投影，如图 2-6 所示，然后将其 H、V、W 面上的同面投影分别用直线段相连，即得到直线 AB 的三面投影 AB、$A'B'$、$A''B''$，如图 2-6(c)所示
直线上点的投影	由平行投影的基本性质可知：如果点在直线上，则点的各个投影必在直线的同面投影上，点分割线段之比投影后不变
直线上点的投影	如图 2-7(a)所示，点 K 在直线 AB 上，则点的投影属于直线的同面投影，即 k' 在 AB 上，k' 在 $A'B'$ 上，k'' 在 $a''b''$ 上。此时，$AK:KB=ak:kb=a'k':k'b'=a''k'':k''b''$，可用文字表示为：点分线段成比例——定比关系。 反之，如果点的各个投影均在直线的同面投影上，则该点一定属于此直线(图 2-7 中点 K)。否则点不属于直线。如图 2-7(b)所示，尽管 m 在 ab 上，但 m' 不在 $a'b'$ 上，故点 M 不在直线 AB 上。 由投影图判断点是否属于直线，一般分为两种情况。对于与三个投影面都倾斜的直线，只要根据点和直线的任意两个投影便可判断点是否在直线上，如图 2-7 中的点 K 和点 M。但对于与投影面平行的直线，往往需要求出第三投影或根据定比关系来判断。 如图 2-8 所示，尽管 c 在 ab 上，c' 在 $a'b'$ 上[图 2-8(a)]，但求出 W 投影后可知 c'' 不在 $a''b''$ 上[图 2-8(b)]，故点 C 不在直线 AB 上。该问题也可用定比关系来判断，因为 $ac:cb\neq a'c':c'b'$，所以 C 不属于 AB

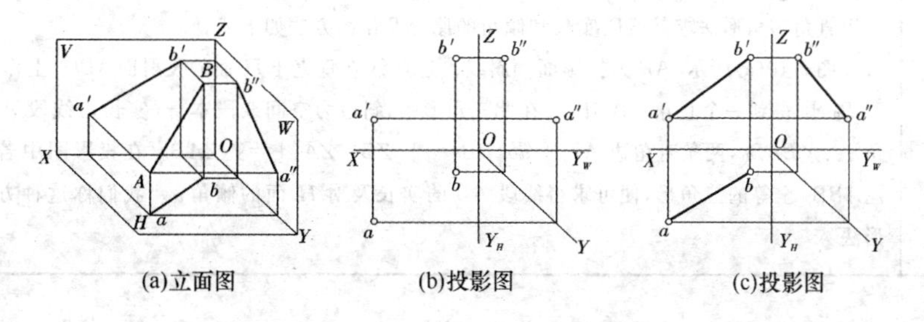

(a)立面图　(b)投影图　(c)投影图

图 2-6　直线的投影

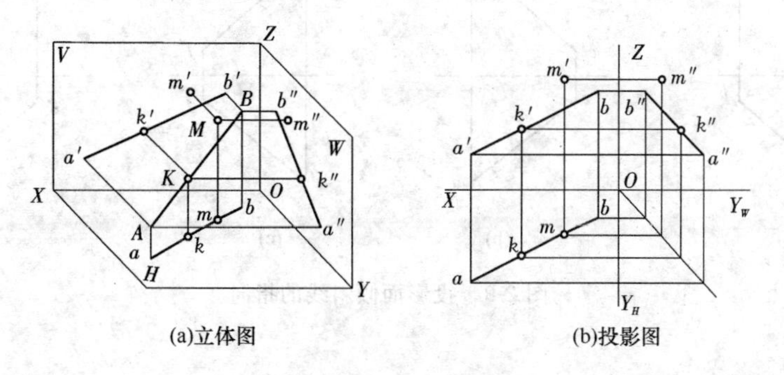

(a)立体图　(b)投影图

图 2-7　直线上的点的投影

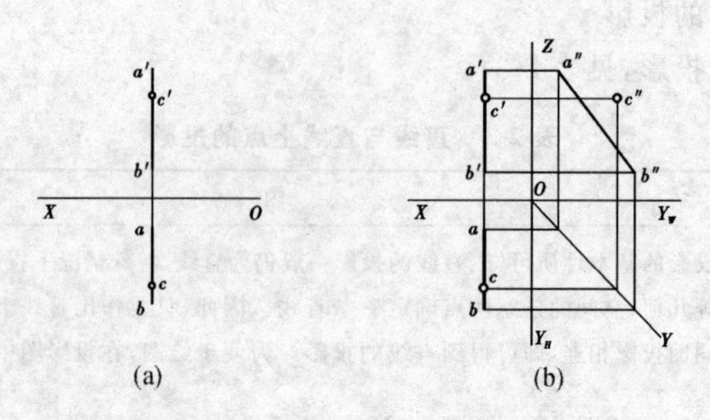

图 2-8　判断点是否属于直线

3. 投影面倾斜线的实长与倾角

投影面倾斜的实长与倾角，见表 2-4。

表 2-4　投影面倾斜线的实长与倾角

项　目	内　容
投影分析	投影面倾斜线的倾斜状态虽然千变万化，但归纳起来，不外乎有图2—9所示的 4 种。这些状态可用直线的一端到另一端的指向来表示。在其上随意定出两点，如图 2-9(a)所示的 A、B 两点，比较这两点的相对位置。从 V 投影可知，点 B 在点 A 之上和之右；从 H 投影可知，点 B 在点 A 之后。因此，直线 AB 的指向是从左前下到右后上；反之，直线 BA 的指向是从右后上到左前下。 如图 2-9(b)、(c)、(d)所示，直线 CD 的指向是从左后下到右前上，EF 是从左前上指向右后下，GH 是从左后上指向右前下。其中，AB 和 CD 又称上行线，EF 和 GH 又称下行线
线段的实长和倾角	从各种位置直线的投影特性可知，特殊位置直线(即投影面垂直线和投影面平行线)的某些投影能直接反映出线段的实长和对某投影面的实际倾角，由于投影面倾斜线对三个投影面都倾斜，故三个投影均不能直接反映其实长和倾角。 用直角三角形法求其线段实长和倾角的原理及作图方法如下述。 如图 2-10(a)所示，AB 为投影面倾斜线。过点 A 在垂直于 H 面的投射面 $ABba$ 上作 $AB_0 \parallel ab$ 交 Bb 于 B_0，则得到一个直角$\triangle ABB_0$。在此三角形中，斜边为空间线段本身(实长)，线段 AB 对 H 面的倾角 $\alpha=\angle BAB_0$，两条直角边 $AB_0=ab$，$BB_0=\mid ZB-ZA \mid=\triangle ZAB$。在投影图中若能作出与直角$\triangle ABB_0$ 全等的三角形，便可求得线段 AB 的实长及对 H 面的倾角 α。我们称这种方法为直角三角形法

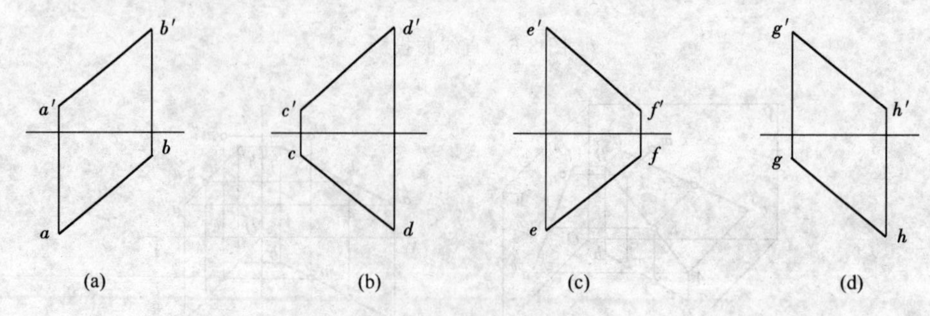

图 2-9　投影面倾斜线的指向

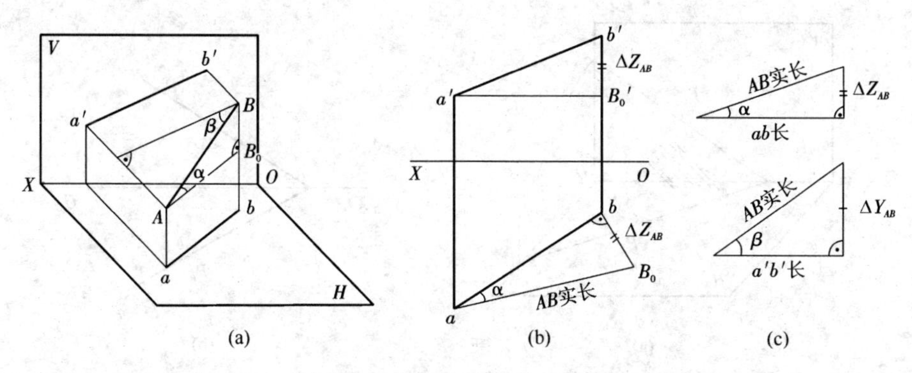

(a)　(b)　(c)

图 2-10　求线段的实长和倾角

三、平面的投影

1. 平面的表示

平面的表示方式，见表 2-5。

表 2-5　平面的表示方式

项　目	内　容
几何元素表示	平面是广阔无边的，它在空间的位置可用下列几何元素来确定和表示。 (1)不在同一直线上的三个点，如图 2-11(a)中点 A、B、C。 (2)一直线及线外一点，如图 2-11(b)中点 A 和直线 BC。 (3)相交二直线，如图 2-11(c)中直线 AB 和 AC。 (4)平行二直线，如图 2-11(d)中直线 AB 和 CD。 (5)平面图形，如图 2-11(e)中△ABC
几何元素表示	所谓确定位置，就是说通过上列每一组元素只能作出唯一的一个平面。为了明显起见，通常用一个平面图形(例如平行四边形或三角形)表示一个平面。如果说平面图形 ABC，是指在三角形 ABC 范围内的那一部分平面，那么平面的 ABC，则应该理解为通过三角形 ABC 的一个广阔无边的平面
迹线表示	平面还可以由它与投影面的交线来确定其空间位置。平面与投影面的交线称为迹线。平面与 V 面的交线称为正面迹线，以 P_V 标记；与 H 面交线称为水平迹线，以 P_H 标记，如图 2-12(a)所示。用迹线来确定其位置的平面称为迹线平面。实质上，一般位置的迹线平面就是该平面上相交二直线 P_V 和 P_H 所确定的平面。如图 2-12(b)所示，在投影图上，正面迹线 P_V 的 V 投影与 P_V 本身重合，P_V 的 H 投影与 OX 轴重合，不加标记，水平迹线 P_H 的 V 投影与 OX 轴重合，P_H 的 H 投影与 P_H 本身重合

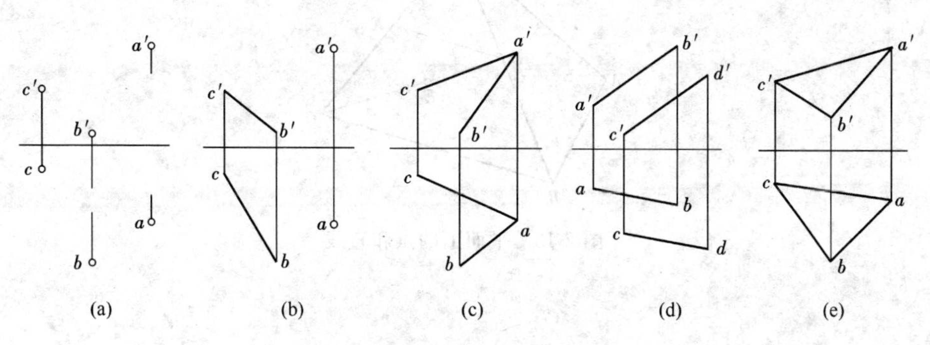

(a)　(b)　(c)　(d)　(e)

图 2-11　用几何元素表示平面

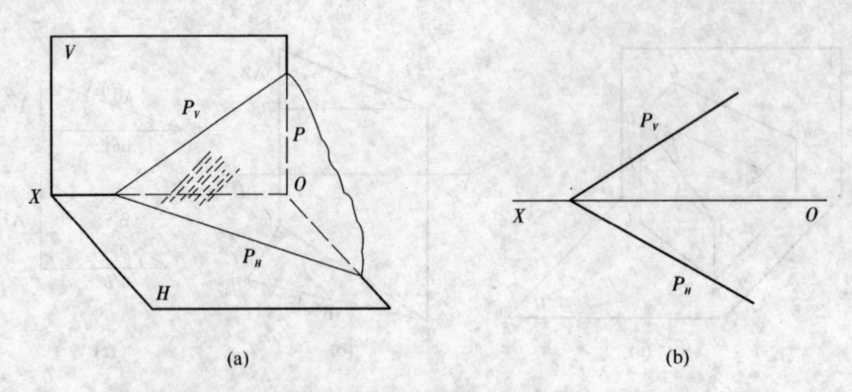

图 2-12 用迹线表示平面

2.平面上的点和线

平面上的点和线,见表 2-6。

表 2-6 平面上的点和线

项 目	内 容
平面上取点和直线	直线和点在平面上的几何条件:如果一直线经过一平面上两已知点或经过面上一已知点且平行于平面内一已知直线,则该直线在该平面上。如果一点在平面内一直线上,则该点在该平面上。 如图 2-13 所示,D 在△SBC 的边 SB 上,故 D 在△SBC 上;DC 经过△SBC 上两点 C、D,故 DC 在平面△SBC 上;点 E 在 DC 上,故点 E 在△SBC 上;直线 DF 过 D 且平行于 BC,故 DF 在△SBC 上
平面上的投影面平行线	如图 2-14 所示,△abc 的边 bc 是水平线,边 ab 是正平线,它们都称为平面△abc 上的投影面平行线。实际上,投影面倾斜面上有无数条正平线、水平线及侧平线,每一种投影面平行线都互相平行。图 2-14 中的 bc 和 ef,它们都是水平线且都在△abc 上,所以它们相互平行,b'c' // e'f' // OX(V 面投影 // OX 是水平线的投影特点),bc // ef
在平面内作水平线和正平线	要在平面上作水平线或正平线,需先作水平线的 V 面投影或正平线的 H 面投影(均平行于 OX 轴),然后再作直线的其他投影,如图 2-15 所示

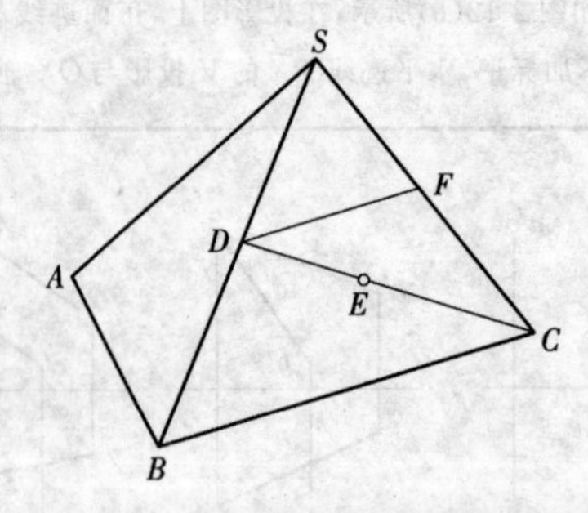

图 2-13 平面上的点和直线

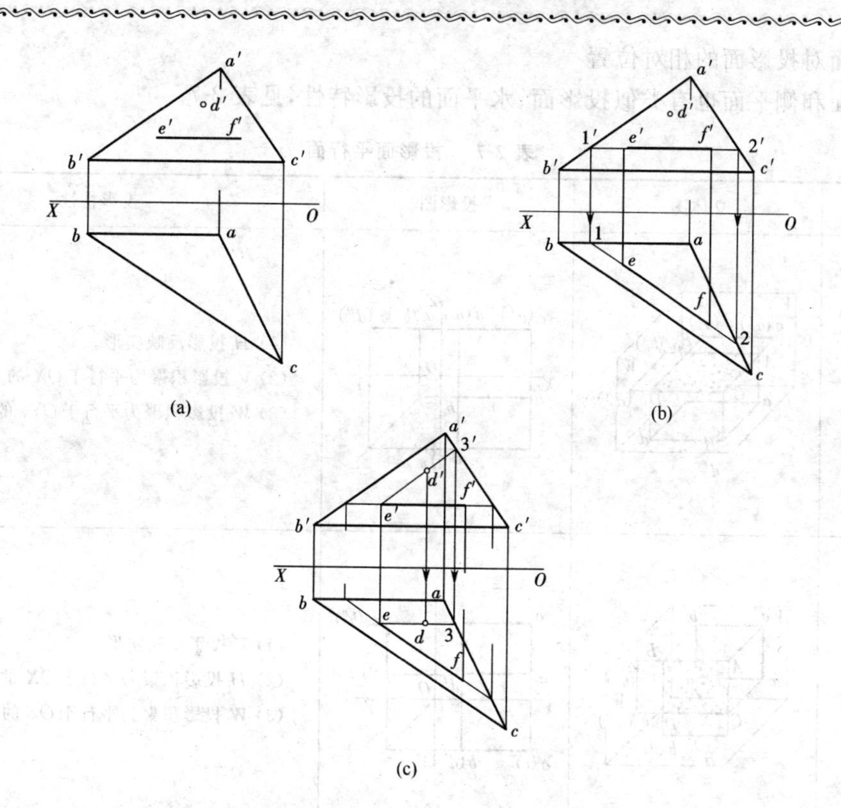

图 2-14　补全平面上点、线的投影

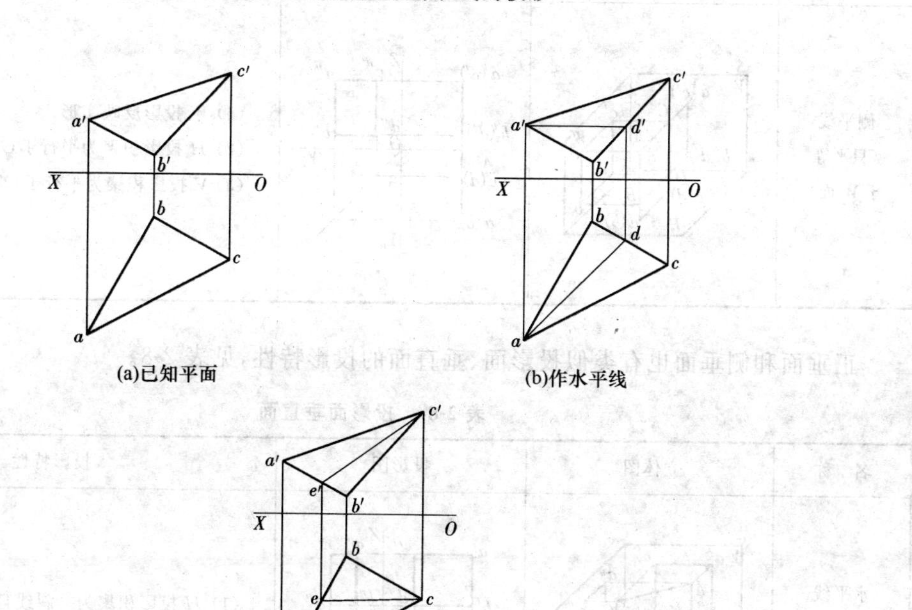

图 2-15　在平面内作水平线和正平线

3. 平面对投影面的相对位置

正平面和侧平面也有类似投影面、水平面的投影特性，见表 2-7。

表 2-7 投影面平行面

名 称	立体图	投影图	投影特性
水平线（只平行于 H 面）	V c′(a′) d′(b′) B a″(b″) A W a C b D c″(d″) c d H d′	c′(a′) d′(b′) Z a″(b″) c″(d″) O X Y_W a b c d Y_H	(1) H 投影反映实形。 (2) V 投影积聚为平行于 OX 的直线段。 (3) W 投影积聚为平行于 OY_W 的直线段
正平线（只平行于 V 面）	V a′ b′ B A a″ c′ (b″) W C D c″(d″) a(c) b(d) H	a′ b′ Z a″(b″) c′ c″(d″) d′ O X Y_W a(c) b(d) Y_H	(1) V 投影反映实形。 (2) H 投影积聚为平行于 OX 的直线段。 (3) W 投影积聚为平行于 OZ 的直线段
侧平线（只平等于 W 面）	V a′(c′) C c″ A W b′(d′) d″ a″ D c(d) B b″ H a(b)	a′(c′) Z c″ a″ b′(d′) d″ b″ O X Y_W c(d) a(b) Y_H	(1) W 投影反映实形。 (2) H 投影积聚为平行于 OY_H 的直线段。 (3) V 投影积聚为平行于 OZ 的直线段

正垂面和侧垂面也有类似投影面、垂直面的投影特性，见表 2-8。

表 2-8 投影面垂直面

名 称	立体图	投影图	投影特性
水平线（垂直于 H 面）	V a′ c′ a″ A c″ b′ d′ C b″ W B d″ a(b) β γ D c(d) H	a′ c′ Z a″ c″ b′ d″ b″ d″ O X β Y_W a(b) γ c(d) Y_H	(1) H 投影积聚为一斜线且反映 β 和 γ 角。 (2) V、W 投影为类似形

续上表

名　称	立体图	投影图	投影特性
正平线（垂直于 V 面）	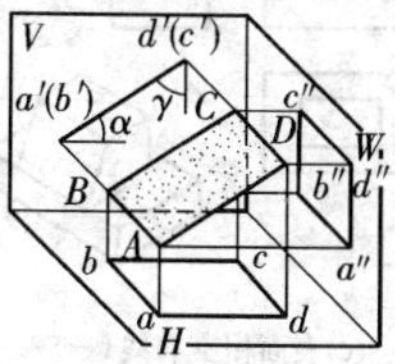	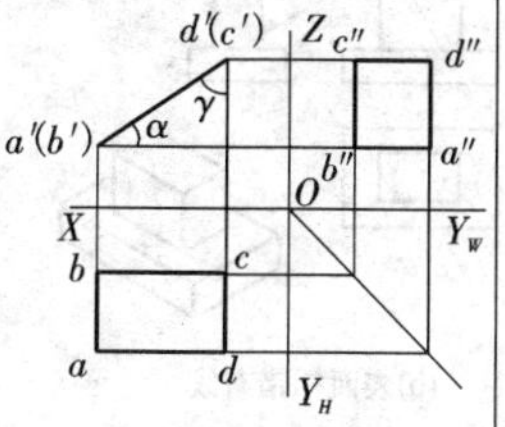	(1) V 投影积聚为一斜线且反映 α 和 γ 角。 (2) H、W 投影为类似形
侧平线（垂直于 W 面）	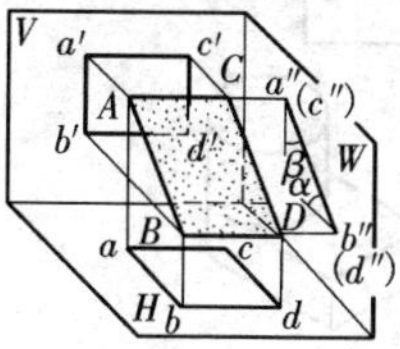	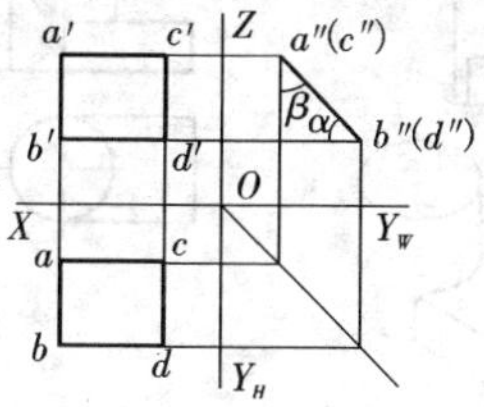	(1) W 投影积聚为一斜线且反映 α 和 β 角。 (2) H、V 投影为类似形

四、平面组合体的投影

1. 组合体的组成方式

组合体的组成方式，见表 2-9。

表 2-9　组合体的组成方式

项　目		内　容
叠加型	平齐	两基本体相互叠加时部分表面平齐共面，则在表面共面处不画线。在图 2-16(a)中，两个长方体前后两个表面平齐共面，故正面投影中两个体表面相交处不画线
	相错	两基本体相互叠加时部分表面不共面相互错开，则在表面错开处应画线。在图 2-16(b)中，上面长方体的侧面与下方长方体的相应侧面不共面，相互错开，因此在正面投影与侧面投影中表面相交处画线
	相交	两基本体相互叠加时相邻表面相交，则在表面相交处应画线。在图 2-16(c)中，下面长方体前侧面与上方棱柱体前方斜面相交，相交处有线。在图 2-16(d)中，长方体前后侧面与圆柱体柱面相交产生交线
	相切	两基本体相互叠加时相邻表面相切，由于相切处是光滑过渡的，则在表面相交处不应画线。在图 2-16(e)中，长方体前后侧面与圆柱体柱面相切，正面投影图在表面相切处不画线
切割型		由基本体经过切割而形成的形体称为切割型组合体。如图 2-17 中的组合体可以看成是一个四棱柱体在左上方切去一个三棱柱，再在左前方和左后方切去两个楔形体而形成的
综合型		由若干基本体经过切割，然后再叠加到一起而形成的组合体称为综合型组合体。如图 2-18 所示的一个综合型组合体，它由两个长方体组成，上面长方体被切掉一个三棱柱和一个梯形棱柱体，下面长方体在中间被切掉一个小三棱柱

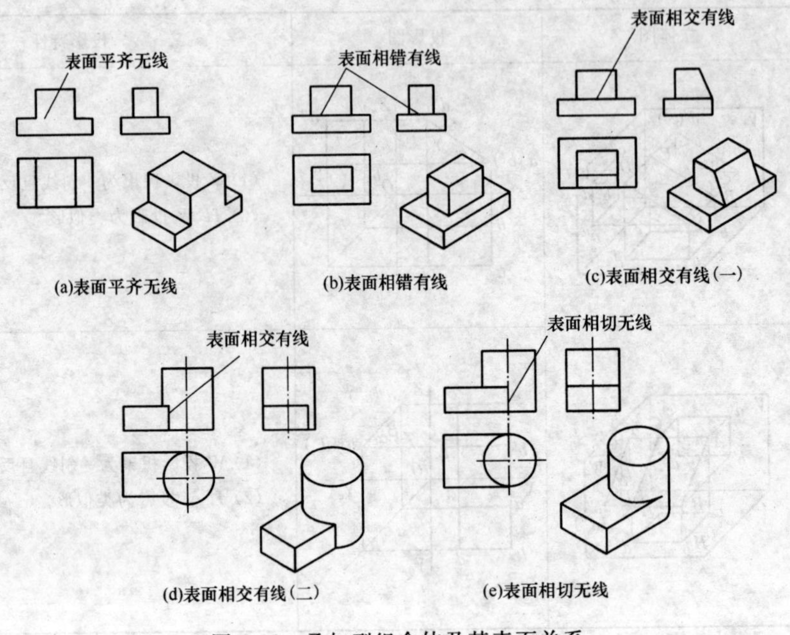

图 2-16 叠加型组合体及其表面关系

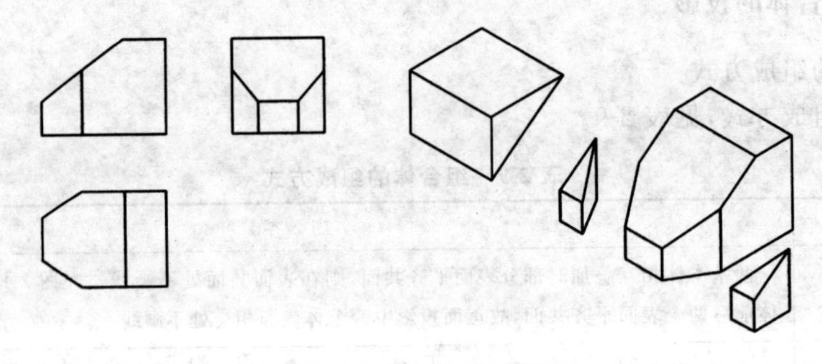

图 2-17 切割型组合体

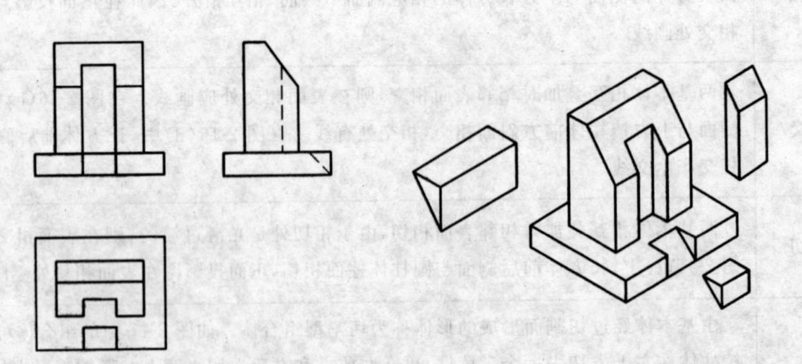

图 2-18 综合型组合体

2. 组合体投影图的识读

组合体投影图的识读，见表 2-10。

表 2-10　组合体投影图的识读

项　目	内　容
形体分析法	如图 2-19 所示的一个组合形体的投影图，联系图中单个投影来看，可知组合体是由两个基本形体组成。在上面的一个是正圆柱，因为它的 V、W 面投影是相等的矩形，H 投影是一个圆；在下面的是一个正六棱柱，它的 H 面投影是一个正六边形，是六棱柱的上、下底面的实形投影，V、W 面投影的大、小矩形线框是六棱柱各侧面的 V、W 面投影。综合起来，这个组合形体为图 2-19 所示的立体图。这种将一个组合形体分析为若干个基本形体所组成，以便于画图和读图的方法，称为形体分析法
投影图中的线段	投影图中的线段，有如下三种不同的意义。 (1)它可能是形体表面上相邻两面的交线。如图 2-19 中 V 面投影上标注 1 的 4 条竖直线，就是六棱柱上侧面交线的 V 面投影。 (2)它可能是形体上某一个侧面的积聚投影。如图 2-19 中 V 面投影上标注 2 的线段和圆，就是圆柱和六棱柱的顶面、底面和侧面的积聚投影。 (3)它可能是曲面的投影轮廓线。如图 2-19 中 V 面投影上标注 3 的左右两线段，就是圆柱面的 V 面投影轮廓线
投影图中的线框	投影图中的线框，有四种不同的意义。 (1)它可能是某一侧面的实形投影。如图 2-19 中标注 a 的线框，就是六棱柱平行于 V 面的侧面的实形投影和圆柱上、下底面的 H 面实形投影。 (2)它可能是某一侧面的相仿投影。如图 2-19 中标注 b 的线框，是六棱柱垂直于 H 面但对 V 面倾斜的侧面的投影。 (3)它可能是某一个曲面的投影。如图 2-19 中标注 c 的线框，是圆柱的 V 面投影。 (4)它也可能是形体上一个空洞的投影

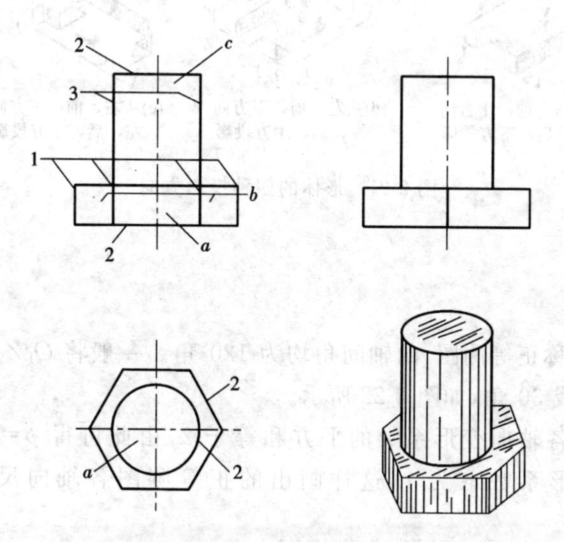

图 2-19　组合形体投影图

五、轴测的投影

1.轴测投影的选择

在选择轴测图类型时，应注意形体上的侧面和棱线尽量避免被遮挡、重合、积聚以及对称，否则轴测图将失去丰富的立体效果，如图 2-20 所示。

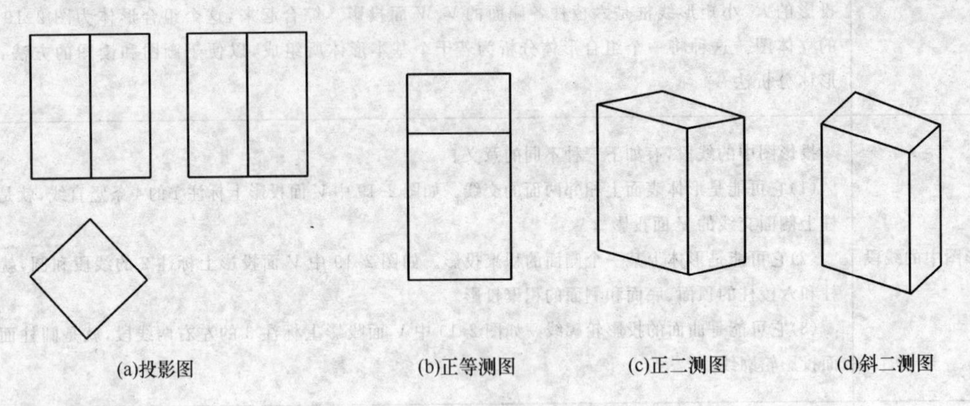

图 2-20 轴测图的选择

此外，还要考虑选择作轴测图时的投影方向。常用的方向如图 2-21 所示。

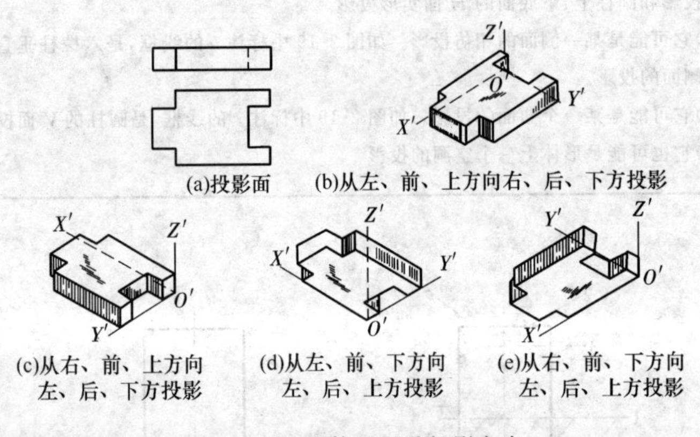

图 2-21 形体的四种投影方向

2.轴测投影图

(1)正轴测投影图。

正等测投影图(简称正等测图)的轴间角均为 120°角。一般将 O_1Z_1 轴铅直放置，O_1X_1 和 O_1Y_1 轴分别与水平线成 30°角，如图 2-22 所示。

正等测投影图中各轴向变形系数的平方和等于 2，由此可得 $p=q=r\approx0.82$，为了作图方便，常把轴向变形系数取为 1，这样画出的正等测图各轴向尺寸将比实际情况大 1.22 倍。

作形体的正等测投影图，最基本的画法为坐标法，即根据形体上各特征点的 X、Y、Z 坐标，求出各点的轴测投影，然后连成形体表面的轮廓线。

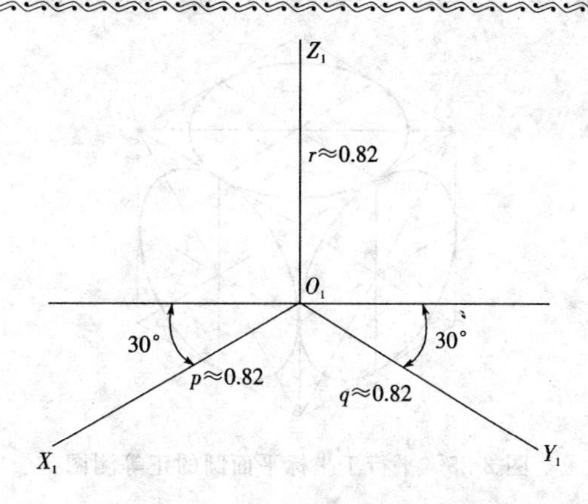

图 2-22　轴间角及轴向变形系数

(2)斜轴测投影图。

斜轴测投影图包括正面斜二测和水平斜等测。

1)正面斜二测。根据平行投影的特性,正面斜二测中,轴间角$\angle X_1O_1Z_1=90°$,平行于O_1X_1轴、O_1Z_1轴的线段轴向变形系数$p=r=1$,即轴测投影长度不变,另外两个轴间角均为135°,沿O_1Y_1轴方向的轴向变形系数$q=1/2$,如图 2-23 所示。

2)水平斜等测。轴间角$\angle X_1O_1Y_1=90°$,形体上水平面的轴测投影反映实形,即$p=q=1$,习惯上仍将O_1Z_1轴铅直放置,取$\angle Z_1O_1X_1=120°$、$\angle Z_1O_1Y_1=150°$,沿O_1Z_1轴的轴向变形系数r仍取 1,如图 2-24 所示。

水平斜等测,适宜绘制建筑物的水平剖面图或总平面图。它可以反映建筑物的内部布置、总体布局及各部位的实际高度。

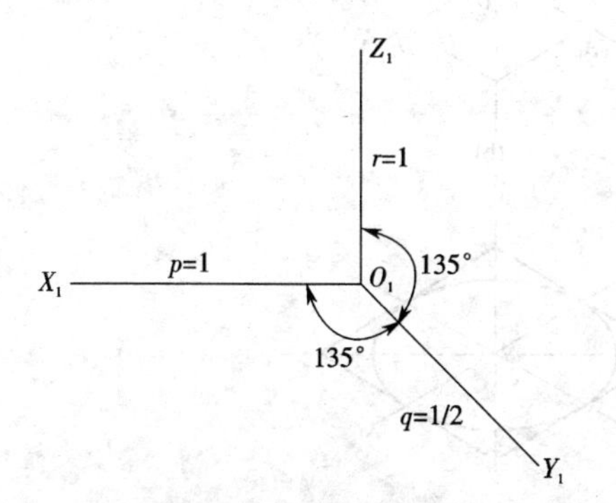

图 2-23　正面斜二测轴间角和轴向变形系数

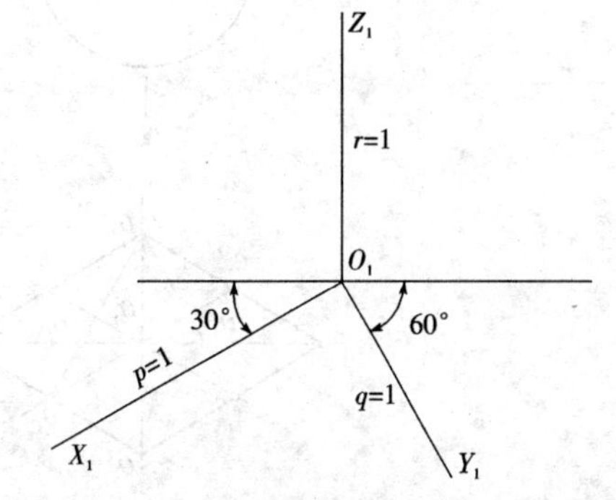

图 2-24　水平斜等测轴间角及轴向变形系数

(3)坐标平面圆的正等测投影图。

在轴测投影图中,由于各坐标平面均倾斜于轴测投影面,所以平行于坐标平面圆的正等测图都是椭圆。

如图 2-25 所示,平行于坐标平面圆的正等测图,都是大小相同的椭圆,作图时可采用近似方法——四心法,椭圆由四段圆弧组成。现以水平圆为例,介绍其正等测投影图的画法。

图 2-25 平行于坐标平面圆的正等测图

1) 图 2-26(a)所示为半径是 R 的水平圆。

2) 作轴测轴 O_1X_1、O_1Y_1 分别与水平线成 30°角，以 O_1 为中心，沿轴测轴向两侧截取半径长度 R，得到四个端点 A_1、D_1、B_1、C_1，然后过点 A_1、B_1 作 O_1Y_1 轴平行线，过点 C_1、D_1 作 O_1X_1 轴平行线，完成菱形，如图 2-26(b)所示。

3) 菱形短对角线端点为 O_2、O_3，连接 O_2A_1、O_2D_1 分别交菱形长向对角线于 O_4、O_5 点，O_2、O_3、O_4、O_5 即为四心法中的四心，如图 2-26(c)所示。

4) 以 O_2、O_3 为圆心，O_2A_1 为半径，画圆弧 A_1D_1、C_1B_1，以 O_4、O_5 为圆心，分别以 O_4A_1、O_5D_1 为半径，画圆弧 A_1C_1、B_1D_1，四段圆弧两两相切，切点分别为 A_1、D_1、B_1、C_1。完成近似椭圆，如图 2-26(d)所示。

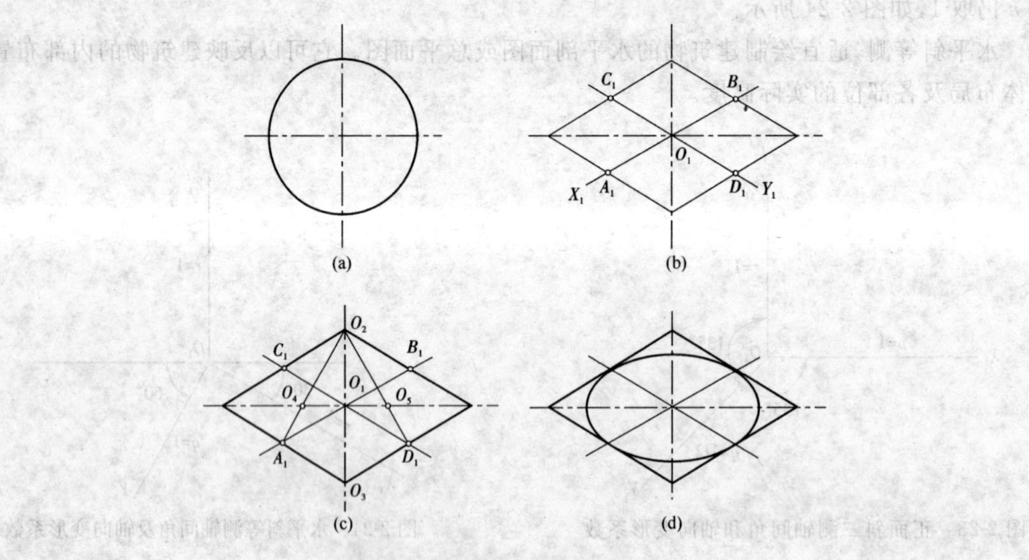

图 2-26 圆的正等测图近似画法

如果求铅直圆柱的正等测投影图，可按上述步骤画出圆柱顶面圆的轴测图，然后按圆柱的高度平移圆心，即可得到圆柱的正等轴测图画法，如图 2-27 所示。

平面图中圆角的正等轴测图画法，如图 2-28 所示。

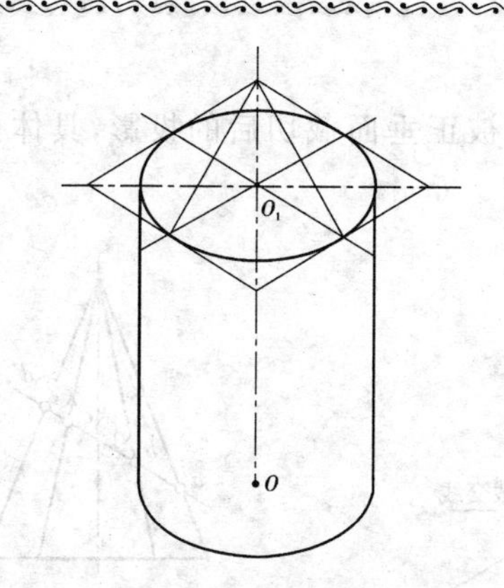

图 2-27　圆柱正等轴测图画法

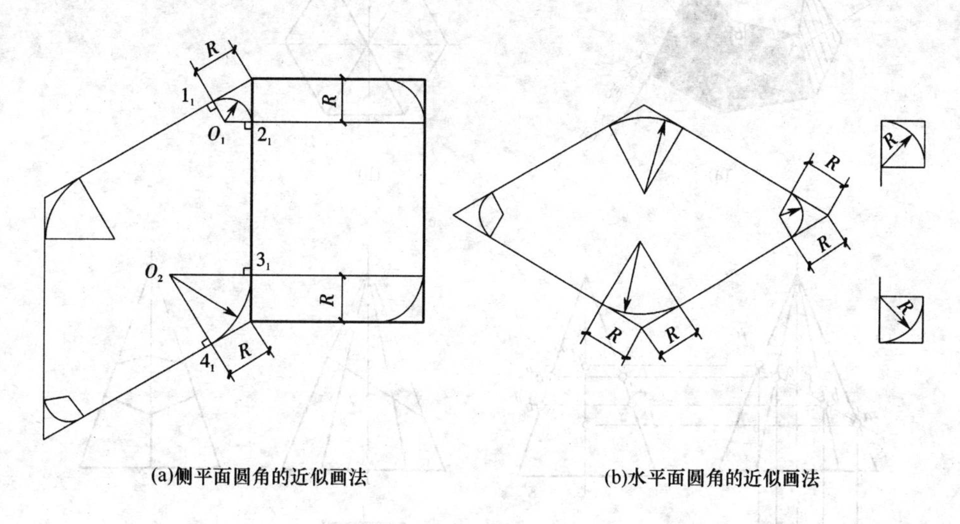

(a)侧平面圆角的近似画法　　(b)水平面圆角的近似画法

图 2-28　圆角正等轴测图画法

六、立体的投影

1. 立体表面的交线

(1)截交线。

立体被平面截断时，截断后的立体称为截断体，用来截切立体的平面称为截平面。截平面与基本体表面所产生的交线即截断面的轮廓线，将其称为截交线，如图 2-29 所示。

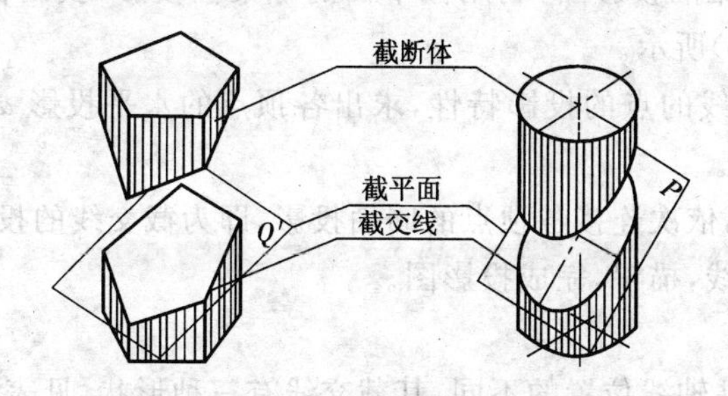

图 2-29　截断体与截交线

(2)平面立体的截交线。

图 2-30(a)所示为正六棱锥被正垂面截切后的投影，具体做法如图2—30(b)、(c)、(d)所示，具体步骤如下所述。

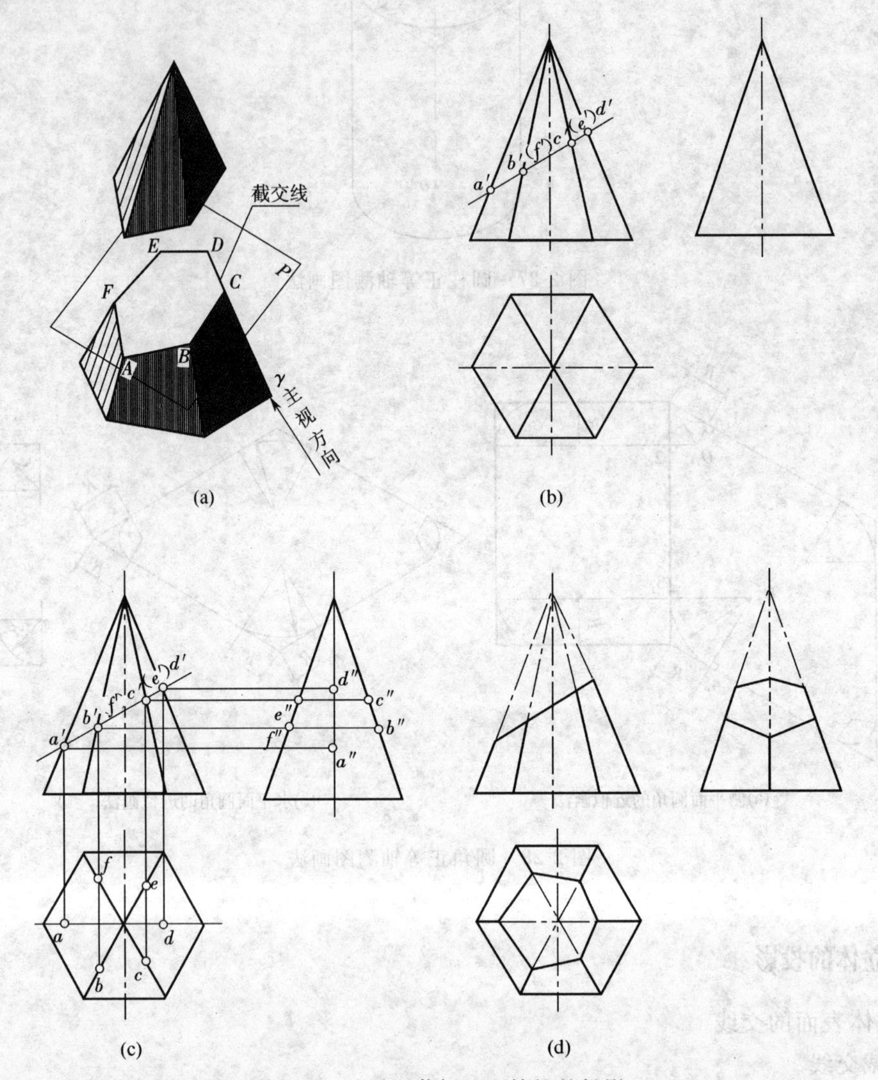

图 2-30 正垂面截切正六棱锥的投影

步骤 1:绘制正六棱锥的投影图，利用截平面的积聚性投影，找出截交线各顶点的正面投影 a'、b'……如图 2-30(b)所示。

步骤 2:根据属于直线的点的投影特性，求出各顶点的水平投影 a、b……及侧面投影 a''、b''……如图 2-30(c)所示。

步骤 3:判断可见性，依次连接各顶点的同面投影，即为截交线的投影，如图 2-30(d)所示。

步骤 4:擦去多余图线，描深，完成投影图。

(3)圆柱的截交线。

1)根据截平面与圆柱轴线位置的不同，其截交线有三种形状，见表 2-11。

表 2-11　圆柱的截交线

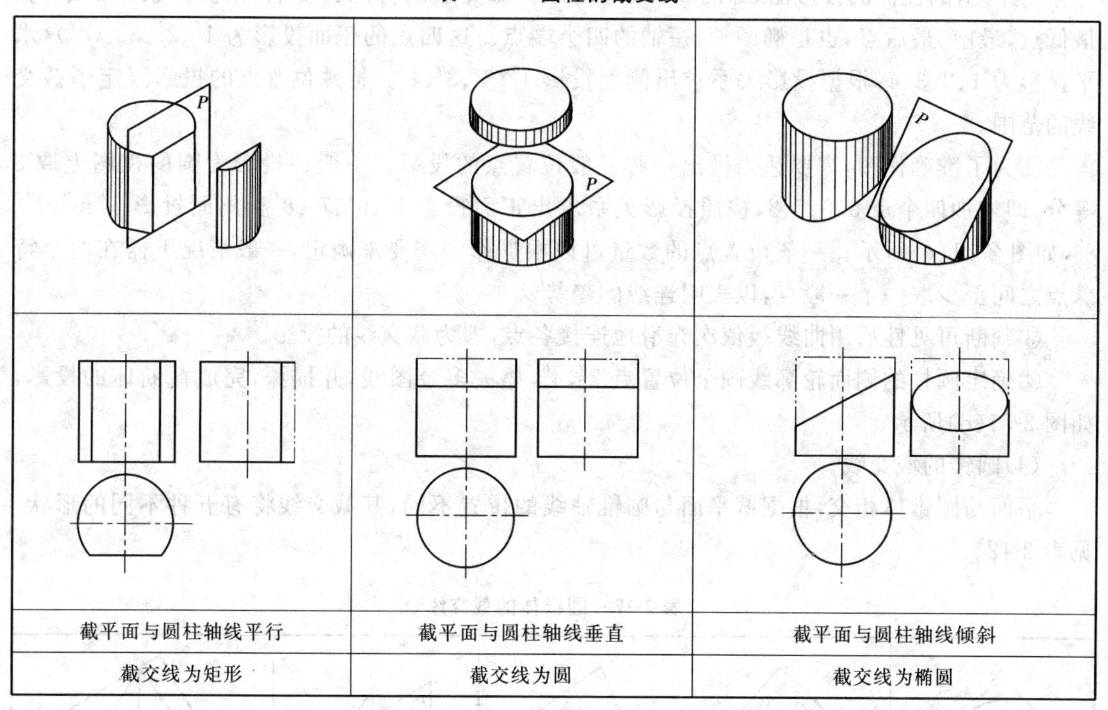

截平面与圆柱轴线平行	截平面与圆柱轴线垂直	截平面与圆柱轴线倾斜
截交线为矩形	截交线为圆	截交线为椭圆

2)如图 2-31(a)所示，可以求得圆柱被正垂面截切后的投影图，作图内容如下所述。

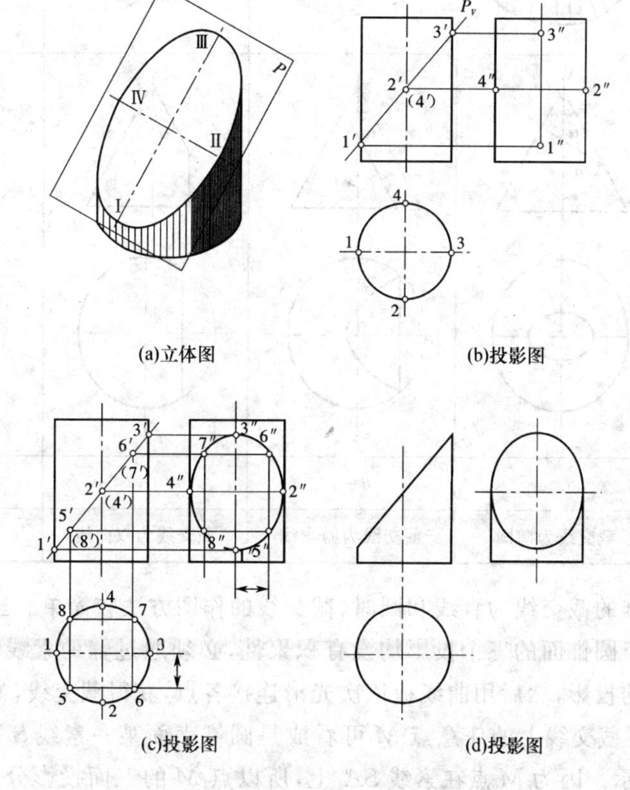

(a)立体图　(b)投影图

(c)投影图　(d)投影图

图 2-31　正垂面截切圆柱体的投影作图过程

①画出圆柱体的投影图，如图 2-31(b)所示。截交线的特殊位置点，是侧面投影的最高、最低点，最前、最后点，也是椭圆长、短轴的四个端点。这四点的正面投影为 $1'$、$2'$、$3'$、($4'$)，水平投影为 1、2、3、4，根据投影关系求出侧面投影 $1''$、$2''$、$3''$、$4''$。特殊位置点的投影限定了截交线的范围。

②为了准确作图，需要适当做出一些一般位置点的投影。一般在投影为圆的视图上取 8 等分，即增加四个点 5、6、7、8，按照投影关系求出正面投影 $5'$、$6'$、$7'$、$8'$和侧面投影 $5''$、$6''$、$7''$、$8''$，如图 2-31(c)所示。一般位置点的数量可以根据作图需要来确定，一般情况下需在两个特殊点之间至少取一个一般点，以表明连线的趋势。

③判断可见性后用曲线板依次光滑地连接各点，即为截交线的投影。

④确定圆柱的侧面轮廓线画至位置点 $2''$、$4''$，擦去多余图线，并描深，完成截断体的投影，如图 2-31(d)所示。

(4)圆锥的截交线。

平面与圆锥体相交，根据截平面与圆锥轴线的位置不同，其截交线将有五种不同的形状，见表 2-12。

表 2-12　圆锥体的截交线

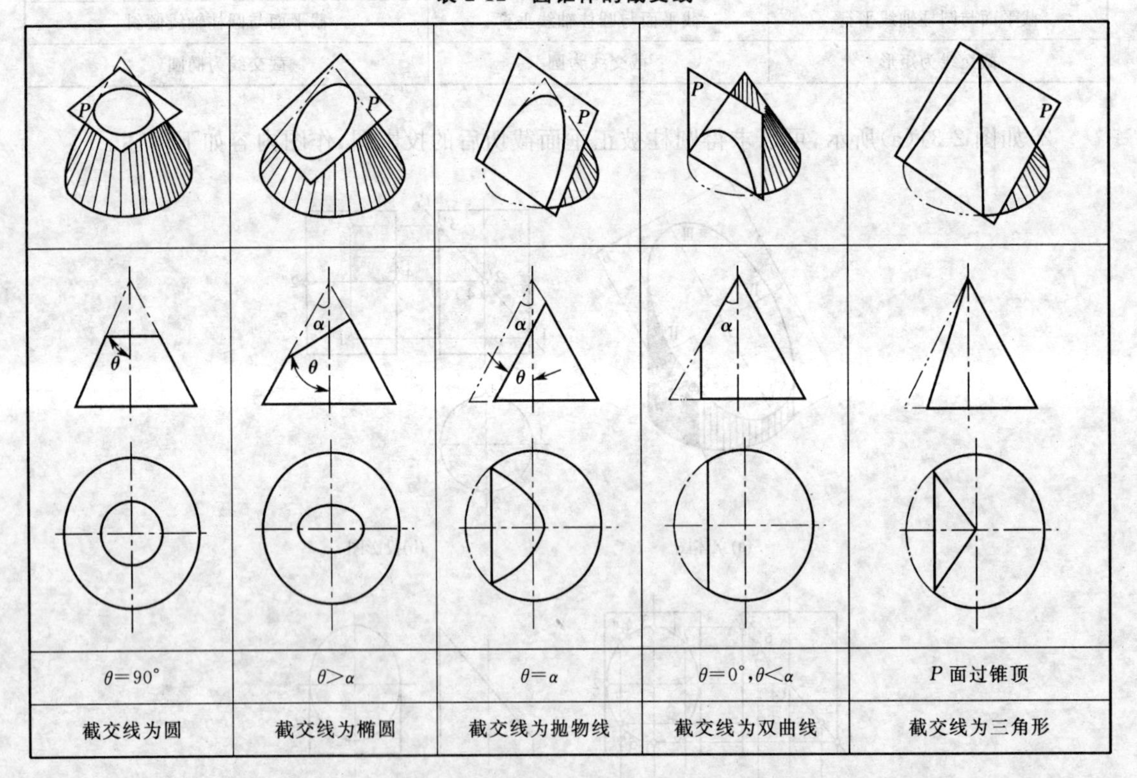

$\theta=90^\circ$	$\theta>\alpha$	$\theta=\alpha$	$\theta=0^\circ$，$\theta<\alpha$	P 面过锥顶
截交线为圆	截交线为椭圆	截交线为抛物线	截交线为双曲线	截交线为三角形

当截平面与圆锥的截交线为直线和圆时，截交线的作图方法较简单。当截交线为椭圆、抛物线、双曲线时，由于圆锥面的三个投影均没有积聚性，必须通过辅助素线法或辅助平面法作出截交线上多个点的投影，然后用曲线板依次光滑连接各点，获得截交线，如图 2-32 所示。

1) 辅助素线法：截交线上的任意点 M 可看成是圆锥表面某一素线 SA 与截平面 P 的交点，如图 2-32(b)所示。因为 M 点在素线 SA 上，所以点 M 的三面投影分别位于该素线的同面投影上。

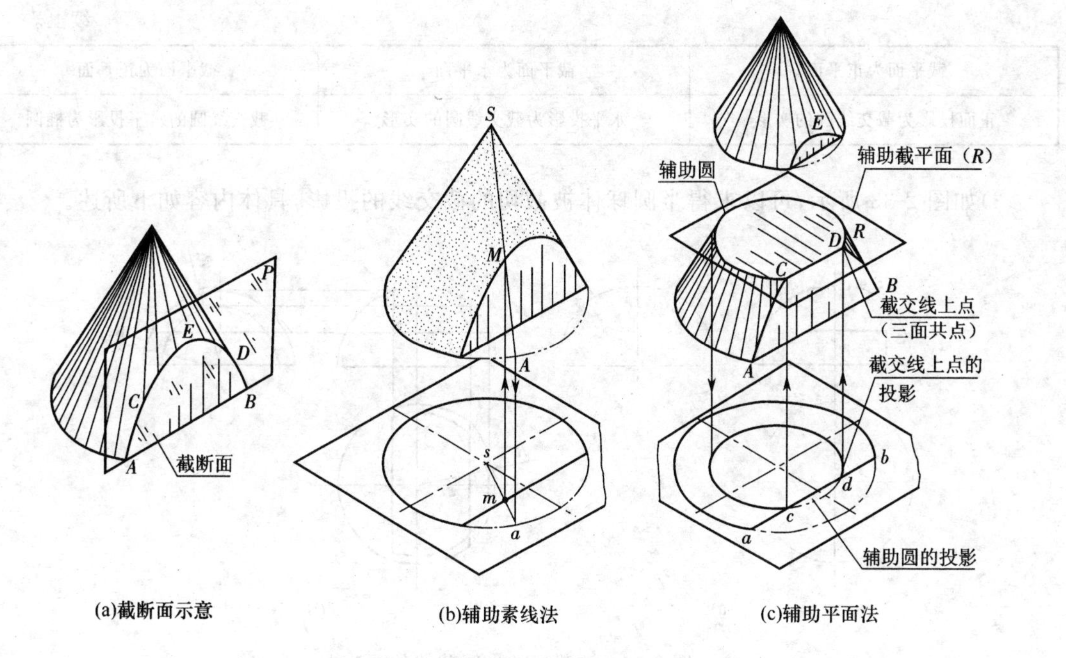

图 2-32　求圆锥截交线的两种作图方法

2）辅助平面法：作垂直于圆锥轴线的辅助平面 R，如图 2-32(c)所示。平面 R 与圆锥面的交线是一个圆，此圆与截平面交得的两点 C、D 是圆锥面、截平面 P、辅助平面 R 三个面上的共有点，当然也是截交线上的点，由于这两个点具有三面共点的特征，所以辅助平面法也叫三面共点法。

(5)圆球体的截交线。

1)当截平面为投影面垂直面时，截交线在其垂直的投影面上的投影积聚为直线，而其余两个投影均为椭圆，见表 2-13。

表 2-13　圆球体的截交线

续上表

截平面为正平面	截平面为水平面	截平面为正垂面
正面投影为截交线圆的实形	水平投影为截交线圆的实形	截交线圆的水平投影为椭圆

2)如图 2-33 所示，可以求得半圆球体被截切的截交线的投影，具体内容如下所述。

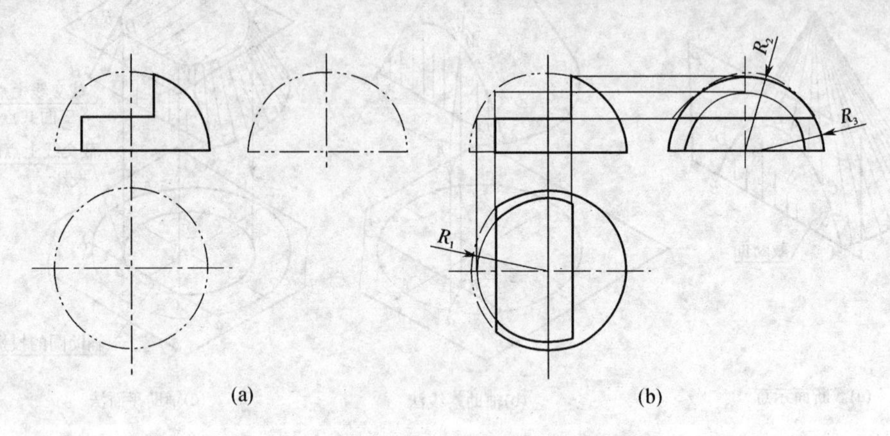

图 2-33　被截切的半圆球体的画法

①切口底面的水平投影为两段半径相同的圆弧和两段积聚性直线组成，圆弧的半径为 R_1，如图 2-33(b)所示。

②切口的两侧面为侧平面，其侧面投影为圆弧，半径分别为 R_2、R_3，左边的侧面是保留下部的圆弧，右边的圆弧是保留上部的圆弧，如图 2-33 所示。底面为水平面，侧面投影积聚为一条直线。

(6)相贯线。

1)两个或两个以上的基本体相交，在它们表面相交处产生的交线，称为相贯线。这样的立体称为相贯体，当一个立体全部贯穿另一个立体时，产生两组相贯线，这种情况称为全贯；当两个立体相互贯穿时，则产生一组相贯线，这种情况称为互贯，如图 2-34 所示。

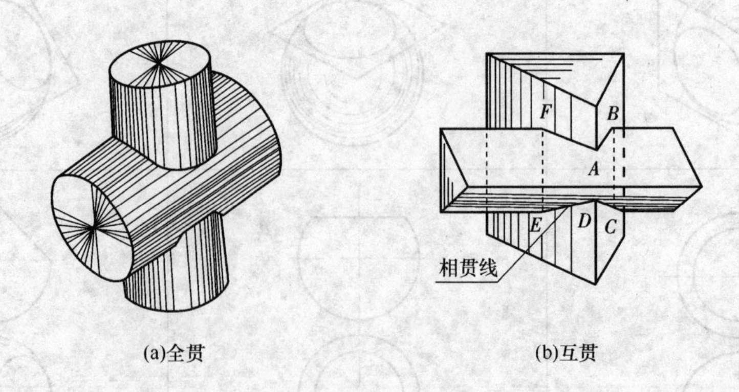

图 2-34　两立体相贯

2)如图 2-35 所示，可以作烟囱与屋面的相贯线，具体步骤如下所述。

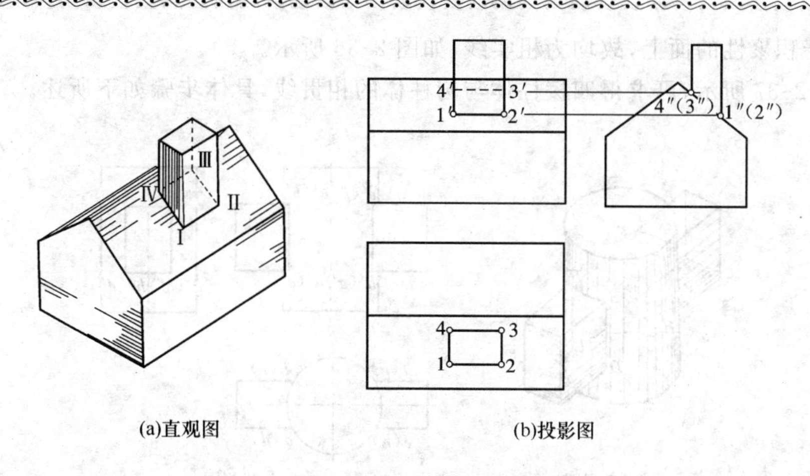

图 2-35　烟囱与屋面的相贯线

步骤 1:利用积聚性分别找出水平投影的相贯线 1234 和侧面投影的相贯线 1″(2″)、4″(3″)。

步骤 2:根据水平投影和侧面投影求出正面投影相贯线的贯穿点 1′、2′、3′、4′。

步骤 3:连接正面投影的相贯线并判别可见性。因为三棱柱的前表面和四棱柱的前表面可见,1′2′连粗实线,四棱柱的后面不可见,3′4′连虚线,1′4′和 2′3′位于积聚性投影上。作图结果如图 2-35(b)所示。

3)如图 2-36 所示,可求出四棱柱体与三棱锥体的相贯线,具体步骤如下所述。

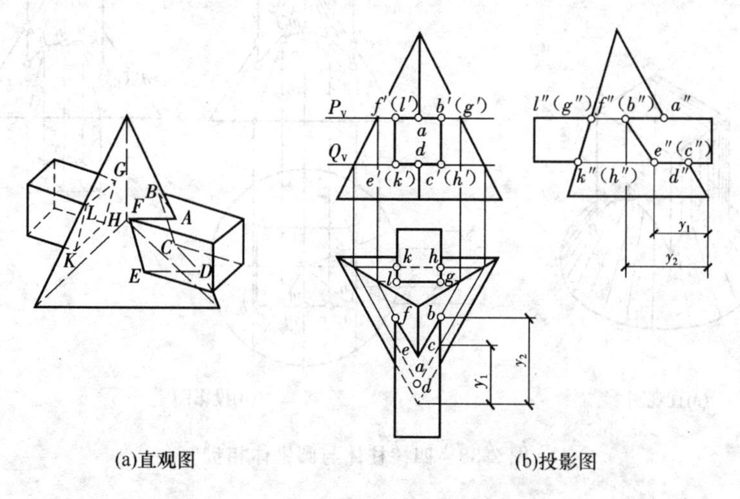

图 2-36　四棱柱体与三棱锥体相贯

步骤 1:利用四棱柱的积聚性找出正面投影的相贯线。

步骤 2:利用辅助截平面法,根据相贯线的正面投影求出相贯线水平投影的贯穿点 a、b、c、d、e、f 和 g、h、k、l。

步骤 3:根据正面投影和水平投影的贯穿点,求出侧面投影的相贯线的贯穿点 a''、b''、c''、d''、e''、f''和 g''、h''、k''、l''。

步骤 4:连接相贯线并判别可见性,水平投影 c、d、e 和 h、k 不可见,故连虚线,其余均可见，有的位于积聚性的面上，故均为粗实线，如图 2-36 所示。

4)如图 2-37 所示，可求得四棱柱体与圆柱体的相贯线，具体步骤如下所述。

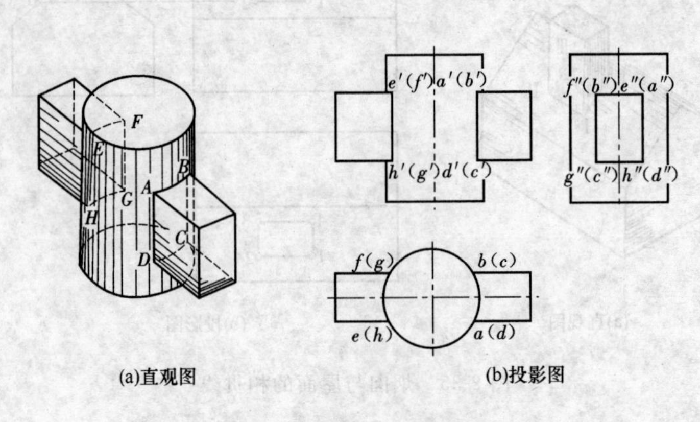

图 2-37　四棱柱体与圆柱体相贯

步骤 1：根据积聚性直接找出相贯线的水平投影和侧面投影。

步骤 2：根据正面投影和水平投影求出正面投影的相贯线。

步骤 3：判别相贯线的可见性，作图结果如图 2-37 所示。

5)如图 2-38 所示，可求得四棱柱体与圆锥体的相贯线，具体步骤如下所述。

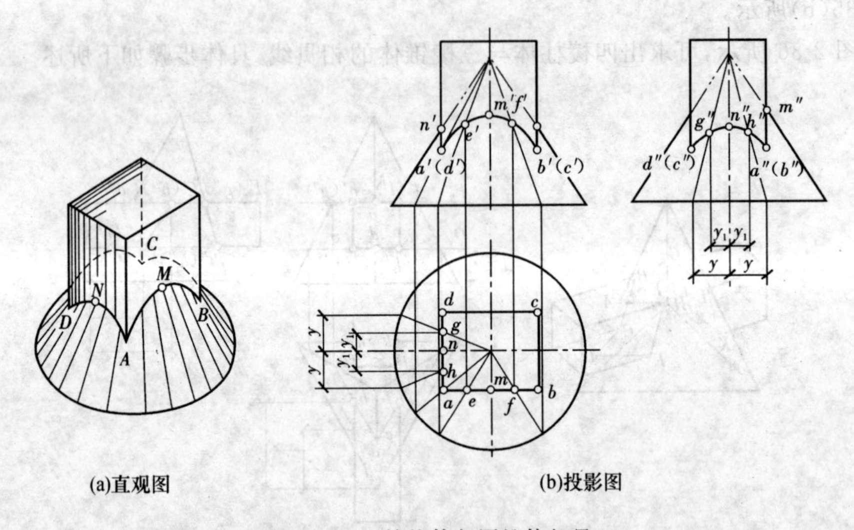

图 2-38　四棱柱体与圆锥体相贯

步骤 1：根据四棱柱体的积聚性，找出相贯线的水平投影 $abcd$。

步骤 2：求出正面投影和侧面投影中四条侧棱与圆锥体的贯穿点 a'、b'、c'、d' 和 a''、b''、c''、d''，如图 2-38 所示。

步骤 3：求四棱柱的前侧面与圆锥体的相贯线。先求出最高点 M 的投影 m'、m''，然后用辅助素线法求出一般位置点 E、F 的投影 e'、f' 和 e''、f''。同理，可求出左侧面与圆锥体的相贯线。先求出最高点 N 的投影 n'、n''，然后用辅助素线法求出一般位置点 H、G 的投影 h'、g' 和 h''、g''。

步骤 4:依次连接各点的同面投影,并判别可见性,即得相贯线的投影,如图 2-38 所示。

6)如图 2-39 所示,可以求出三棱柱体与半球体的相贯线,具体步骤如下所述。

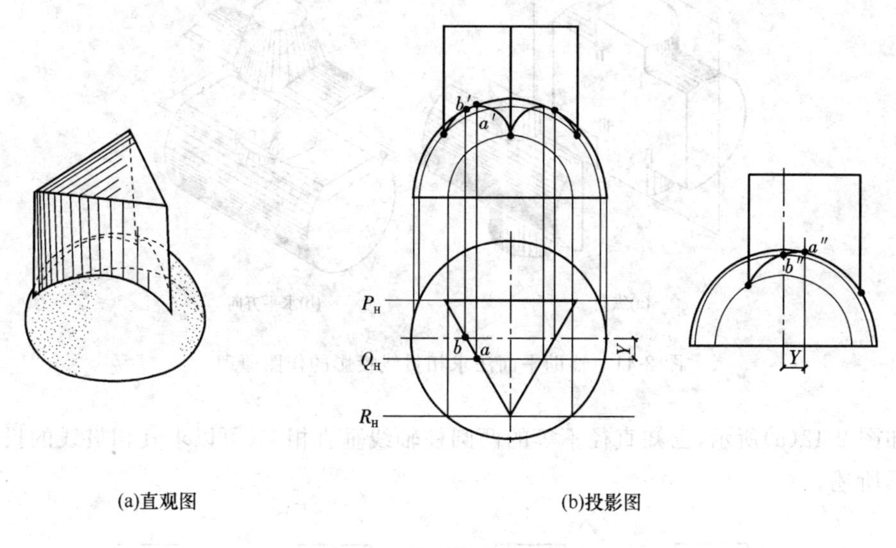

(a)直观图　(b)投影图

图 2-39　三棱柱体与半球体相贯

步骤 1:根据三棱柱体的积聚性,得到相贯线的水平投影。

步骤 2:求出正面投影和侧面投影中三条侧棱与半球体的贯穿点。

步骤 3:利用辅助截平面法求三棱柱的各侧面与半球体的相贯线。应先求出特殊点,如椭圆长轴的端点 A 及相贯线与半球轮廓线的切点 B 的投影 a'、b'和 a''、b''。B 点是正面投影中左右两侧面相贯线可见与不可见的分界点。

步骤 4:依次连接各点的同面投影,并判别可见性,即得相贯线的投影。在正面投影中,凡是在半球体后半部的相贯线均为不可见的。具体作图步骤如图 2-39 所示。

7)两曲面立体的相贯线。一般是封闭的空间曲线,如图 2-40(a)所示,特殊情况也可能是封闭的平面曲线,如图 2-40(b)所示。相贯线上各点是两曲面立体表面上的共有点,也是一个曲面立体表面上的各素线对另一曲面立体表面的贯穿点。作图原理如图 2-41 所示。如果两曲面立体中有一个投影具有积聚性,也可根据相贯线的积聚投影,用辅助素线法求得。

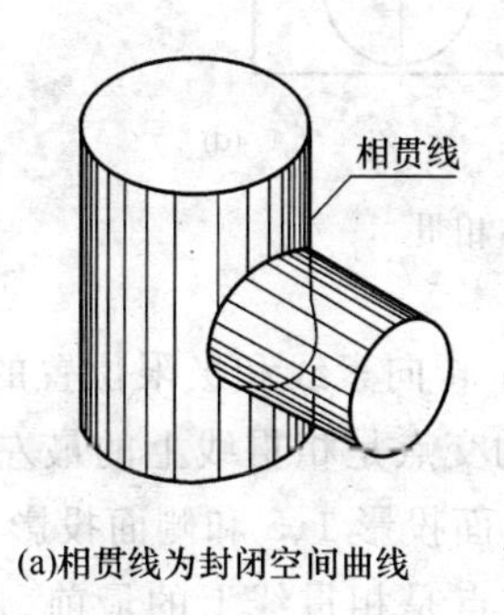

(a)相贯线为封闭空间曲线

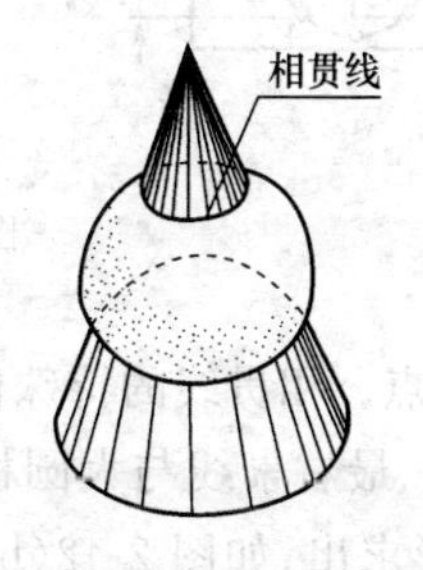

(b)相贯线为封闭的平面曲线

图 2-40　两曲面立体相贯

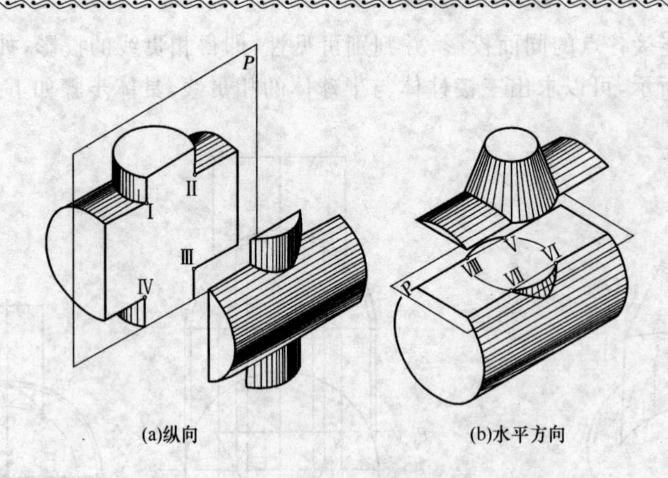

图 2-41　辅助平面法求相贯线投影的作图原理

8)如图 2-42(a)所示，已知直径不等的两圆柱轴线垂直相交，可以求其相贯线的投影，具体步骤如下所述。

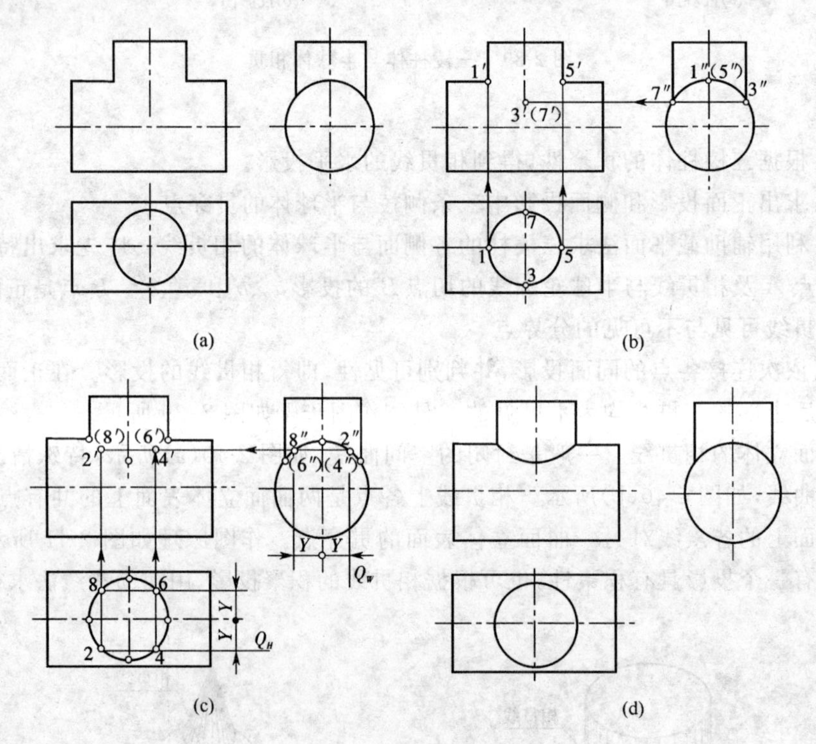

图 2-42　两圆柱体相贯

步骤 1:求特殊点。相贯线的特殊位置点是指位于转向素线和极限位置的点，如图 2-42(b)所示，小圆柱的最左、最右素线与大圆柱的最上素线的交点是相贯线上的最左、最右点，也是最高点，可由正面投影求出；如图 2-42(b)中的 1′、5′，正面投影 1、5 和侧面投影 1″、5″可由点线从属关系求出；小圆柱的最前、最后素线与大圆柱的交点是相贯线上的最前、最后点，也是最低点，可由侧面投影求出；如图 2-42(b)中的 3″、7″，水平投影 3、7 和正面投影 3′、7′由点线从属关系求出。

步骤 2:求一般位置点。在小圆柱的水平投影上取 2、4、6、8 四个点,做出其侧面投影 2″、4″、6″、8″,再求出正面投影 2′、4′、6′、8′,如图 2-42(c)所示。

步骤 3:判断可见性,光滑连线。将所求各点按照分析的对称性、可见性,依次光滑连线,即为相贯线的正面投影,如图 2-42(d)所示。

步骤 4:擦去多余的图线,整理、描深,完成全图。

9)如图 2-43 所示,已知圆柱与圆锥正交,可求得相贯线的投影,具体步骤如下所述。

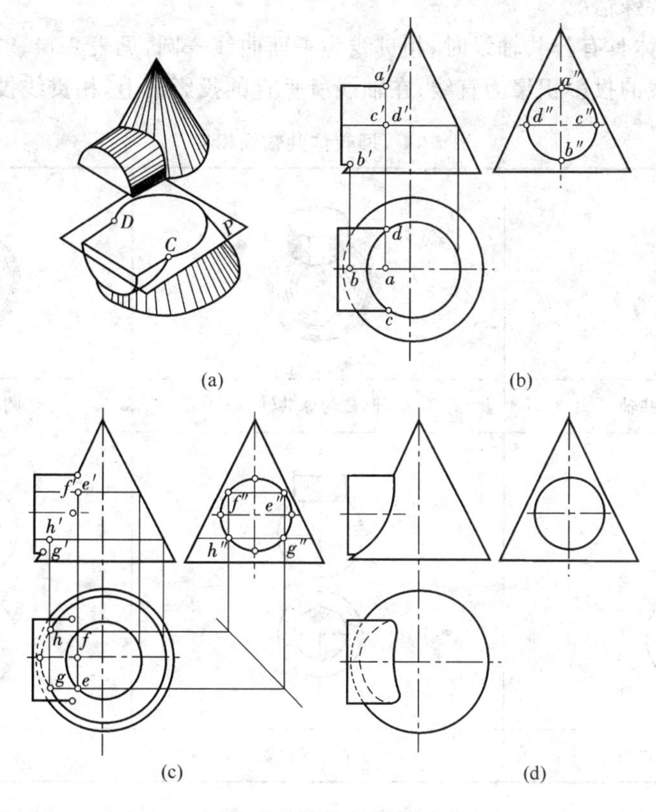

图 2-43　圆柱与圆锥正交

步骤 1:求特殊点。由于圆柱和圆锥正面投影的转向轮廓线在同一平面上,因此它们的交点 a'、b'是相贯线的最高和最低点的正面投影,其水平投影 a、b 和侧面投影 a''、b''可由点、线的从属关系直接求出。过圆柱体的最前、最后素线作辅助水平面,该水平面与圆柱和圆锥交线的正面投影与圆柱体的轴线重合,侧面投影与圆柱体的水平中心线重合,辅助平面与圆柱体交线的水平投影为圆柱体水平投影的轮廓线、与圆锥体交线的水平投影是圆,它们水平投影的交点 c、d 就是相贯线上最前点 C 和最后点 D 的水平投影,也是相贯线水平投影可见与不可见的分界点。将 c、d 分别投影在交线的正面投影上得 c'、d',投影到侧面投影上得 c''、d'',如图 2-43(b)所示。

步骤 2:求一般点。在正面投影面上,以圆柱体轴线为准,上、下对称地作两个辅助水平面。两水平面与圆柱体、圆锥体交线的正面投影和侧面投影均为直线。两辅助水平面与圆柱体的交线为两个相同的矩形,它们的水平投影重合;与圆锥体的交线为直径不等的两个圆,矩形与两个圆的交点分别为 e、f 和 g、h,即为相贯线上一般点的水平投影。将 e、f 和 g、h 分别投影在交线的正面投影和侧面投影上,求出正面投影 e'、f'和 g'、h'及侧面投影 e''、f''和 g''、h'',

如图 2-43(c)所示。

步骤 3:判断可见性,光滑连线。判断可见性时,只有位于两相贯体公共可见部分的相贯线才可见。相贯的正面投影,其可见部分与不可见部分重合;水平投影 c、d 以上各点 c、e、f、d 的相贯线是可见的;c、d 以下各点 c、g、b、h、d 的相贯线是不可见的;圆柱体水平投影的转向轮廓线应画到 c、d 两点,顺次连接投影面上各点,即得相贯线。

步骤 4:擦去多余的图线,整理、描深,完成全图,如图 2-43(d)所示。

10)相贯线的特殊情况。

①当两个回转体具有公共轴线时,相贯线为平面曲线—圆,见表 2-14。在回转体轴线平行的投影面上,相贯线的投影积聚为直线;在轴线所垂直的投影面上,相贯线投影为圆。

表 2-14　回转体共轴线相交

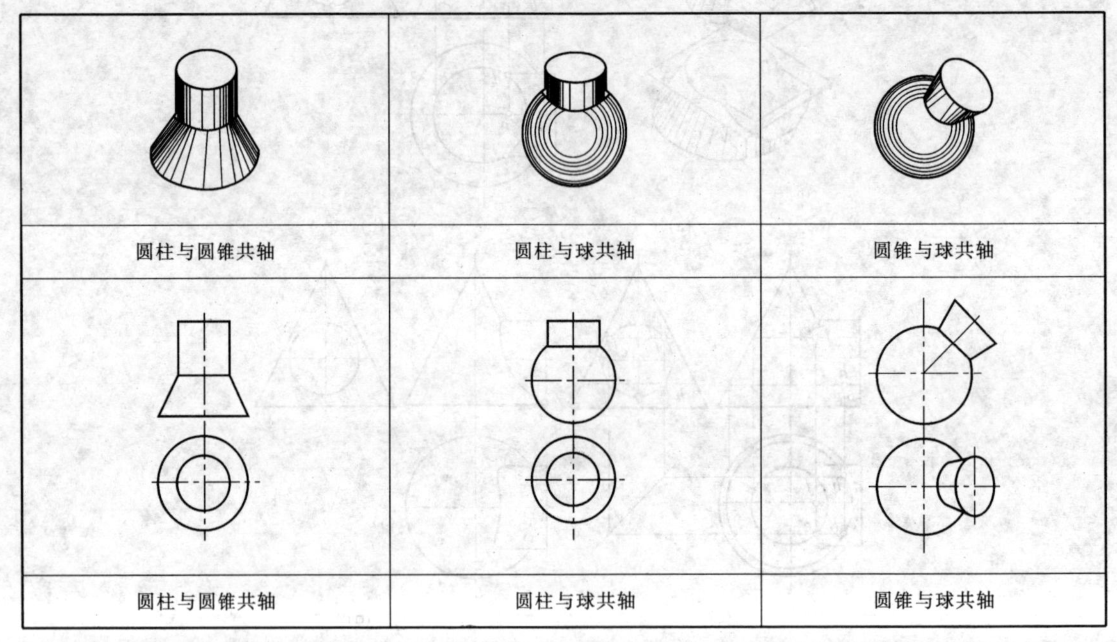

②当两回转体轴线相交,并共切于球时,相贯线为平面曲线——椭圆,如图2—44所示。在两回转体的轴线平行的投影面上,相贯线的投影积聚为直线;在轴线所垂直的投影面上,相贯线为圆或椭圆。

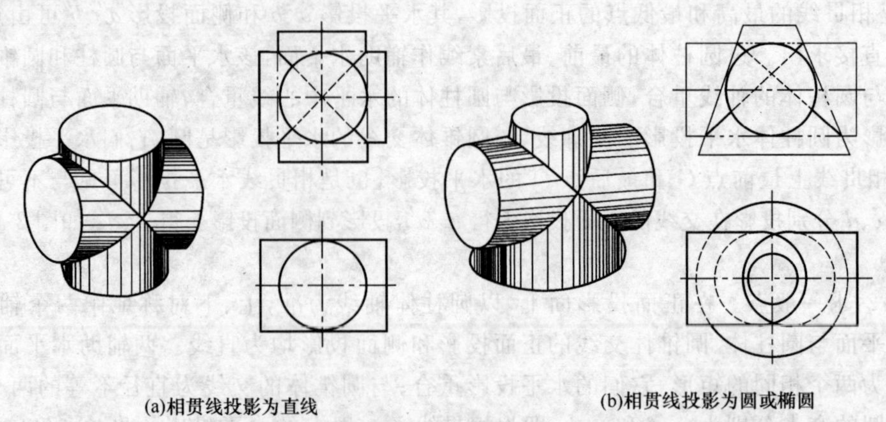

(a)相贯线投影为直线　　(b)相贯线投影为圆或椭圆

图 2-44　两回转体共切于球

③当两圆柱轴线平行或两圆锥共顶相交时，相贯线为直线，如图 2-45 所示。

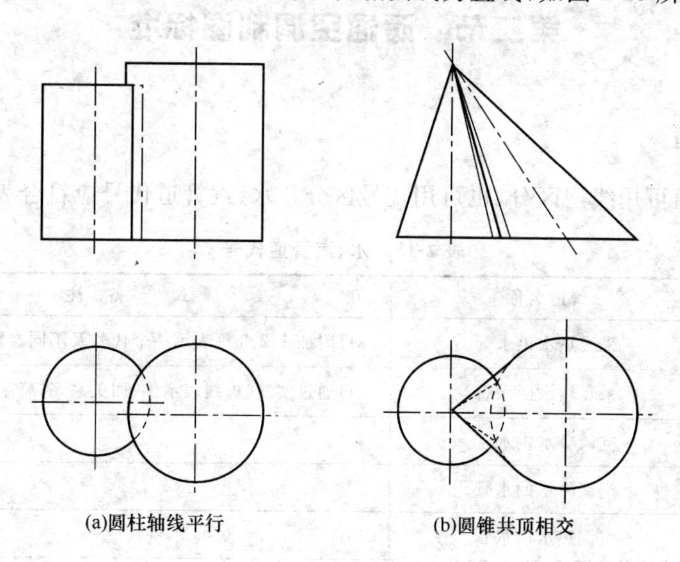

(a)圆柱轴线平行　　(b)圆锥共顶相交

图 2-45　相贯线的特殊情况

(7)相贯线的简化画法。

图 2-46(a)所示的两圆柱，直径不相等，其轴线垂直相交，相贯线的正面投影可以用与大圆柱半径相等的圆弧来代替，圆弧的圆心位于小圆柱的轴线上。

图 2-46(b)所示的大圆柱，被打通了一个轴线与大圆柱的轴线相正交的小圆柱孔，大圆柱的直径比小圆柱孔的直径大得多，孔口相贯线的 V 面投影应是非圆曲线，而在制图时，这种非圆曲线的相贯线可以简化为直线。

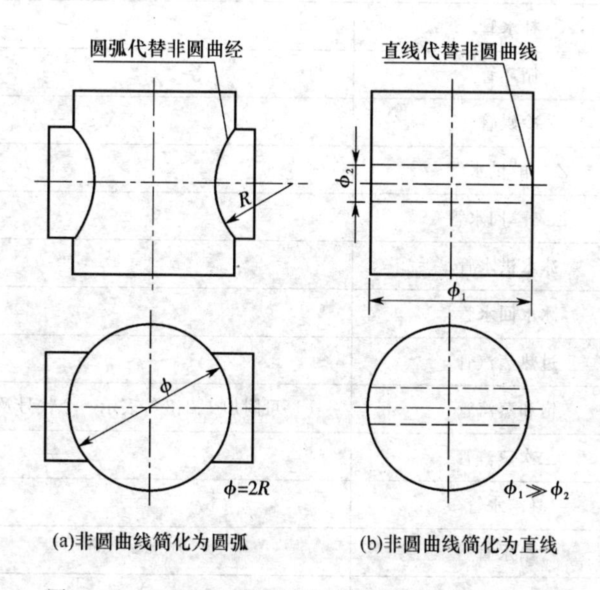

(a)非圆曲线简化为圆弧　　(b)非圆曲线简化为直线

图 2-46　两正交不等径圆柱相贯线的简化画法示例

第二节　暖通空调制图标准

一、水、汽管道

(1)水、汽管道可用线型区分,也可用代号区分。水、汽管道代号应符合表 2-15 的规定。

表 2-15　水、汽管道代号

代　号	管道名称	备　注
RG	采暖热水供水管	可附加 1、2、3 等表示一个代号及不同参数的多种管道
RH	采暖热水回水管	可通过实线、虚线表示供、回关系,省略字母 G、H
LG	空调冷水供水管	—
LH	空调冷水回水管	—
KRG	空调热水供水管	—
KRH	空调热水回水管	—
LRG	空调冷、热水供水管	—
LRH	空调冷、热水回水管	—
LQG	冷却水供水管	—
LQH	冷却水回水管	—
n	空调冷凝水管	—
PZ	膨胀水管	—
BS	补水管	—
X	循环管	—
LM	冷媒管	—
YG	乙二醇供水管	—
YH	乙二醇回水管	—
BG	冰水供水管	—
BH	冰水回水管	—
ZG	过热蒸汽管	—
ZB	饱和蒸汽管	可附加 1、2、3 等表示一个代号及不同参数的多种管道
Z2	二次蒸汽管	—
N	凝结水管	—
J	给水管	—
SR	软化水管	—
CY	除氧水管	—
GG	锅炉进水管	—

续上表

代　号	管道名称	备　注
JY	加药管	—
YS	盐溶液管	—
XI	连续排污管	—
XD	定期排污管	—
XS	泄水管	—
YS	溢水(油)管	—
R_1G	一次热水供水管	—
R_1H	一次热水回水管	—
F	放空管	—
FAQ	安全阀放空管	—
O1	柴油供油管	—
O2	柴油回油管	—
OZ1	重油供油管	—
OZ2	重油回油管	—
OP	排油管	—

(2)自定义水、汽管道代号不应与表2-15的规定矛盾，并应在相应图面说明。

(3)水、汽管道阀门和附件的图例应符合表2-16的规定。

表2-16　水、汽管道阀门和附件图例

代　号	管道名称	备　注
截止阀		—
闸阀		—
球阀		—
柱塞阀		—
快开阀		—
蝶阀		
旋塞阀		—
止回阀		
浮球阀		—
三通阀		—
平衡阀		—
定流量阀		—
定压差阀		—
自动排气阀		—

续上表

代　号	管道名称	备　注
集气罐、放气阀		—
节流阀		—
调节止回关断阀		水泵出口用
膨胀阀		—
排入大气或室外		—
安全阀		—
角阀		—
底阀		—
漏斗		—
地漏		—
明沟排水		—
向上弯头		—
向下弯头		—
法兰封头或管封		—
上出三通		—
下出三通		—
变径管		—
活接头或法兰连接		—
固定支架		—
导向支架		—
活动支架		—
金属软管		—
可屈挠橡胶软接头		—
Y形过滤器		—
疏水器		—
减压阀		—
直通型(或反冲型)除污器		—
除垢仪	E	—

续上表

代　号	管道名称	备　注
补偿器		—
矩形补偿器		—
套管补偿器	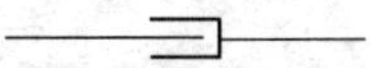	—
波纹管补偿器	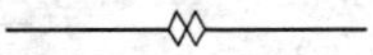	—
弧形补偿器		—
球形补偿器		—
伴热管		—
保护套管	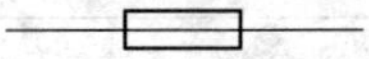	—
爆破膜	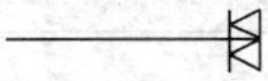	—
阻火器		—
节流孔板、减压孔板	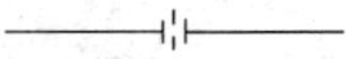	—
快速接头	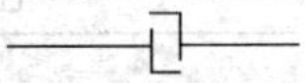	—
介质流向	→ 或 ⇨	在管道断开处时，流向符号宜标注在管道中心线上，其余可同管径标注位置
坡度及坡向	i=0.003 或 →i=0.003	坡度数值不宜与管道起、止点标高同时标注。标注位置同管径标注位置

二、风道

(1) 风道代号应符合表 2-17 的规定。

表 2-17　风道代号

代　号	管道名称	备　注
SF	送风管	—
HF	回风管	一、二次回风可附加 1、2 来区别
PF	排风管	—
XF	新风管	—
PY	消防排烟风管	—
ZY	加压送风管	—
P(Y)	排风排烟兼用风管	—
XB	消防补风风管	—
S(B)	送风兼消防补风风管	—

(2)自定义风道代号不应与表 2-17 的规定矛盾，并应在相应图面说明。

(3)风道、阀门及附件的图例应符合表 2-18 和表 2-19 的规定。

表 2-18　风道、阀门及附件图例

名　称	图　例	备　注
矩形风管	***×***	宽×高(mm)
圆形风管	φ***	“φ”表示直径(mm)
风管向上		—
风管向下		—
风管上升摇手弯		—
风管下降摇手弯		—
天圆地方		左接矩形风管,右接圆形风管
软风管		—
圆弧形弯头		—
带导流片的矩形弯头		—
消声器		
消声弯头		—
消声静压箱		—
风管软接头		—
对开多叶调节风阀		—
蝶阀		—
插板阀		—
止回风阀		—
余压阀	DPV　DPV	—
三通调节阀		—
防烟、防火阀	***　***	“＊＊＊”表示防烟、防火阀名称代号,代号说明另见《电气设备用图形符号》(GB/T 5465.2—2008)附录A中的防烟、防火阀功能表
方形风口		—
条缝形风口		—
矩形风口		—
圆形风口		—
侧面风口		—
防雨百叶		—

续上表

名　称	图　例	备　注
检修门	J　J	—
气流方向		左为通用表示法，中表示送风，右表示回风
远程手控盒	B	防排烟用
防雨罩	↑	—

表 2-19　风口和附件代号

代　号	图　例	备　注
AV	单层格栅风口，叶片垂直	—
AH	单层格栅风口，叶片水平	—
BV	双层格栅风口，前组叶片垂直	—
BH	双层格栅风口，前组叶片水平	—
C*	矩形散流器，“*”为出风面数量	—
DF	圆形平面散流器	—
DS	圆形凸面散流器	—
DP	圆盘形散流器	—
DX*	圆形斜片散流器，“*”为出风面数量	—
DH	圆环形散流器	—
E*	条缝形风口，“*”为条缝数	—
F*	细叶形斜出风散流器，“*”为出风面数量	—
FH	门铰形细叶回风口	—
G	扁叶形直出风散流器	—
H	百叶回风口	—
HH	门铰形百叶回风口	—
J	喷口	—
SD	旋流风口	—
K	蛋格形风口	—
KH	门铰形蛋格式回风口	—

续上表

代　号	图　例	备　注
L	花板回风口	—
CB	自垂百叶	—
N	防结露送风口	冠于所用类型风口代号前
T	低温送风口	冠于所用类型风口代号前
W	防雨百叶	—
B	带风口风箱	—
D	带风阀	—
F	带过滤网	—

三、暖通空调设备

暖通空调设备的图例应符合表 2-20 的规定。

表 2-20　暖通空调设备图例

名　称	图　例	备　注
散热器及手动放气阀	15　15　15	左为平面图画法，中为剖面图画法，右为系统图(Y 轴测)画法
散热器及温控阀	15　15	—
轴流风机		—
轴(混)流式管道风机		—
离心式管道风机		—
吊顶式排气扇		—
水泵		—
手摇泵		—
变风量末端		—
空调机组加热、冷却盘管	+　−　+ −	从左到右分别为加热、冷却及双功能盘管
空气过滤器		从左至右分别为粗效、中效及高效
挡水板		—

续上表

名　称	图　例	备　注
加湿器		—
电加热器		—
板式换热器		—
立式明装风机盘管		—
立式暗装风机盘管		—
卧式明装风机盘管		—
卧式暗装风机盘管		—
窗式空调器		—
分体空调器	室内机　室外机	—
射流诱导风机		—
减振器		左为平面图画法，右为剖面图画法

四、调控装置及仪表

调控装置及仪表的图例应符合表 2-21 的规定。

表 2-21　调控装置及仪表图例

名　称	图　例
温度传感器	T
湿度传感器	H
压力传感器	P
压差传感器	ΔP
流量传感器	F
烟感器	S
流量开关	FS

续上表

名　称	图　例
控制器	C
吸顶式温度感应器	T
温度计	
压力表	
流量计	T
能量计	F.M
弹簧执行机构	E.M
重力执行机构	
记录仪	
电磁(双位)执行机构	
电动(双位)执行机构	
电动(调节)执行机构	
气动执行机构	
浮力执行机构	
数字输入量	DI
数字输出量	DO
模拟输入量	AI
模拟输出量	AO

第三章　管道工程施工图识读

第一节　管道工程概述

一、管道工程的基本概念

管道工程的基本概念见表 3-1。

表 3-1　管道工程的基本概念

类　别	名　称	意　义
采暖管道及配件	采暖管道	是采暖系统的总管、干管、立管和支管及其连接配件等的统称
	总管	热水或蒸汽系统进、出口未经分流之前或全部分流以后的总管段
	干管	连接若干立管的具有分流或合流作用的主干管道
	立管	竖向布置的热水或蒸汽系统中与散热设备支管连接的垂直管道
	支管	同散热设备进、出口连接的管段
	排气管	热水或蒸汽系统中用于排除空气的管道
	泄水管	热水或蒸汽系统中用于排水的管道
	旁通管	为适应热水或蒸汽系统运行、检修和调节需要，而与某一设备或附件并联连接并装有阀门的绕行管
	膨胀管	膨胀水箱与热水系统之间的连接管
	循环管	为适应调节防冻等需要，使系统中的水量得以部分回流的管道
	排污管	供定期排除热水或蒸汽系统中可能积存的污物和浊水用的管道
	溢流管	通过溢流控制水箱最高水位的管道
	管道配件	管道与管道或管道与设备连接用的各种零配件的统称
	管接头	具有两个内螺纹接口的直管段连接件，也称管箍
	活接头	便于局部安装或拆卸的管接头
	异径管接头	具有两个接口但其直径不同的管接头
	弯头	具有两个接口的管道转弯连接件
	三通	具有三个接口的分支管连接件
	四通	具有四个接口的分支管连接件
	丝堵	管道或散热器端部的外螺纹堵塞件
	补心	具有变径作用的内外螺纹连接件

续上表

类别	名称	意义
采暖管道及配件	长丝	相当于标准螺纹长度两倍的螺纹连接件
	丝对	组装片式散热器用的两端螺纹相反的连接件
	固定支架	限制管道在支撑点处发生径向和轴向位移的管道支架
	活动支架	允许管道在支撑点处发生轴向位移的管道支架
通风管管道及附件	通风管道	输送空气和空气混合物的各种风管和风道的统称
	风管	由薄钢板、铝板、硬聚氯乙烯板和玻璃钢等材料制成的通风管道
	风道	由砖、混凝土、炉渣石膏板和木质等建筑材料制成的通风管道
	通风总管	通风机进、出口与系统合流或分流处之间的通风管段
	通风干管	连接若干支管的合流或分流的主干通风管道
	通风支管	通风干管与送、吸风口或排风罩、吸尘罩等连接的管段
	软管	柔软可弯曲的管道
	柔性接头	通风机进、出口与刚性风管连接的柔性短管
	筒形风帽	用于自然排风的避风风帽
	伞形风帽	装在系统排放口处用于防雨的伞状外罩
	锥形风帽	沿内外锥形体的环状空间垂直向上排风的风帽
	通风部件	特指通风与空调系统中的各类风口、阀门、排风罩、风帽、检查孔和风管支、吊架等
	通风配件	特指通风与空调系统中的弯头、三通、变径管、来回弯、导流板等
	导流板	装于通风管道内的一个或多个叶片，使气流分成多股平行气流，从而减少阻力的配件
	蝶阀	风管内绕轴线转动的单板式风量调节阀
	插板阀	阀板垂直于风管轴线并能在两个滑轨之间滑动的阀门
	斜插板阀	阀板与风管轴线倾斜安装的插板阀
	通风止回阀	特指气流只能按一个方向流动的阀门
	防火阀	用于自动阻断来自火灾区的热气流、火焰通过的阀门
	防烟阀	借助感烟(温)器能自动关闭以阻断烟气通过的阀门
	排烟阀	装于排烟系统内，火灾时能自动开启进行排烟的阀门
	泄压装置	当通风除尘系统所输送的空气混合物一旦发生爆炸，压力超过破坏限度时，能自行进行泄压的安全保护装置
	风口	装在通风管道侧面或支管末端用于送风、排风和回风的孔口或装置的统称
	散流器	由一些固定或可调叶片构成的，能够形成下吹、扩散气流的圆形、方形或矩形风口

续上表

类　别	名　称	意　义
通风管管道及附件	空气分布器	用于向作业地带低速、均匀送风的风口
	旋转送风口	在气流出口处装有可调导流叶片并可绕风管轴线旋转的风口
	插板式送（吸）风口	装在风管侧面并带有滑动插板的送风或排风用的风口
	吸风口	用以排除室内空气的风口
	排风口	将排风系统中的空气及其混合物排入室外大气的排放口
	清扫孔	用于清除通风除尘系统管道内积尘的密封孔口
	检查门	装在空气处理室侧壁上，用于检修设备的密闭门
	测孔	用于检测设备及通风管道内空气及其混合物的各种参数，如温度、湿度、压力、流速、有害物质浓度等，而平时加以密封的孔
	风管支（吊）架	支撑（悬吊）风管用的金属杆件、抱箍、托架、吊架等的统称

二、热水采暖系统管道系统

(1)热水采暖系统流程和流程图。

1)系统流程。

①自然循环热水采暖系统流程。

自然循环热水采暖系统流程如下：

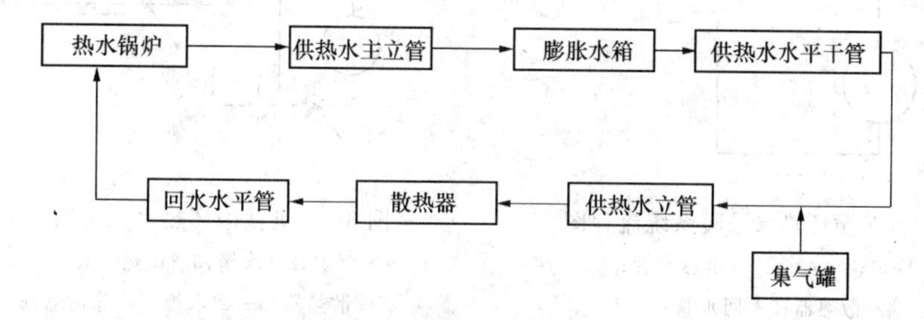

②机械循环热水采暖系统流程。

机械循环热水采暖系统流程如下：

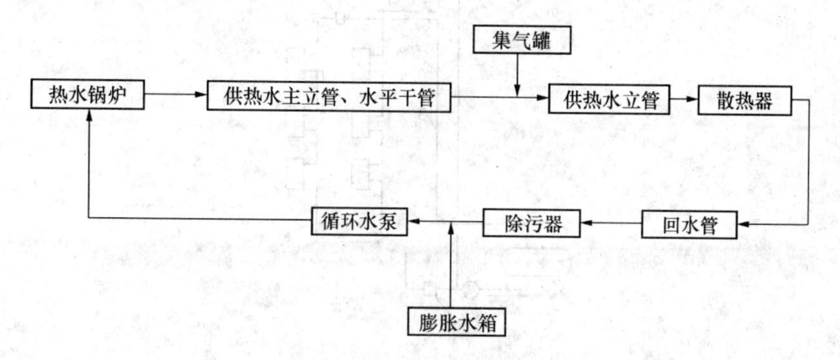

③采用换热器换热的热水采暖系统流程。

采用换热器换热的热水采暖系统流程如下：

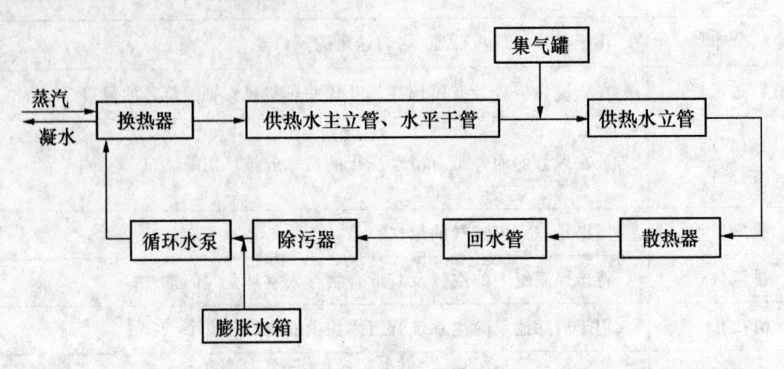

2)系统流程图。

①自然循环热水采暖系统流程图，如图3-1所示。

②机械循环热水采暖系统流程图，如图3-2所示。

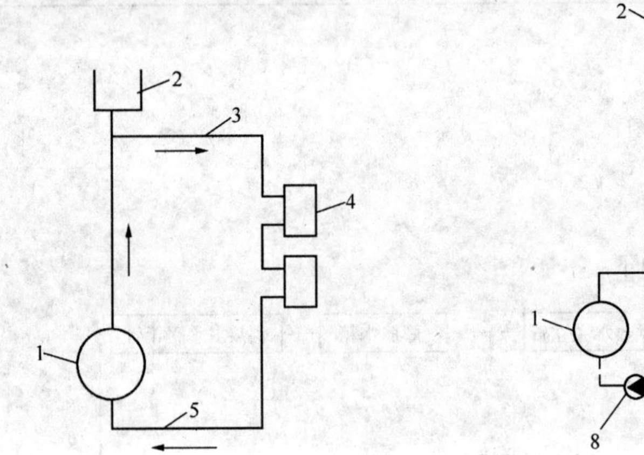

图3-1 自然循环热水采暖系统流程图

1—锅炉;2—水箱;3—供热水管;4—散热器;5—回水管

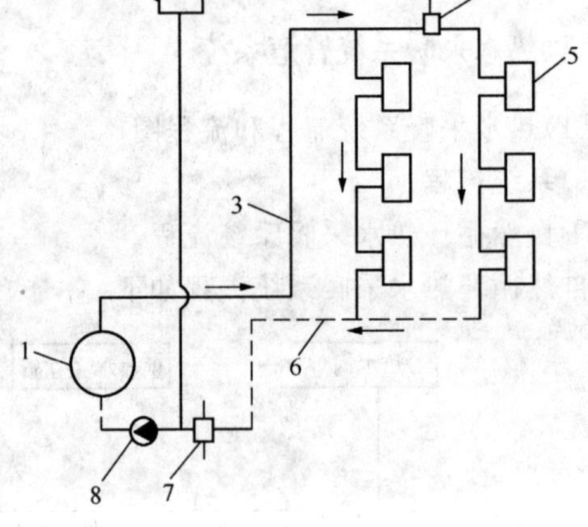

图3-2 机械循环热水采暖系统流程图

1—锅炉;2—水箱;3—供热水管;4—集气罐;5—散热器;6—回水管;7—除污器;8—水泵

③采用换热器换热的热水采暖系统流程图，如图3-3所示。

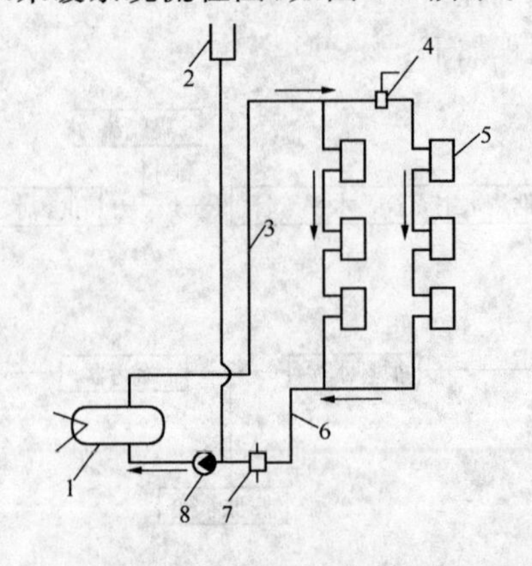

图3-3 采用换热器的热水采暖系统流程图

1—换热器;2—水箱;3—供热管;4—集气罐;5—散热器;6—回水管;7—除污器;8—水泵

(2)热水采暖系统管道图示。

热水采暖系统管道图示的划分，见表 3-2。

表 3-2　热水采暖系统的管道划分

项　目	内　容
按水平干管位置	下供下回式、下供上回式、上供下回式、中分式、水平串联式、水平跨越式
接立管根数	单立管式、双立管式
按供回水环路路程	同程式、异程式

表 3-2 中基本管道图示如下：

下供下回式，如图 3-4 所示；下供上回式，如图 3-5 所示；上供下回式，如图 3-6 所示；中分式，如图 3-7 所示；水平串联式，如图 3-8 所示；水平跨越式，如图 3-9 所示；单立管式，如图 3—10所示；双立管式，如图 3-11 所示；同程式，如图 3-12 所示；异程式，如图 3-13 所示。

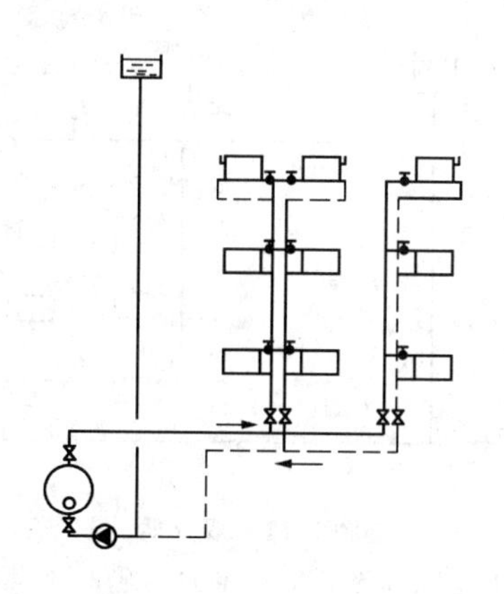

图 3-4　下供下回式

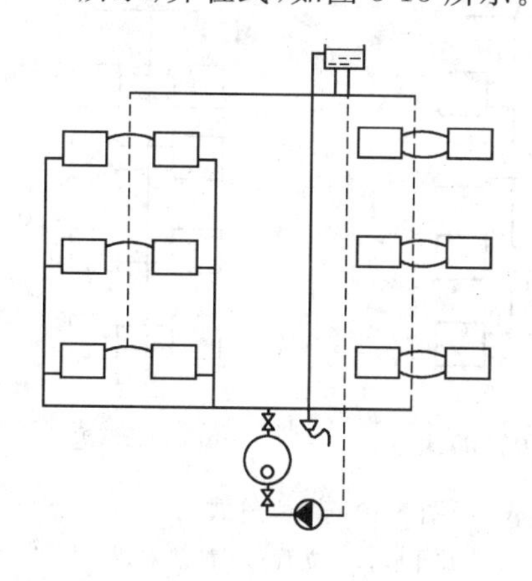

图 3-5　下供上回式

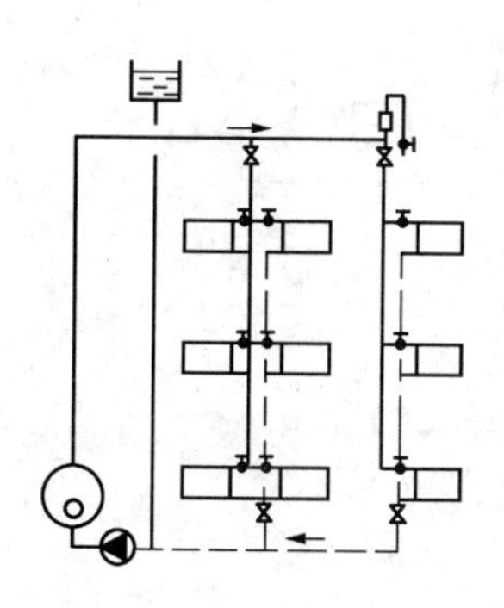

图 3-6　上供下回式

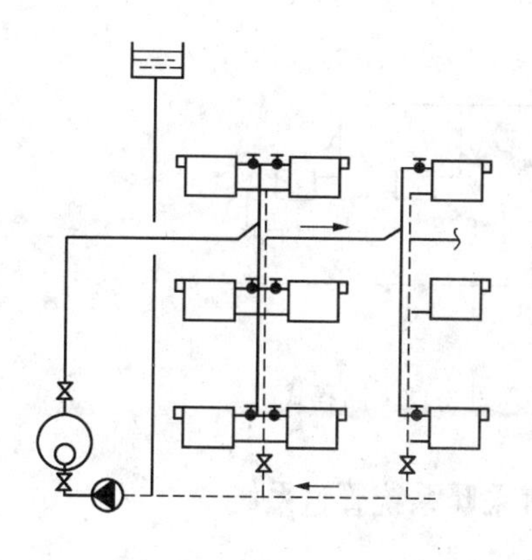

图 3-7　中分式

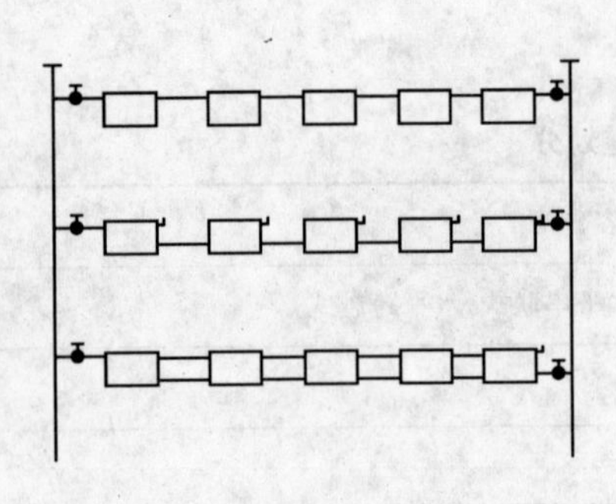

图 3-8　水平串联式

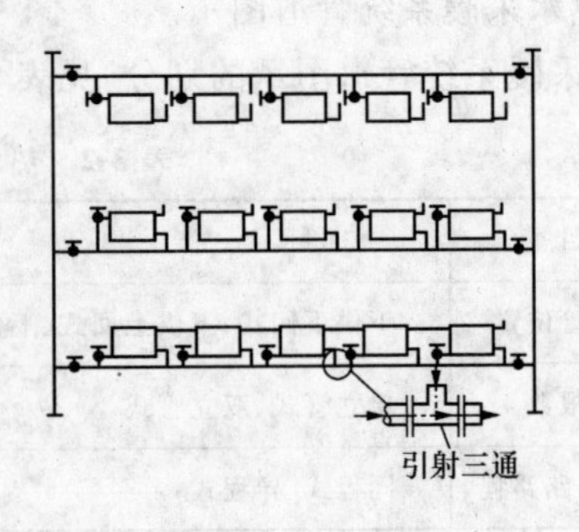

图 3-9　水平跨越式

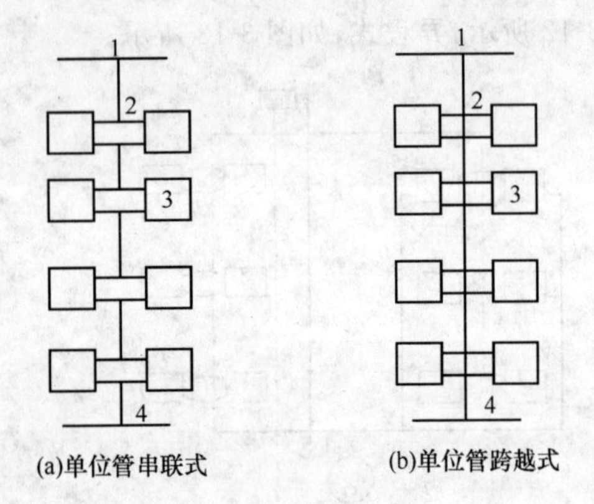

图 3-10　单立管式

1—供热干管；2—立管；3—散热器；
4—回水水平干管

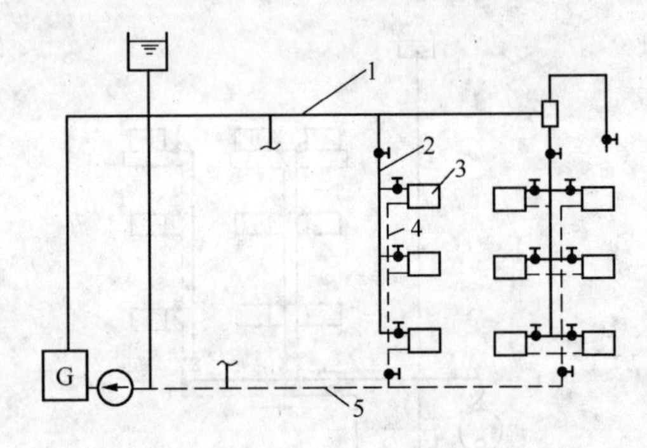

图 3-11　双立管式

1—供热水平干管；2—供热立管；3—散热器；
4—回水立管；5—回水水平干管

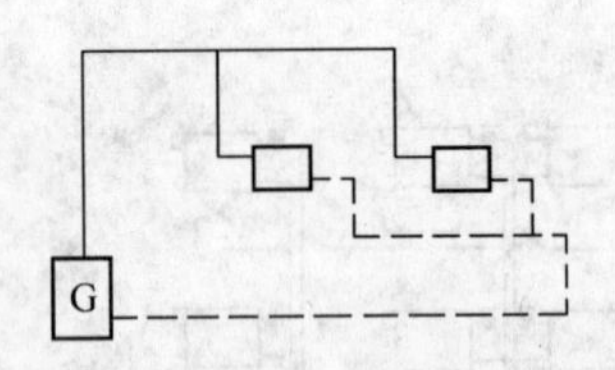

图 3-12　同程式

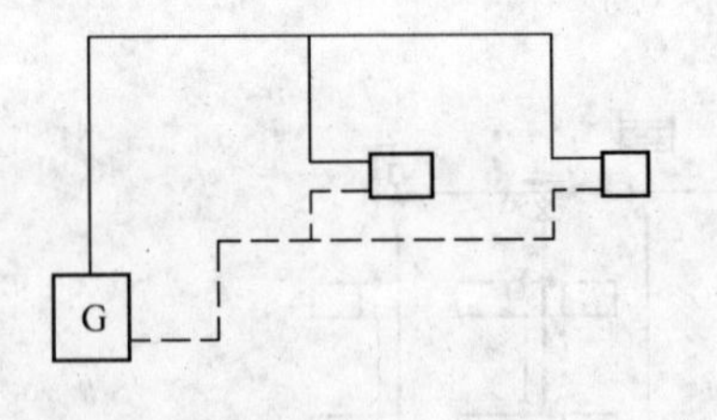

图 3-13　异程式

三、蒸汽采暖系统管道系统

1. 蒸汽采暖系统流程和系统管道图示

(1)蒸汽采暖系统流程和流程图。

1)系统流程。系统流程如下：

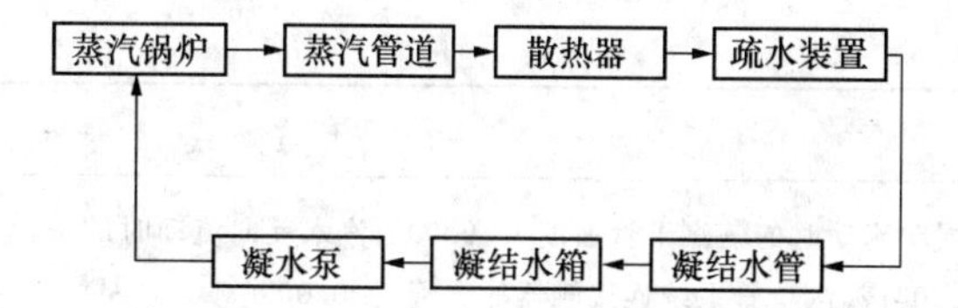

2)系统流程图。系统流程图,如图 3-14 所示。

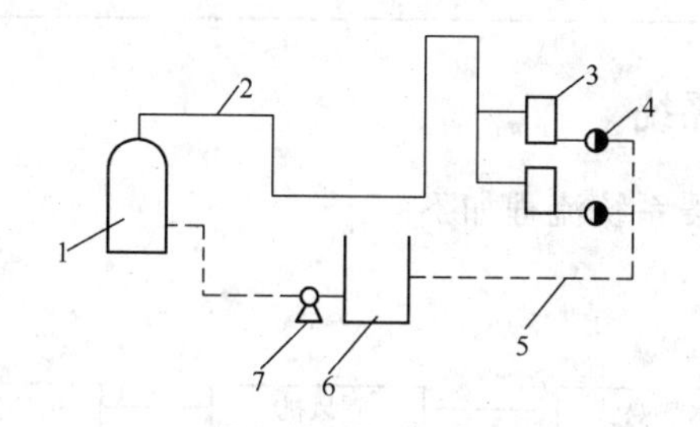

图 3-14　蒸汽采暖系统流程图

1—蒸汽锅炉;2—蒸汽管;3—散热器;4—疏水阀;
5—凝水管;6—凝水箱;7—凝水泵

(2)蒸汽采暖系统管道图示。

蒸汽采暖系统常采用上供下回式,以便于排除和收集凝结水,如图 3-15 所示。

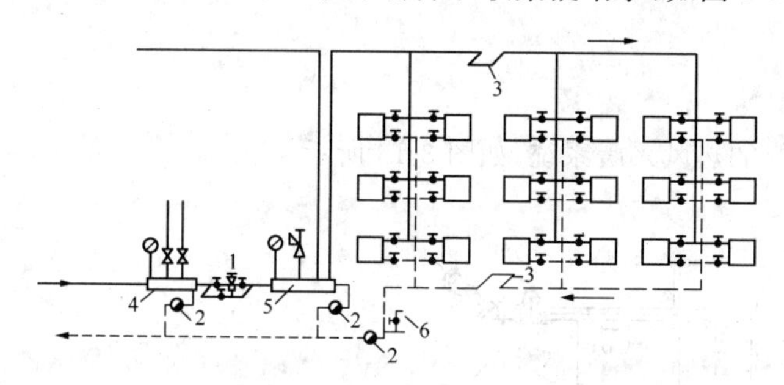

图 3-15　蒸汽采暖上供下回式管道示意图

1—减压阀;2—疏水阀;3—补偿器;4—生产用分汽缸;5—采暖用分汽缸;6—放气管

2.蒸汽采暖系统管道施工

蒸汽采暖系统管道基本上与热水采暖系统管道施工相同,其特点见表 3-3。

表 3-3　蒸汽采暖系统管道施工特点

项　目	内　容
管材选用	钢管(焊接钢管、无缝钢管)采用焊接、法兰连接方式
防护	水平干管、主立管应进行防腐绝热
管道补偿	水平垂直管道在长度较长时应安装补偿器
排凝水措施	在管道低处、散热器出口处应安装疏水装置

续上表

项　目	内　容
管道坡度	汽水同向流动时的蒸汽干管坡度 $i \geqslant 0.003$；汽水反向流动时的蒸汽干管坡度 $i \geqslant 0.005$；凝水管坡度 $i \geqslant 0.003$；蒸汽单管系统连接触器的支管 $i \geqslant 0.005$
管道穿基础、穿墙	应设套管

四、热风采暖系统管道系统

(1)系统流程。热风采暖系统流程如下。

1)以热水为热媒的流程：

2)以蒸汽为热媒的流程：

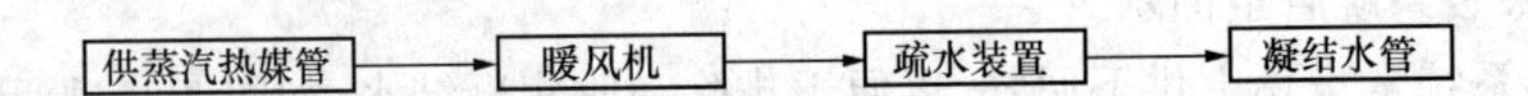

(2)系统流程图。

1)以热水为热媒的热风采暖系统，如图 3-16 所示。

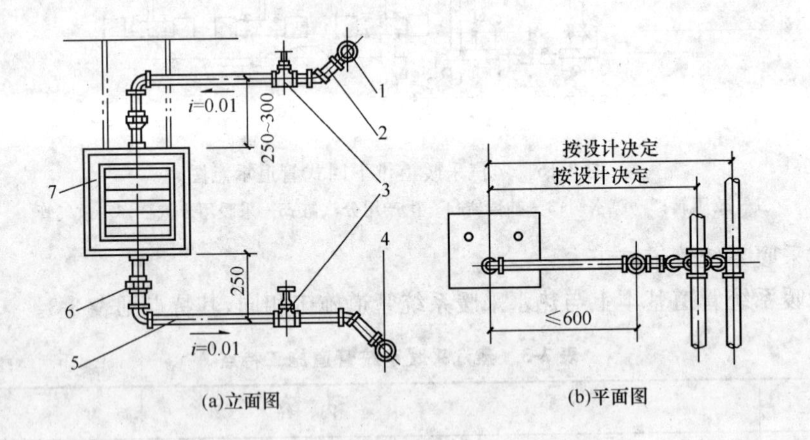

图 3-16　以热水为热媒的热风采暖系统图

1—供水干管；2—供水支管；3—阀门；
4—回水干管；5—回水水管；6—活接头；7—暖风机

2)以蒸汽为热媒的热风采暖系统，如图 3-17 所示。

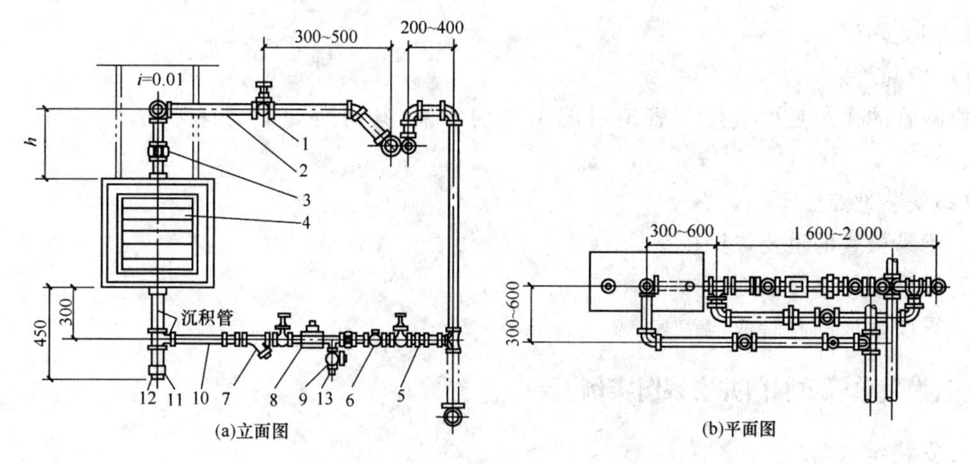

图 3-17 以蒸汽为热媒的热风采暖系统图

1—截止阀；2—供汽管；3—活接头；4—暖风机；5—旁通管；6—止回阀；7—过滤器；
8—疏水阀；9—旋塞；10—凝结水管；11—管箍；12—丝堵；13—验水管

第二节 管道附件安装施工图识读

一、燃气管道检漏安装图实例

1. 安装示意图

燃气管道检漏安装图实例，如图 3-18 所示。

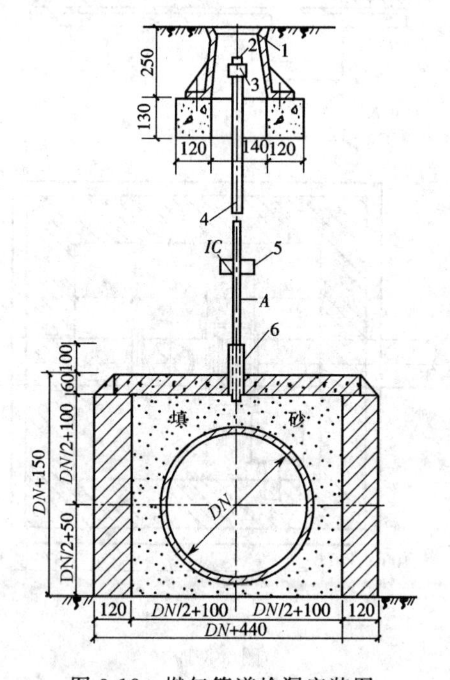

图 3-18 燃气管道检漏安装图

1—ϕ100 铸铁防护罩；2—丝堵 DN20；3—管接头 DN20；
4—镀锌钢管 DN20；5—钢板 80×60×4；6—套管 DN32

2. 相关知识

(1)检漏管。

检漏管的作用是检查燃气管道可能出现的渗漏，其构造如图 3-18 所示，安装在管道的上方。

(2)安装地点。

1)不易检查的重要焊接接头处。

2)地质条件不好的地区。

3)重要地段的套管或地沟端部。

二、燃气单管单阀门井安装图实例

1. 安装示意图

图 3-19 为燃气单管单阀门井安装图，以此图为例对文中内容及其相关知识进行讲解。

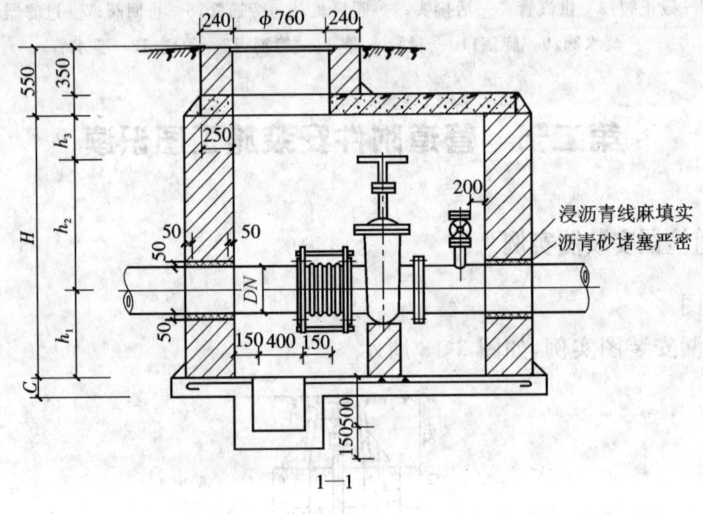

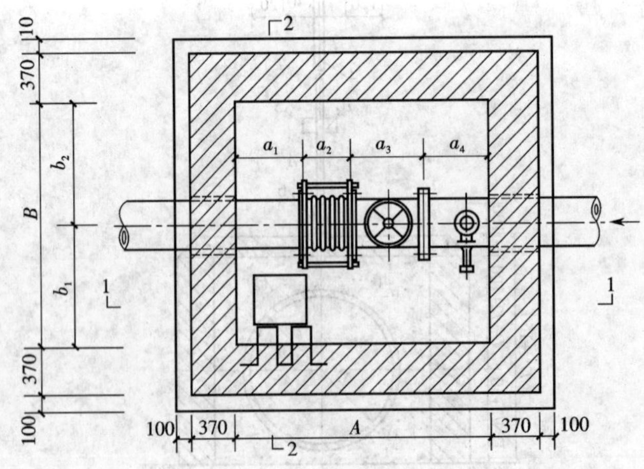

图　3-19

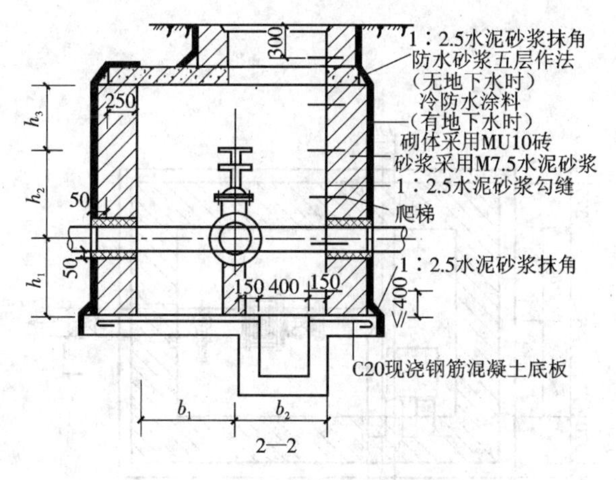

图 3-19　燃气单管单阀门井安装图

2. 相关知识

(1)绘制方式。

图 3-19 按单人孔绘制,双人孔时,按对角位置设置。

(2)适用范围。

图 3-19 为单管单阀门(单放散)井,适用于干、支线燃气管道。

(3)砌砖要求。

阀门底砌砖礅支撑,砖礅端面视阀门大小砌筑,高度砌至阀门底止。

(4)荷载设计。

阀井埋深按 0.35 m 计算,荷载按汽车－10 级、汽车－15 级主车设计。

三、燃气三通单阀门井安装图实例

1. 安装示意图

燃气三通单阀门井安装图,如图 3-20 所示。

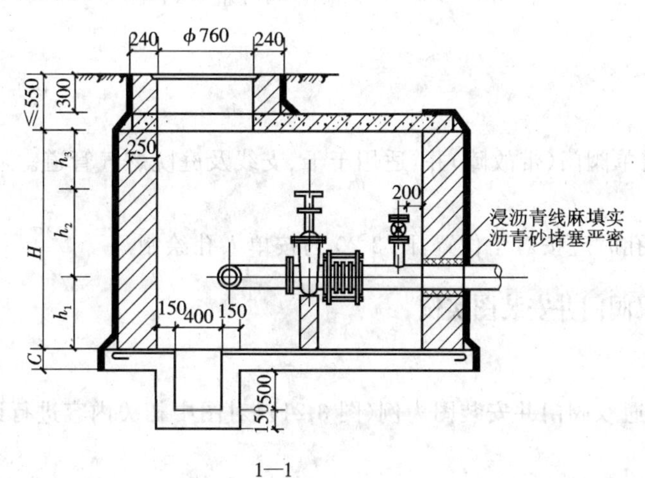

图　3-20

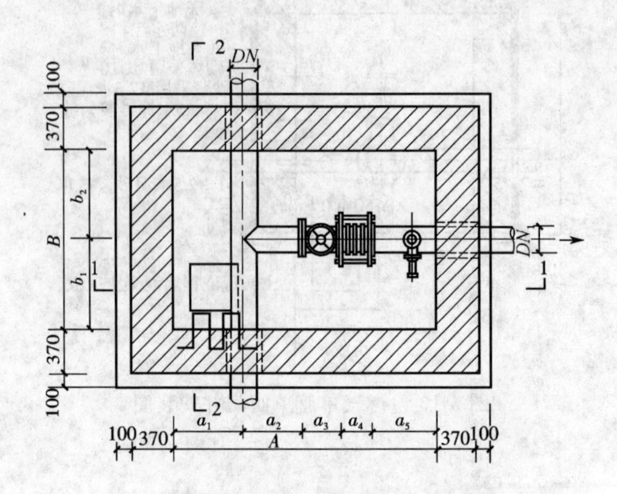

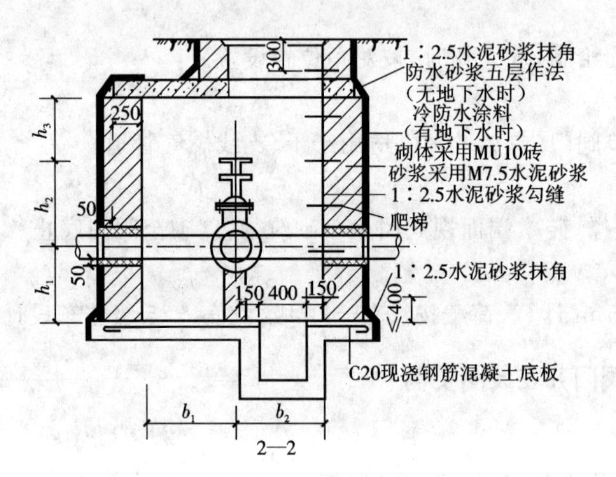

图 3-20　燃气三通单阀门井安装图

2. 相关知识

(1)适用范围。

图 3-20 为三通单阀门(带故障)井，适用于干、支线及庭院燃气管道。

(2)注意事项。

阀门井为双人孔时应按对角位置，图 3-20 为按单人孔绘制。

四、燃气三通双阀门井安装图实例

1. 安装示意图

以某地燃气三通双阀门井安装图为例(图 3-21)，对图中相关内容进行讲解。

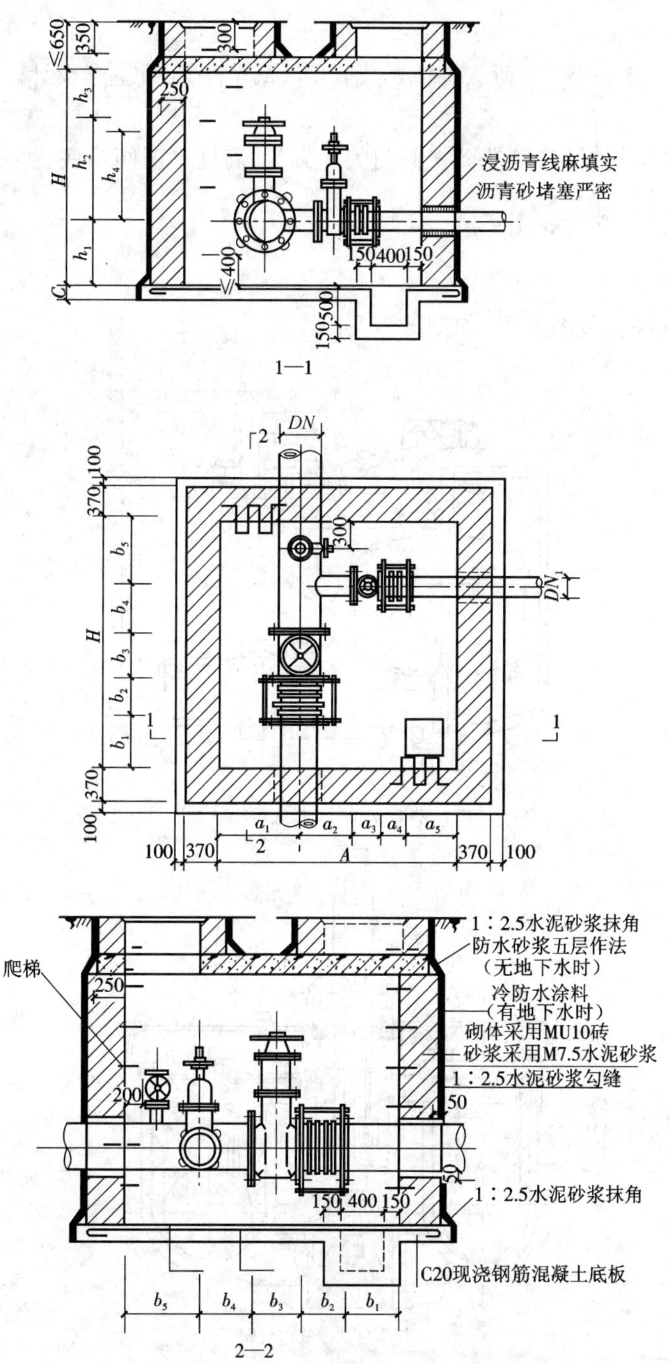

图 3-21　燃气三通双阀门井安装图

2. 相关知识

(1)适用范围。

图 3-21 为三通单阀门(带放散)井,适用于干、支线及庭院燃气管道。

(2)绘制方式。

阀门井为双人孔时应按对角位置,图 3-21 按单人孔绘制。

(3)荷载设计。

阀井埋深按 0.35 m 计算，荷载按汽车－10 级、汽车－15 级主车设计。

(4)砌砖要求。

阀门底下砌砖礅支撑，砖礅端面视阀门大小砌筑，高度砌至阀门底止。

五、给水管道排气阀安装图实例

1. 安装示意图

给水管道排气阀安装图实例，如图 3-22 所示。

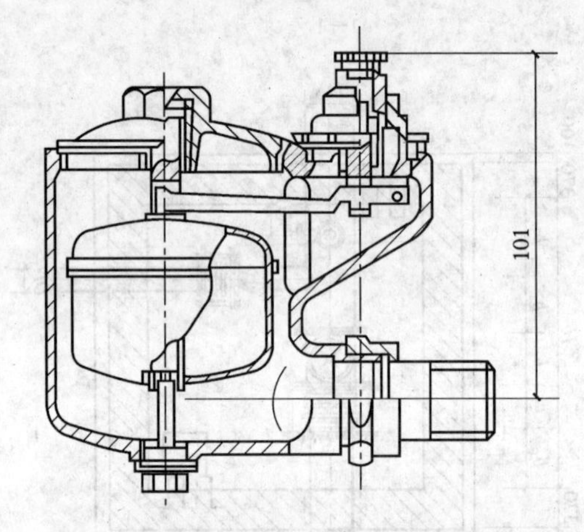

P724W-4T立式自动排气阀（*DN*20）

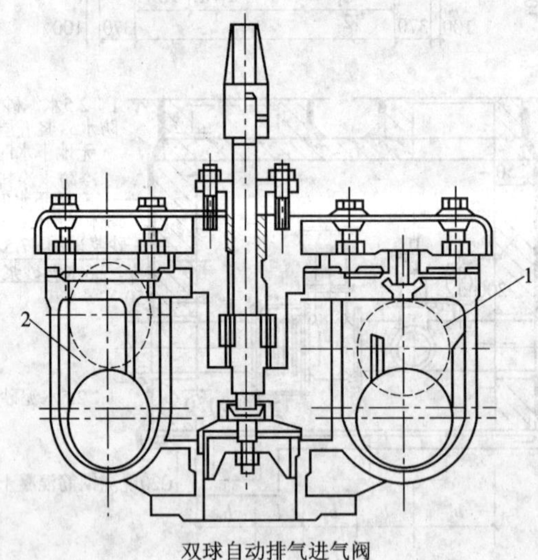

双球自动排气进气阀

注：左边2孔的尺寸比右边1孔的尺寸略大、略高

图 3-22　给水管道排气阀安装图

2. 相关知识

(1)排气阀必须垂直安装，切勿倾斜。

(2)在管道纵断面上最高点设排气阀，在长距离输水管上每 500～1 000 m 处也应设排气阀。

六、给水管道排泥阀安装图实例

1. 安装示意图

给水管道排泥阀安装图，如图 3-23 所示。

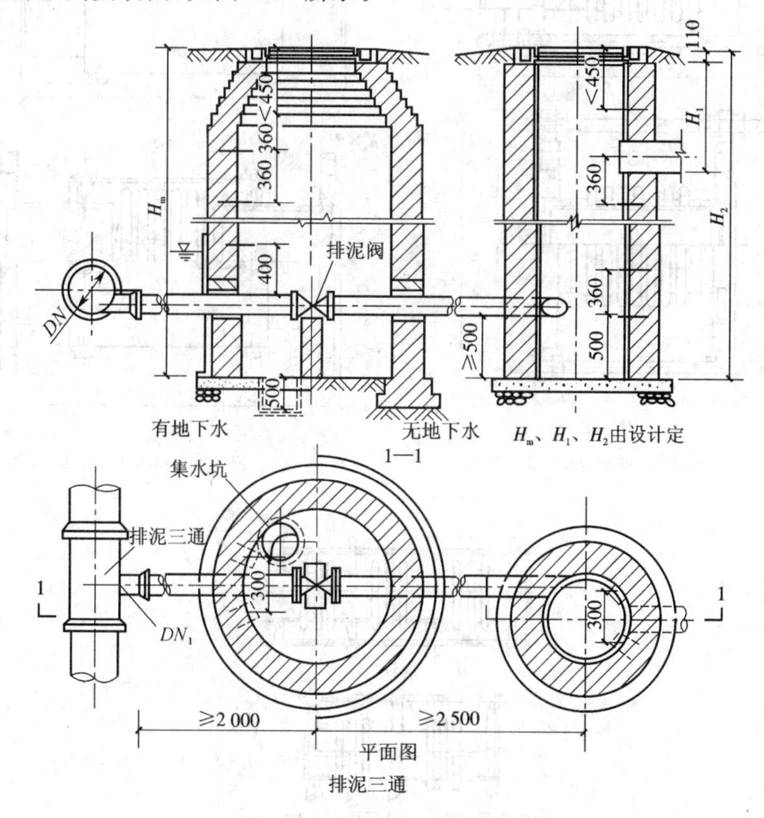

图 3-23　给水管道排泥阀安装图

2. 相关知识

(1)安装位置应按设计规定，如设计未标出，应在管道纵断面低处位置注明，阀门泄水能力按两小时区段内积水排空考虑。

(2)排泥井位置应考虑附件有排除管内沉积物及排净管内积水的场所。

(3)排泥阀安装完毕应及时关闭。

第三节　管道补偿器施工图识读

一、波纹管补偿器(轴向型)施工图实例

1. 施工示意图

波纹管补偿器(轴向型)施工图，如图 3-24 所示。

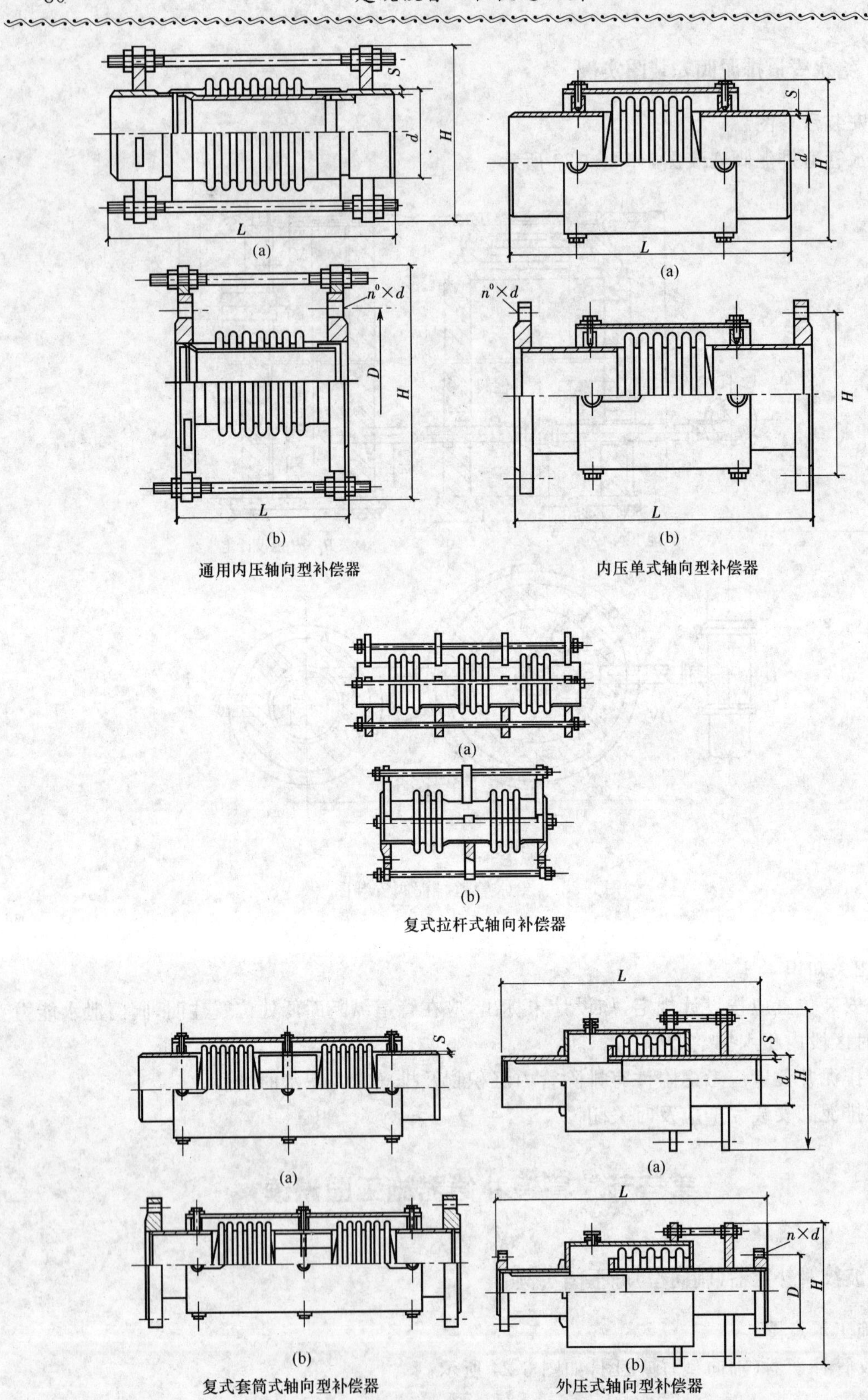

图 3-24 波纹管补偿器(轴向型)施工图

注:图中“(a)”均代表焊接接管;“(b)”代表法兰接管

2.相关知识

(1)内压轴向型补偿器主要吸收内压管道的轴向位移和少量的径向位移。

(2)内压单式轴向型补偿器适用于保温和地沟、无沟敷设管道吸收内压管道的轴向位移和少量的横向位移。

(3)复式拉杆式轴向补偿器主要用于吸收管道系统的轴向大位移量。

(4)复式套筒式轴向型补偿器主要吸收管道系统的轴向大位移和少量的径向位移。由于有外套筒,适用于保温、地沟、直埋管道的敷设。

(5)外压式轴向型补偿器主要吸收外压(真空)管道的轴向位移和少量的径向位移。

二、铰链式横向型补偿器施工图实例

1.施工示意图

铰链式横向型补偿器施工图,如图 3-25 所示。

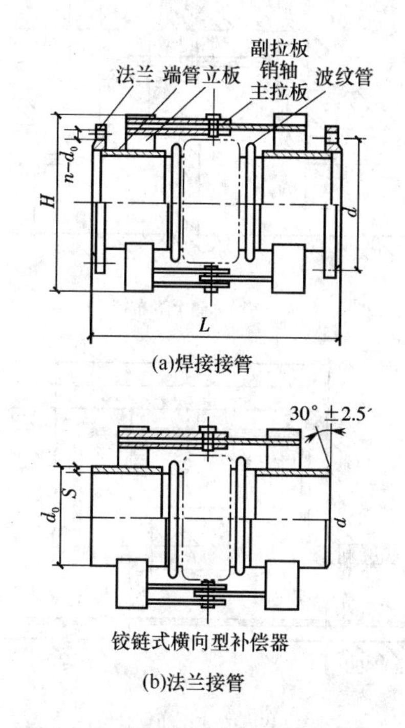

图 3-25　铰链式横向补偿器施工图

2.相关知识

铰链式横向型补偿器通常以二、三个成套使用,吸收单平面管系一个或多个方向的挠曲。

三、方形补偿器的安装图实例

1.安装示意图

图 3-26 为方形补偿器的安装图。

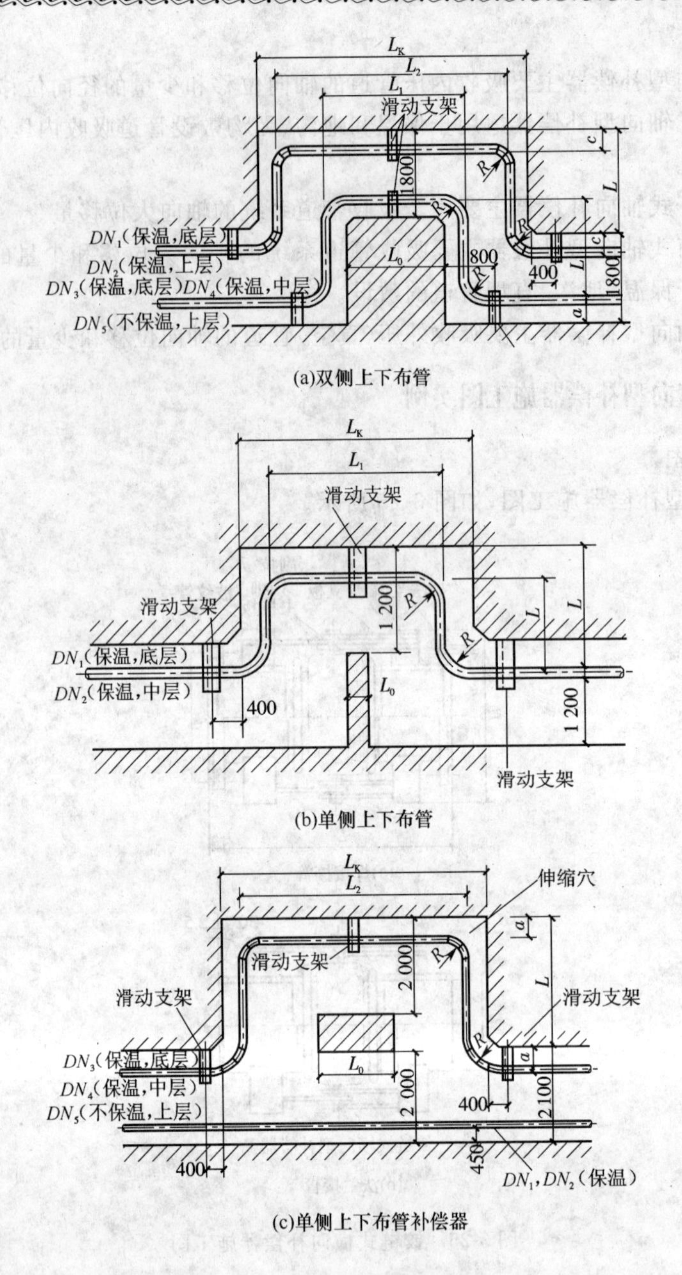

图 3-26 方形补偿器的安装图

2. 相关知识

(1)安装位置。

方形补偿器应安装在两个固定支架间距离 L 的 $L/2$ 或 $L/3$ 处。补偿器无论是单侧还是双侧安装,在砌筑伸缩穴时,应保持地沟的通行程度。

(2)主支架。

在方形伸缩器两侧 $DN40$ 处应设导向架,以保证补偿器充分吸收管道轴的轴向变形。

(3)导向架。

无论是地上敷设还是底下敷设,方形伸缩器都按本图位置支撑设立支架。

第四节　管道敷设施工图识读

一、单管过街管沟施工图实例

1.施工示意图

图 3-27 为单管过街管沟施工图，以此图为例，对图中的相关内容进行讲解。

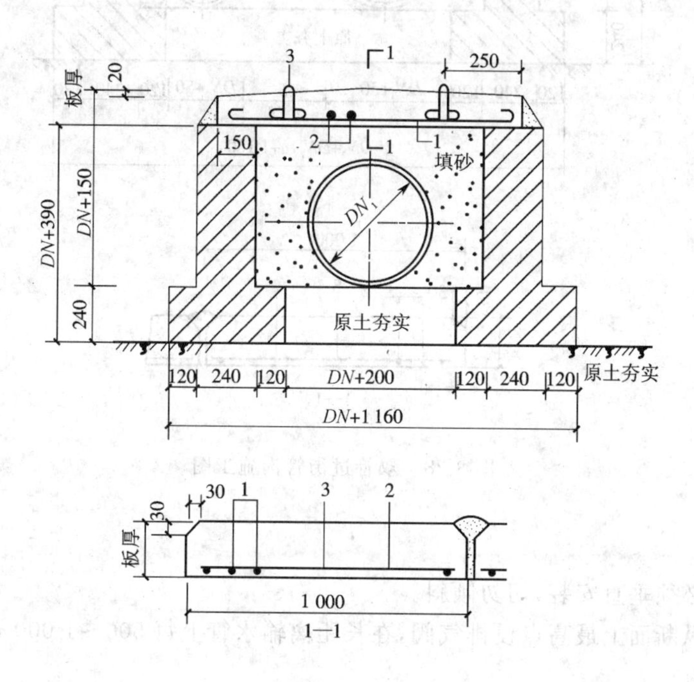

图 3-27　单管过街管沟施工图

2.相关知识

(1)图 3-27 适用于燃气管道和其他管道穿越一般公路。

(2)荷载按汽—15 级(重)计算。砖沟覆土深度为 0.5 m 减盖板厚度。砖沟墙内外均以 1∶2 水泥砂浆勾缝。沟内管道防腐等级及焊口探伤数量，按设计要求施工。

(3)钢筋弯钩为 12.5*d*，盖板吊钩嵌固长度为 30*d*(不包括弯钩长度)。

(4)对于冬季出现土壤冰冻地区，必须保证管顶位于冰冻线以下，双管与次要求相同。对于热力管、采暖管及绝热管计算 *DN* 时应包括绝热层厚度。

(5)除燃气管道以外的其他管道的过街管道、沟内无需填砂。

二、双管过街管沟施工图实例

1.施工示意图

双管过街管沟施工图，如图 3-28 所示。

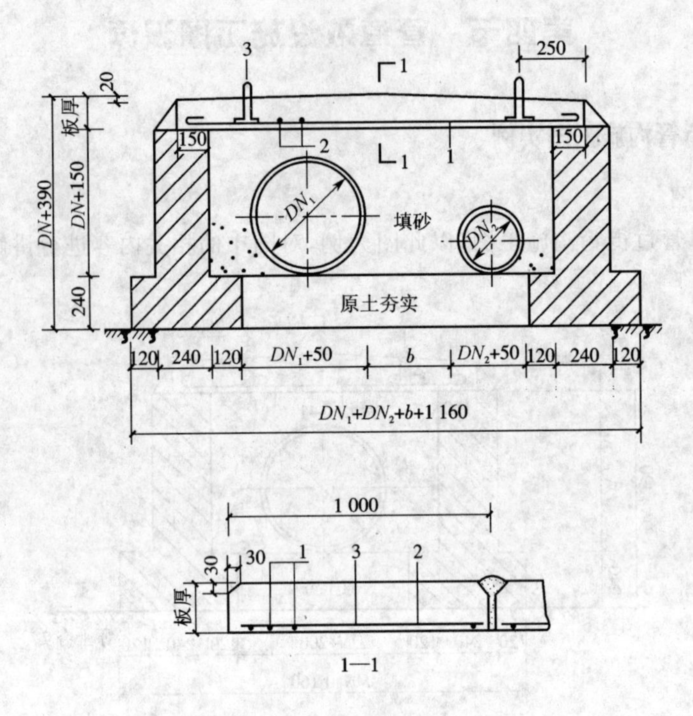

图 3-28 双管过街管沟施工图

2. 相关知识

(1)排气阀必须垂直安装，切勿倾斜。

(2)在管道纵断面上最高点设排气阀，在长距离输水管上每 500～1 000 m 也应设排气阀。

第五节 室内管道安装图识读

一、燃气用具管道连接图实例

1. 连接示意图

图 3-29 为某小区居民用户燃气用具管道连接图，以此图为例对图中相关内容进行讲解。

2. 相关知识

(1)燃气表、灶和热水器可以安装在不同墙面上。当燃气表与灶之间净距不能满足要求时，可以缩小到 100 mm，但表底与地面净距不应小于 1 800 mm。

(2)当燃气灶上方装置抽油烟机时，可将灶上方水平管安装在抽油烟机上方。

(3)灶与热水器应根据产品情况决定燃气连接方式(硬接或软接)。

二、双管燃气表管道安装图实例

1. 安装示意图

图 3-30 为居民用户双管燃气表安装图。燃气表管道安装配件数量规格，见表 3-4。

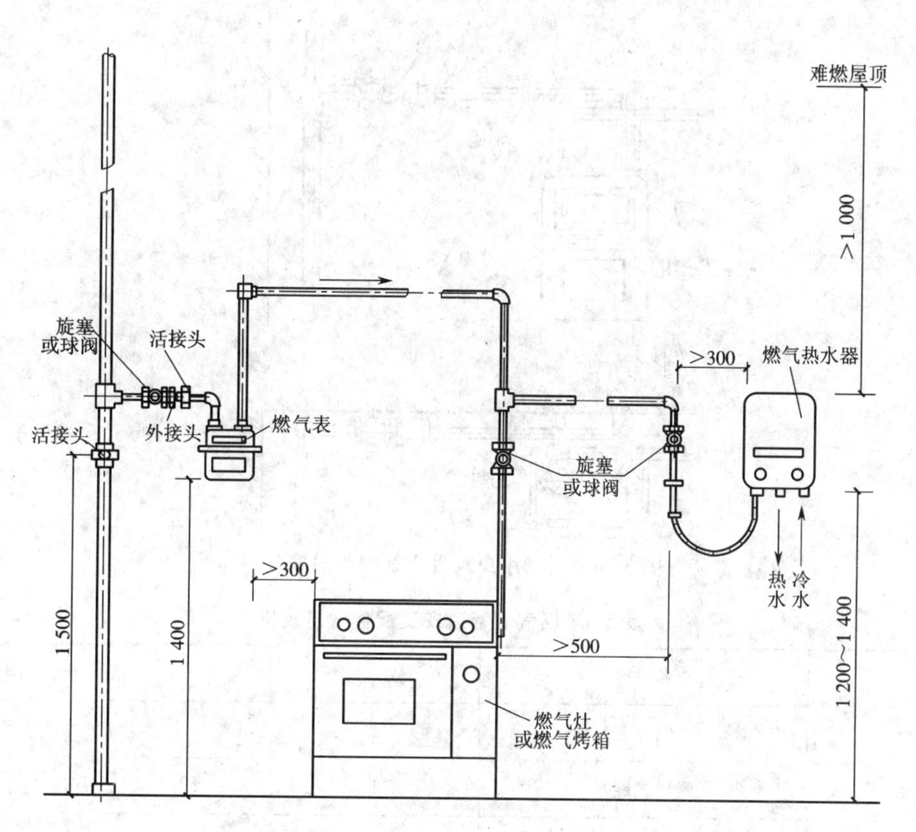

图 3-29　燃气用具管道连接图

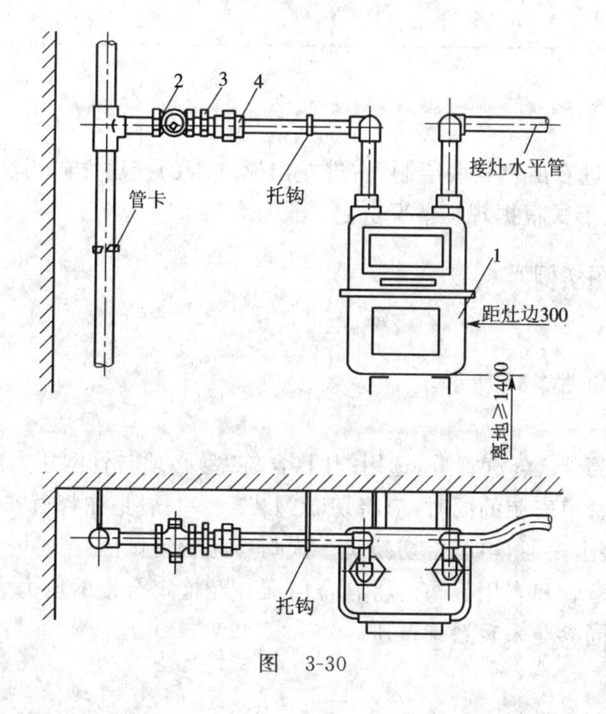

图　3-30

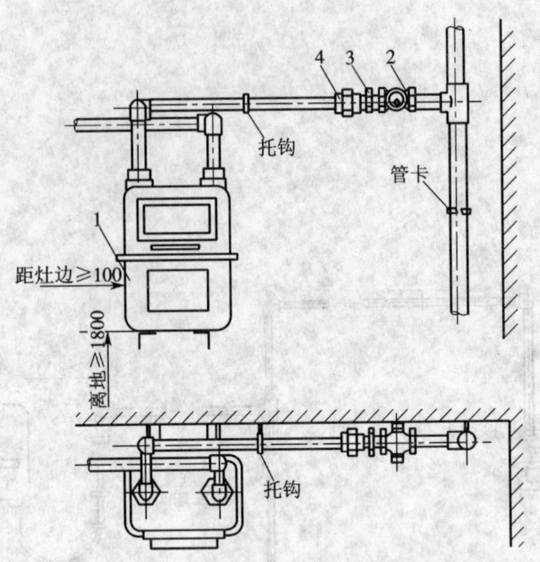

图 3-30　居民用户双管燃气表管道安装图

表 3-4　燃气表管道安装配件数量规格

序　号	名　称	数　量	规　格
1	燃气表	1	—
2	紧接式旋塞	1	*DN*15
3	外接头	1	*DN*15
4	活接头	1	*DN*15

2. 相关知识

(1)图 3-30 按左进右出燃气表绘制,右进左出燃气表的接法方向相反。

(2)燃气表支、托形式根据现场情况选定。

三、压力表安装图实例

1. 安装示意图

压力表安装图,如图 3-31 所示。

2. 相关知识

(1)图 3-31 适用于水、蒸汽管道,选用阀门(含旋塞)必须与管网压力匹配。

(2)在进行采暖管道安装的同时,应将切断阀装上。一般是在管道安装压力表的位置上根据情况焊上管箍或装上三通,再装上切断阀。该阀参与管道试压。

(3)依次装上表弯管和表用旋塞。将有合格证并经检定合格的压力表装在旋塞上。

(4)全套装置共同参与采暖系统试压。

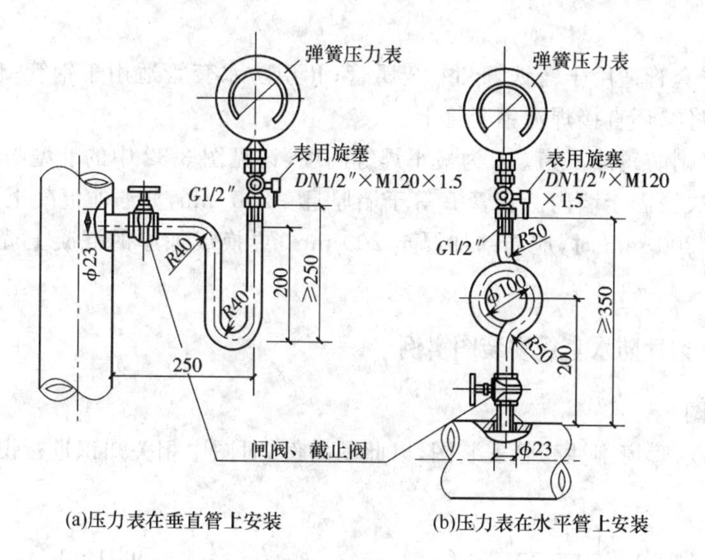

(a)压力表在垂直管上安装 (b)压力表在水平管上安装

图 3-31 压力表安装图

四、给水管道刚性套管安装图实例

1.安装示意图

给水管道刚性套管安装图，如图 3-32 所示。

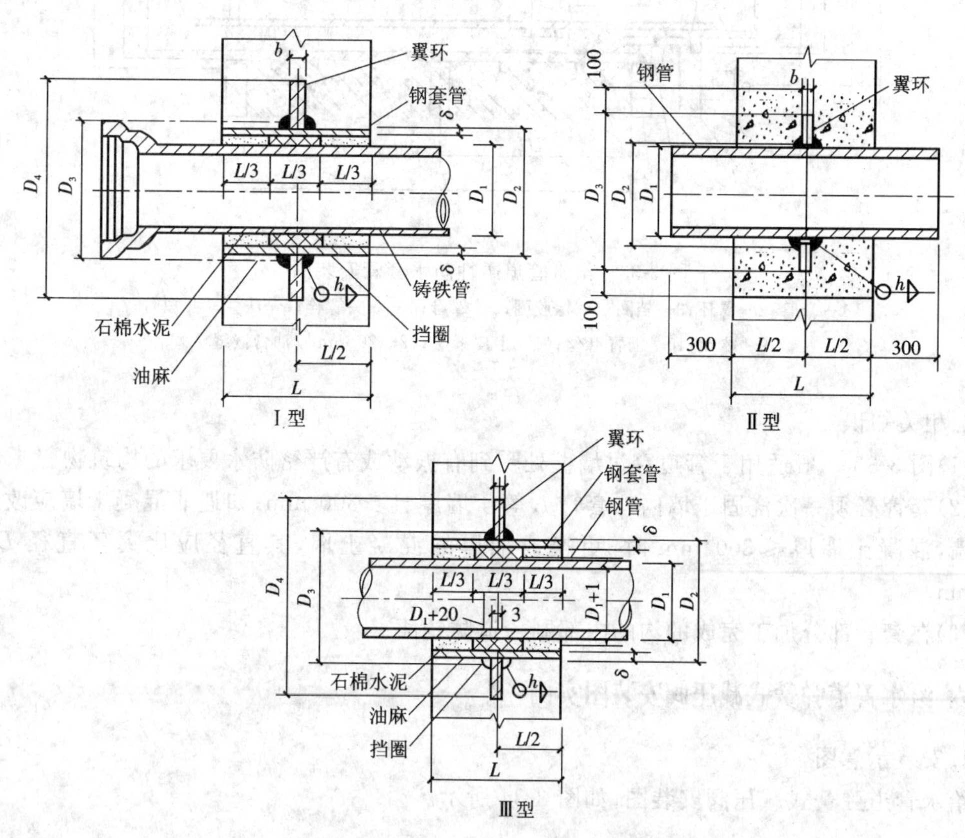

图 3-32 给水管道刚性套管安装图

2. 基础知识

(1) Ⅰ型防水套管适用于铸铁管和非金属管；Ⅱ型防水套管适用于钢管；Ⅲ型防水套管适用于钢管预埋。将翼环直接焊在钢套管上。

(2)套管内壁刷防锈漆一道。h 为最小焊缝高度(详见图 3-32 中的Ⅱ型防水套管)。

套管必须一次浇固于墙内。套管 L 等于墙厚且≥200 mm，如遇非混凝土墙应改为混凝土墙，混凝土墙厚＜200 mm 时，应局部加厚至 200 mm，更换或加厚的混凝土墙，其直径比翼环直径大 200 mm。

五、给水管道柔性防水套管安装图实例

1. 安装示意图

图 3-33 为给水管道刚性套管安装图，以此图为例，对图中相关知识进行识读。

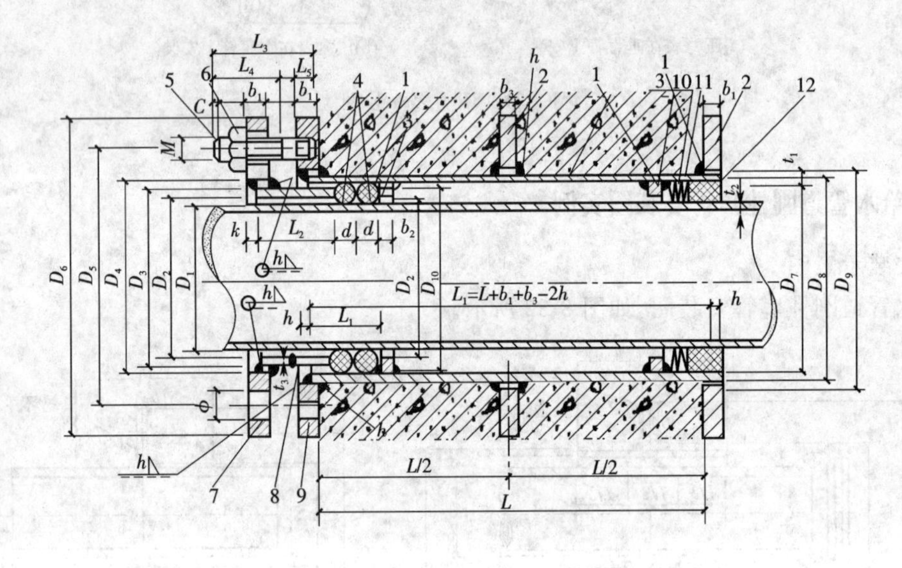

图 3-33　给水管道柔性防水套管安装图

1—套管；2—翼环；3—挡圈；4—橡胶圈；5—螺母；6—双头螺栓；7—法兰；8—短管；9—翼盘；10—沥青麻丝；11—牛皮纸层；12—20 mm 厚油膏嵌缝

2. 相关知识

(1)图 3-33 一般适用于管道穿过墙壁处受到有振动或有严密防水要求的构筑物。

(2)套管必须一次浇固于墙内。套管 L 等于墙厚且≥300 mm；如遇非混凝土墙应改为混凝土墙，混凝土墙厚≤300 mm 时，更换或加厚的混凝土墙，其直径应比翼环直径 D_6 大 200 mm。

(3)在套管部分加工完成的沟的内部刷一道防锈漆。

六、给水管道弹簧式减压阀安装图实例

1. 安装示意图

给水管道弹簧式减压阀安装图，如图 3-34 所示。

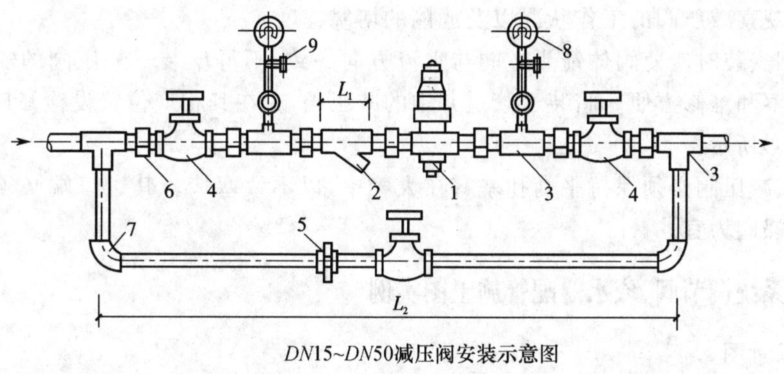

*DN*15~*DN*50减压阀安装示意图

*DN*65~*DN*150减压阀安装示意图

(a)弹簧式减压阀安装示意图

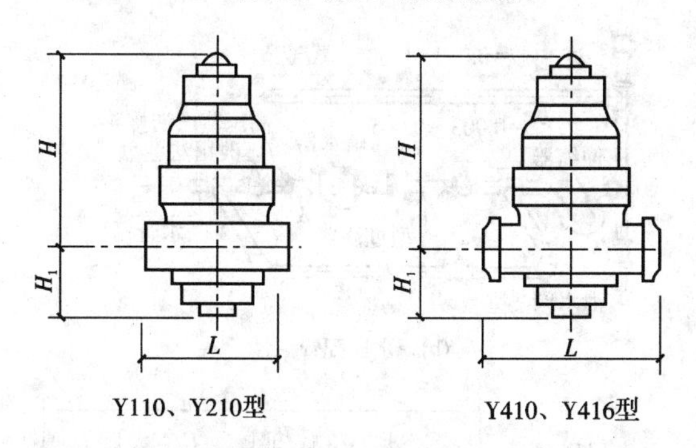

Y110、Y210型　　　　Y410、Y416型

(b)弹簧式减压阀示意图

图 3-34　给水管道弹簧式减压阀安装图

1—减压阀；2—除污器；3—三通；4—截止阀(闸阀)；5—活接头

6—外接头；7—弯头；8—压力表；9—旋塞阀；10—短管；11—蝶阀

2. 相关知识

(1)安装方式。

减压阀可水平安装，也可以垂直安装。对于弹簧式减压阀一般宜水平安装，尽量减少重力作用对调节精度的影响。但是比例式减压阀更适合于垂直安装。因为垂直安装其密封圈外壁磨损比较均匀，而水平安装由于密封圈受其活塞自重的影响，易于单面磨损。

(2)安装注意事项。

1)减压阀在安装前应冲洗管道，防止杂物堵塞减压阀。安装时，进口端应加装 Y 型过滤器。过滤器内的滤网一般采用(14～18)孔/cm 的铜丝网。另外，在减压阀的前后各安装一只压力表，用于观察减压阀的工作状况以及滤网的堵塞程度。

2)减压阀安装时应使阀体箭头方向与水流方向一致，不得反装。减压阀的安装位置应考虑到调试、观察和维修方便。暗装于管道井中的减压阀，应在其相应位置设检修口。减压阀安装如图 3-34(a)所示。

3)比例式减压阀必须保持平衡孔暴露在大气中，以不致塞堵。其进口端必须安装蝶阀或闸阀，以安装蝶阀为宜。

七、供暖系统调节阀、疏水器配管施工图实例

1. 施工示意图

某小区供暖系统的调节阀、疏水器施工图，如图 3-35 所示。

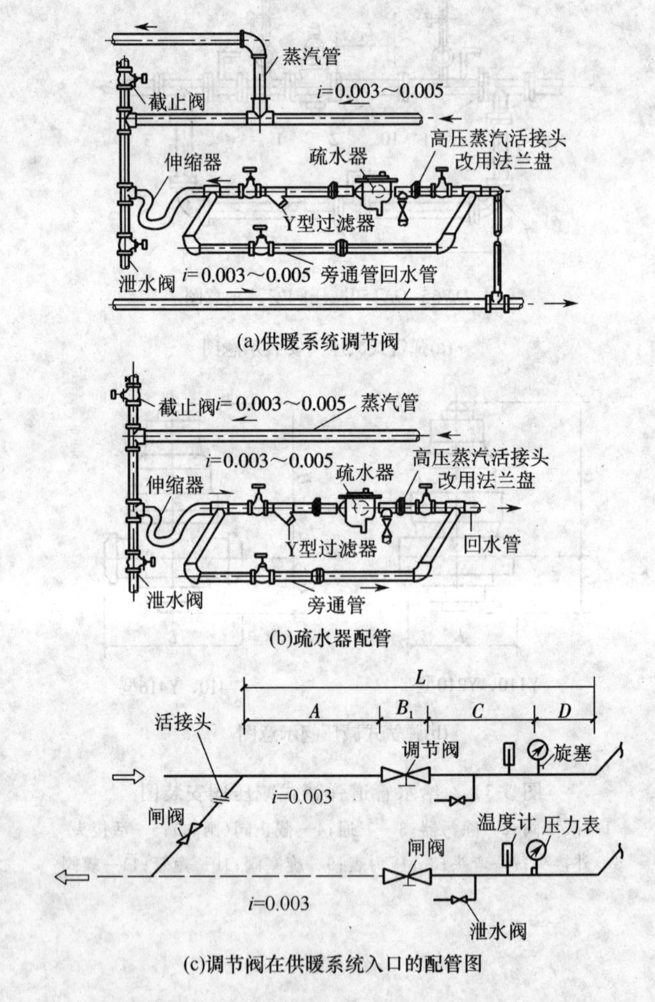

图 3-35　供暖系统调节阀、疏水器配管施工图

2. 相关知识

(1)低压蒸汽干管每隔 30～40 m 抬头处和蒸汽干管末端应装疏水器。

(2)高压蒸汽管网的直线部分每隔 50～60 m，应装疏水器。

八、供暖散热器支管安装图实例

1. 安装示意图

图 3-36 为供暖散热器支管安装图。

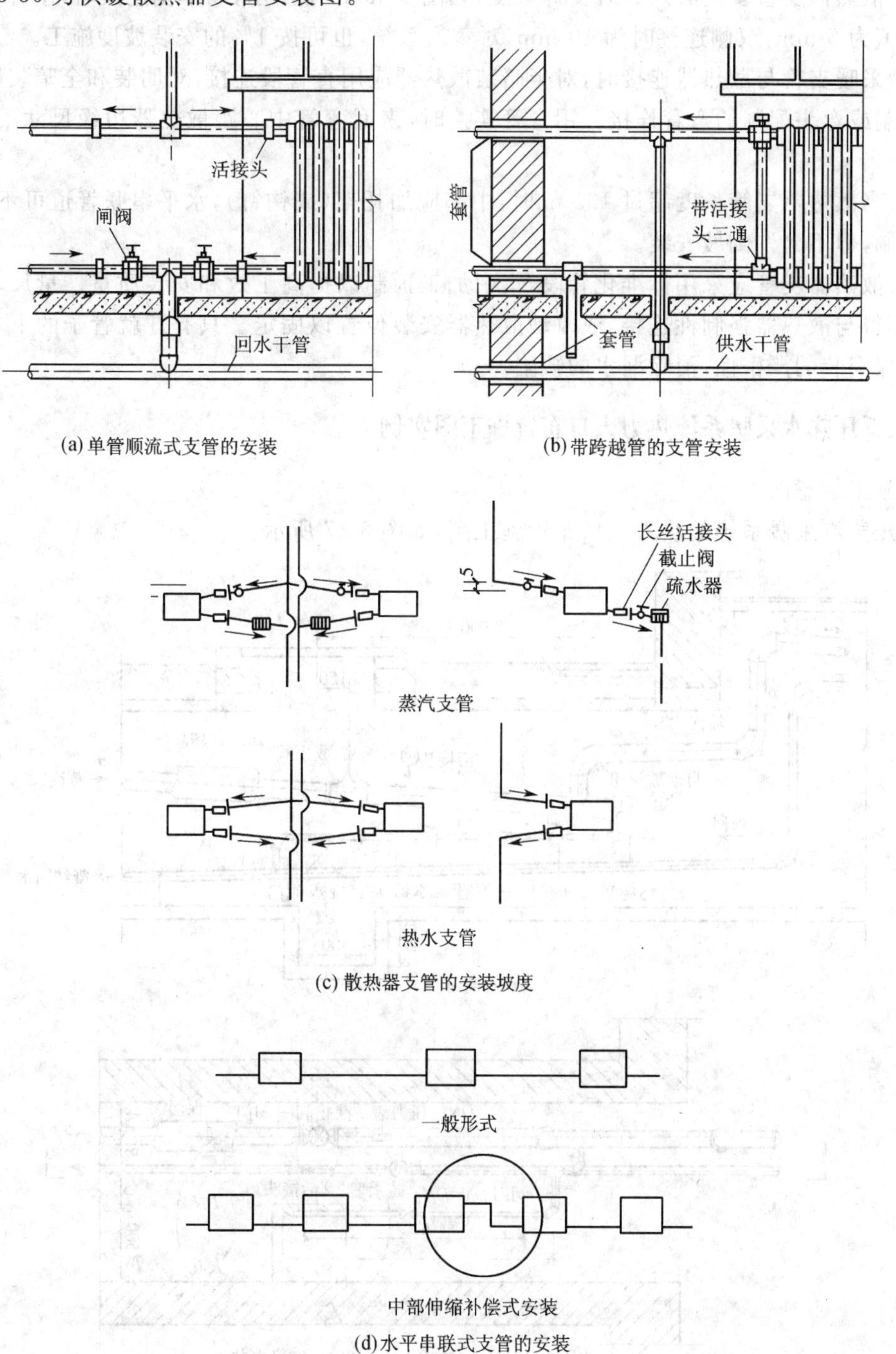

图 3-36　供暖散热器支管安装图

2.相关知识

(1)供水(汽)管、回水支管与散热器的连接均应是可拆卸连接。考虑到施工的方便及运行的严密性,建议所有采暖支管的安装均采用长丝活接头。

(2)散热器支管安装必须具有良好坡度,如图 3-36(c)下所示,当单侧连接时,供、回水支管的坡降值为 5 mm,双侧连接时为 10 mm,对蒸汽系统,也可按 1%的安装坡度施工。

(3)采暖支管与散热器连接时,对半暗装散热器应用直管段连接,对明装和全暗装散热器,应用揻制或弯头配制的弯管连接。用弯管连接时,来回弯管中心距散热器边缘尺寸不宜超过 150 mm。

(4)当散热器支管长度超过 1.5 m 时,中部应加托架(或钩钉),水平串联管道可不受安装坡度限制,但不允许倒坡安装。

(5)散热器支管应采用标准化管段,集中加工预制以提高工效和安装质量。量尺、下料应准确,不得与散热器强制性连接,或改动散热器安装位置以固定。只有迁就管子的下料长度,才能确保安装的严密性,消除漏水的缺陷。

九、低压热水采暖系统热力入口布置施工图实例

1.施工示意图

低压蒸汽采暖系统的热力入口布置施工图,如图 3-37 所示。

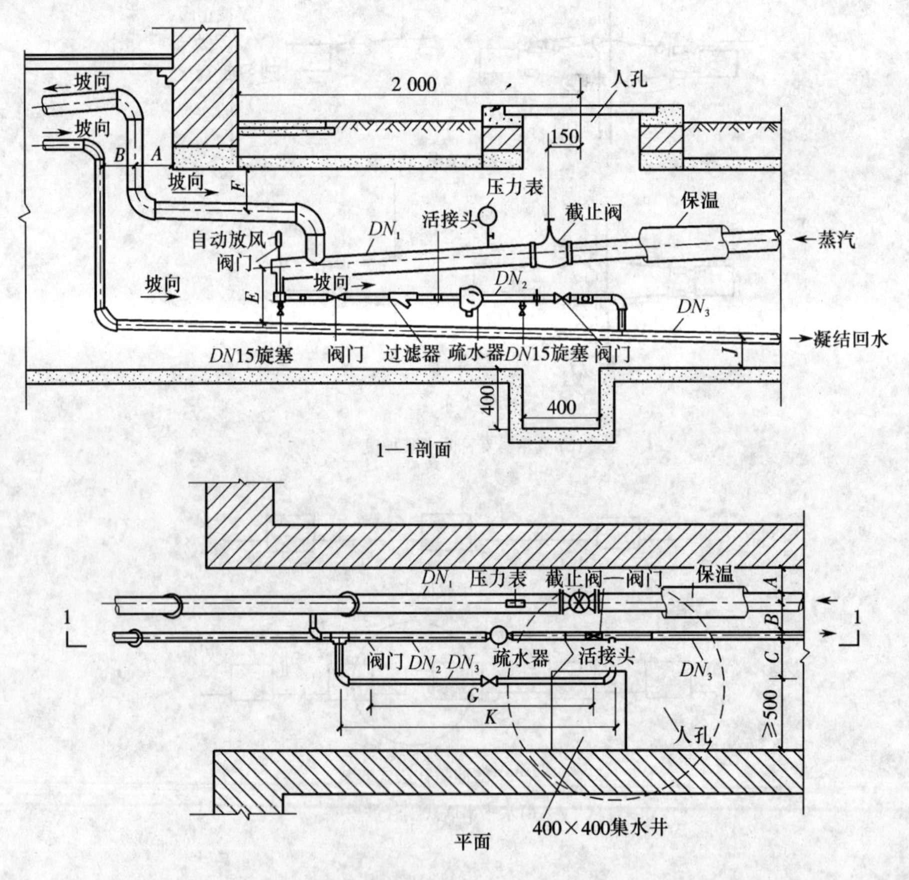

图 3-37 低压蒸汽采暖系统的热力入口布置施工图

2. 相关知识

(1)热力入口是室外热网供汽管的一个低点,又是外网凝结回水干管的最高点,供汽和回水干管之间要装疏水器。因此,热力入口处的管道安装标高应严格控制,以保证凝结回水的畅通。

(2)由于热网管径和长度的不同,供气干管的凝结水管 DN_3 的规格也将不同,疏水器的规格也就不同,这就影响热力入口处的管道布置。在热力入口装置安装前,应按实际的规格尺寸做出施工技术交底草图,并进行安装交底。不可硬套标准图集的尺寸。

(3)在进行室内采暖系统的安装后,有条件时再安装热力入口的装置。将入口处的管道安装到热力小室人孔外时,应停止安装,装上管堵或封头,进行全室内采暖系统包括热力入口装置在内的水压试验和管道冲洗。合格后,方可与热网供汽回水管相连,方可进行管道保温。

(4)当锅炉房同时供应几个建筑物用蒸汽时,各热力入口的回水干管上应装有起切断作用的截止阀,以防其他建筑物的回水以及所带的蒸汽进入建筑中。

十、高压蒸汽采暖系统的热力入口布置施工图实例

1. 施工示意图

高压蒸汽采暖系统的热力入口布置施工图,如图 3-38 所示。

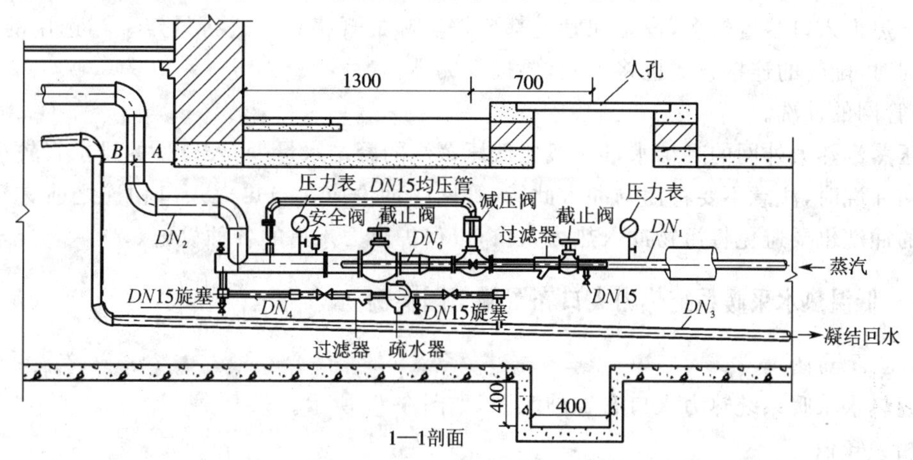

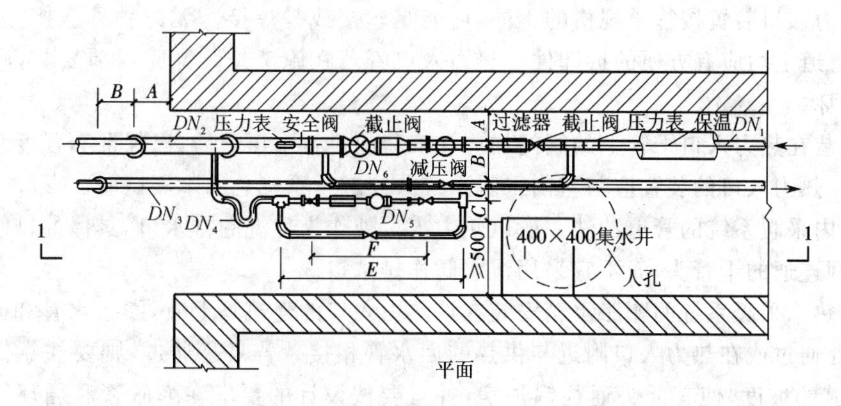

图 3-38　高压蒸汽采暖系统的热力入口布置施工图

2. 相关知识

(1)高压蒸汽入口。

高压蒸汽采暖系统的热力入口除具有低压蒸汽采暖系统热力入口的作用外，还有减压装置起减压作用。有时高压蒸汽的室外热力入口处不设减压装置，而在建筑物内的一个小室里设置减压设施和分汽缸，以改善控制操作条件。减压装置设在室外热力入口的布置形式如图3—38 所示。

(2)蒸汽管道的要求。

高压蒸汽在通过减压阀后将降为低压蒸汽，此时体积将扩大。因此，减压后的蒸汽管管径要比高压段管径大。

(3)安装阀的安装。

为防止减压阀失灵而发生事故，在低压蒸汽管道上必须安装安全阀。安全阀应在安装前送往有资格进行安全阀测试检验的单位，按设计给定的低压段工作压力加 0.02 MPa 进行调整和检验，并提供有效的检定报告。经检验的安全阀要加锁或铅封，做好保安工作，严禁碰、砸或摔落安全阀，更不可人为地更改安全阀的定压。

安全阀的排气口不可正对人孔方向，有条件时，排气口应接向管通安全处。

(4)设备、管道的编排。

由于热力入口装置较多，设备和管道都要按实际的规格尺寸进行排定。当选用的减压阀型号不同时，配管的连接方式也将不同，要按实编排。

(5)管网的冲洗。

高压蒸汽热力外网的凝结水量一般比低压蒸汽的凝结水量少，入口处的排水管较小，在进行外管网冲洗时，注意不要将污物冲入此管，管网的冲洗应在与热力入口相连之前进行，而室内管道的冲洗也要避免将污物冲入热力入口，以保护热力入口的各种设施。

十一、低温热水采暖系统热力入口布置施工图实例

1. 施工示意图

低温热水采暖系统热力入口布置施工图，如图 3-39 所示。

2. 相关知识

(1)热力入口装置按管道规格的不同，可能是丝接或是焊接。无论哪种连接方式，在热力小室内的管道上均应有方便的拆卸件。热力入口管若在施工外装饰完成前安装，则应做好保护，以免损坏。

(2)安装在热力入口干管上的阀门均应在安装前进行水压试验，以保证其强度和严密性均满足要求。热力入口的装置应与室内采暖系统共同进行系统总的水压试验。

(3)室内采暖系统的管道冲洗一般以热力入口处作为冲洗的排水口，具体的排水部位应是尚未与外网连通的干管头，而不宜采用泄水阀作排水口。

(4)当热水采暖系统的膨胀水箱安装在该热力入口的建筑物上时，膨胀水管和循环管将从热力入口处通过或在热力入口附近与供热的回水管相接。若只是通过，则要注意做好膨胀管和循环管道的坡度，使其低头通往锅炉房，并且要按设计的要求在膨胀管和循环管上不装阀门；若设计安排膨胀管和循环管的热力入口处与回水干管相接，则应接在干管切断阀门以外，且两管的接点间应保持 2 m 以上的距离，膨胀管和循环管上不装阀门。

(5)热力入口所安装的温度计和压力表，其规格不可随意定，应根据系统介质的工作最高

和最低温度值来选择温度计，压力表则要按系统在该点处的静压与动压之和，即要按该点的全压值来决定其量程，这些仪表平时工作应在其灵敏的量程范围之内。安装仪表后要做好仪表的保护工作，避免受损。

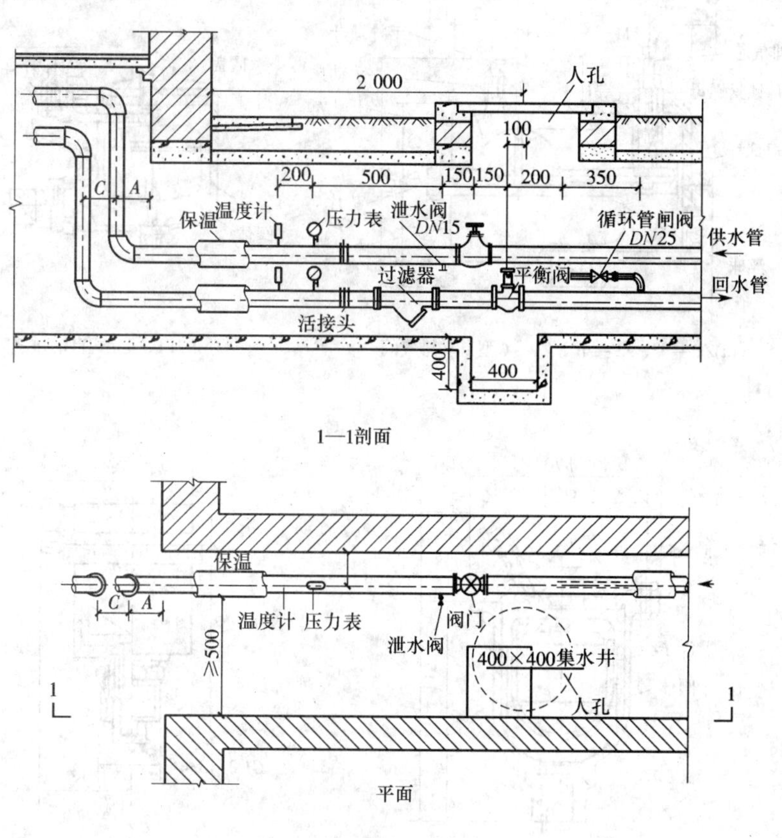

图 3-39　低温热水采暖系统热力入口布置施工图

十二、热水采暖系统自动排气阀安装图实例

1. 安装示意图

热水采暖系统自动排气阀安装图，如图 3-40 所示。

2. 相关知识

(1)在室内热水采暖系统中常会存有一定量的空气，当用集气罐排气时，需要人工操作，对较大的采暖系统就不适用。在标准较高的采暖系统中，目前已广泛采用自动排气装置，简称自动排气阀。

(2)自动排气阀一般通过螺纹连接在管道上。安装时除要保证螺纹不漏水外，还要保证排气口也不漏水。为达到此要求，自动排气阀应参与管道系统的水压试验。自动排气阀安装合格，必须做到自动排气流畅，不得有排气排不尽和排不出空气等现象。

(3)自动排气阀均设置在系统管道的最高点。其工作原理大多是利用水的浮力阻塞放气口。当管道最高点存气时，水的浮力减少或没有了，放气口被打开，在有压水的作用下，空气从排气口排出，气排完时，水的浮力作用在简单机械装置上阻塞了放气口。

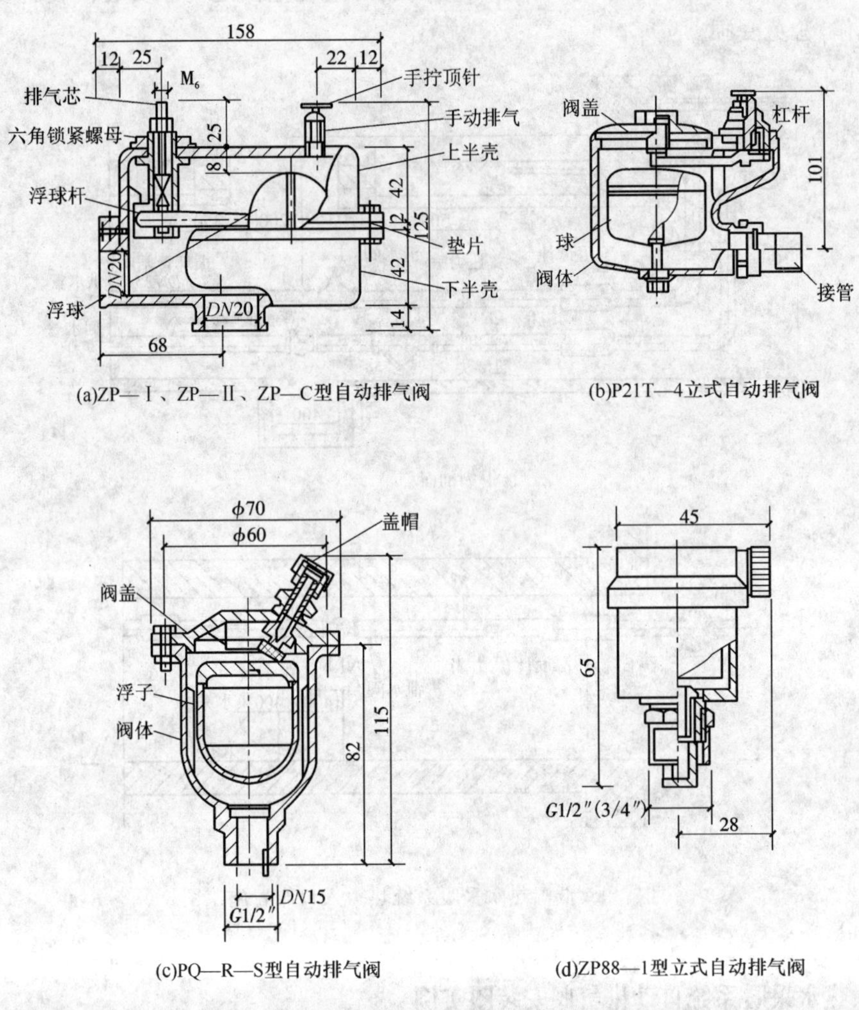

(a)ZP—Ⅰ、ZP—Ⅱ、ZP—C型自动排气阀　(b)P21T—4立式自动排气阀

(c)PQ—R—S型自动排气阀　(d)ZP88—1型立式自动排气阀

图 3-40　热水采暖系统自动排气阀安装图

十三、燃气箱式调压装置及用户调压器施工图实例

1. 施工示意图

燃气箱式调压装置及用户调压器施工图，如图 3-41 所示。

2. 相关知识

(1)用户调压器是属于直接作用式调压器，适用于集体食堂、饮食行业等公共建筑和用量不大的居民点。它将用户和中压燃气管道直接联系起来，便于“楼栋调压”，属于永固调压器，其构造如图 3-41(b)所示。

(2)调压器可以安装在燃烧设备附近的挂在墙上的金属箱中，如图 3-41 中所示，也可安装在靠近用户的独立的调压室中。

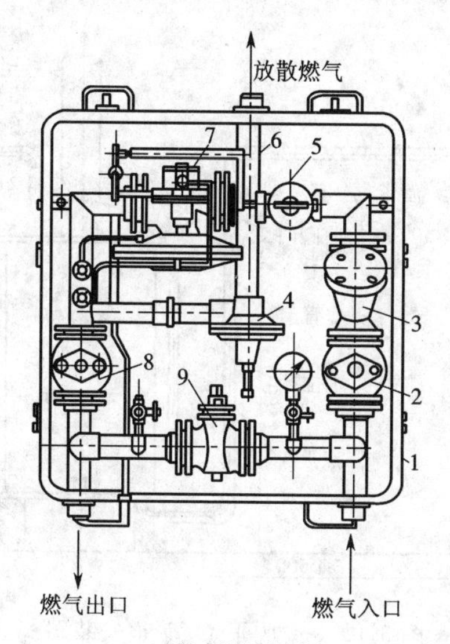

(a)箱式调压装置

1—金属箱；2—关闭旋塞；3—网状过滤器；4—放空安全阀；
5—安全切断阀；6—放散管；7—调压器；8—关闭旋塞；9—旁通管阀门

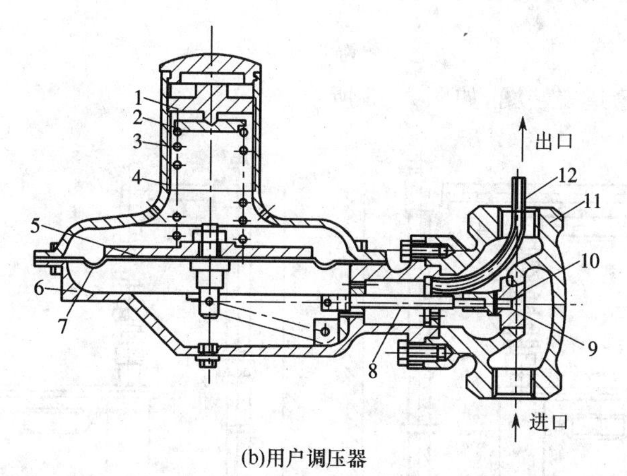

(b)用户调压器

1—调节螺丝；2—定位压板；3—弹簧；4—上体；5—托盘；6—下体；
7—薄膜；8—横轴；9—阀垫；10—阀座；11—阀体；12—导压管

图 3-41　燃气箱式调压装置及用户调压器施工图

十四、茶锅炉间燃气管道安装图实例

1. 安装示意图

图 3-42 为某宾馆茶锅炉间燃气管道安装图。

2. 相关知识

(1)图 3-42 为燃气茶锅炉安装布置图，茶锅炉、水箱等设备的安装由设计决定。

(2)燃气管道安装完毕后，应进行严密性试验。

(3)燃气表的安装可按图 3-42 布置，也可单设表房。

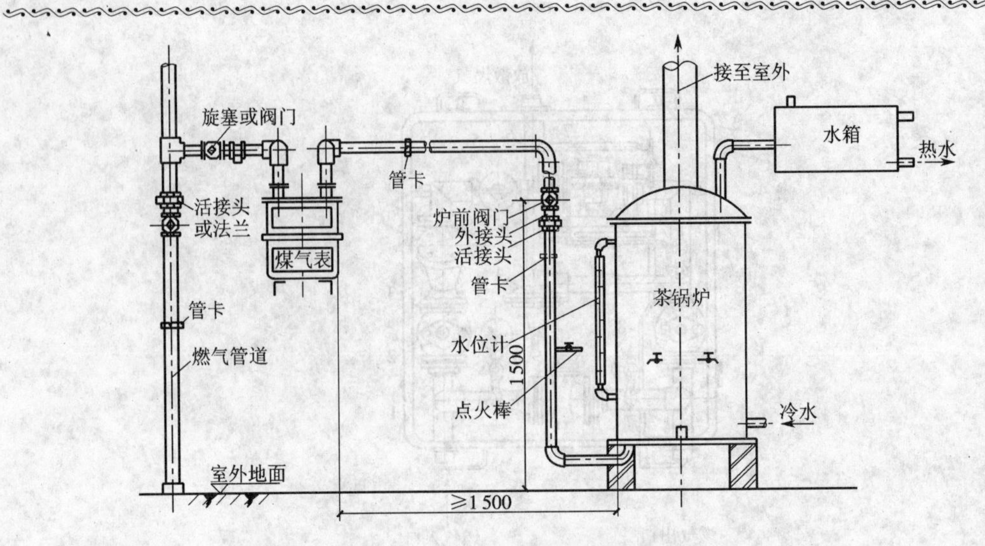

图 3-42　茶炉间燃气管道安装图

十五、公共建筑燃气表管道安装图实例

1. 安装示意图

公共建筑燃气表管道安装图，如图 3-43 所示。

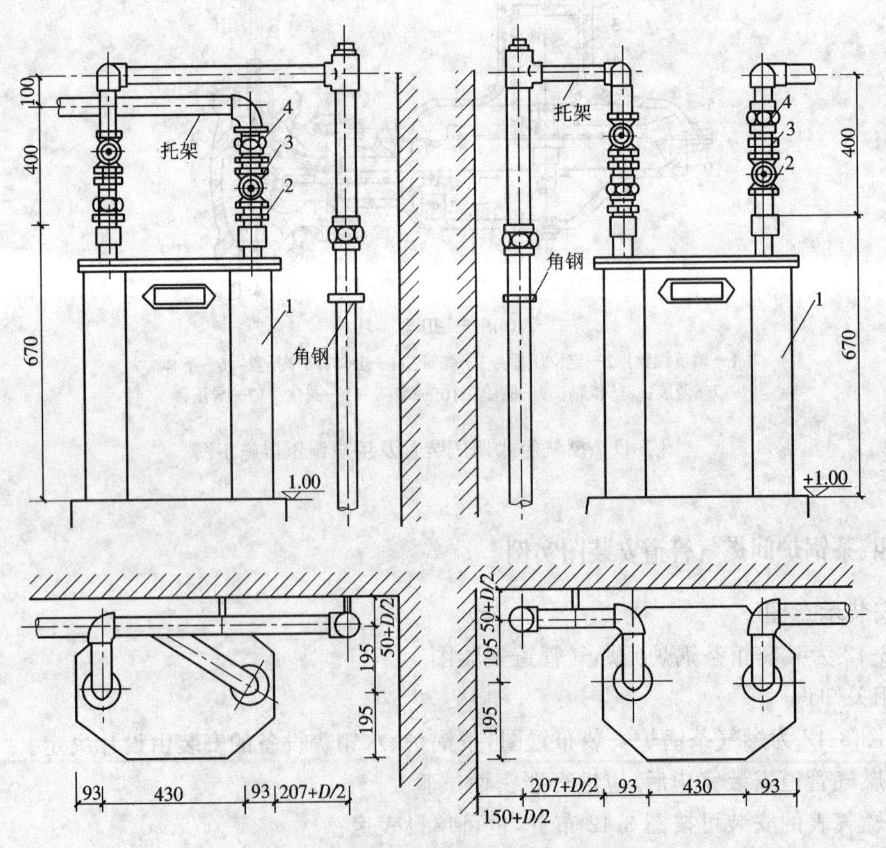

图 3-43　公共建筑燃气表管道安装图

1—JMB 型燃气表；2—压兰转心门；3—外接头；4—活接头

2.相关知识

(1)图 3-43 按 JMB 型燃气表绘制。

(2)燃气表支墩可选 ∟50 mm×4 mm 等边角钢现场制作，也可用红机砖砌筑。D 为管道外径。

第六节　管道防腐及保温施工图识读

一、埋地管道石油沥青防腐层施工图实例

1.施工示意图

埋地管道石油沥青防腐层施工图，如图 3-44 所示。

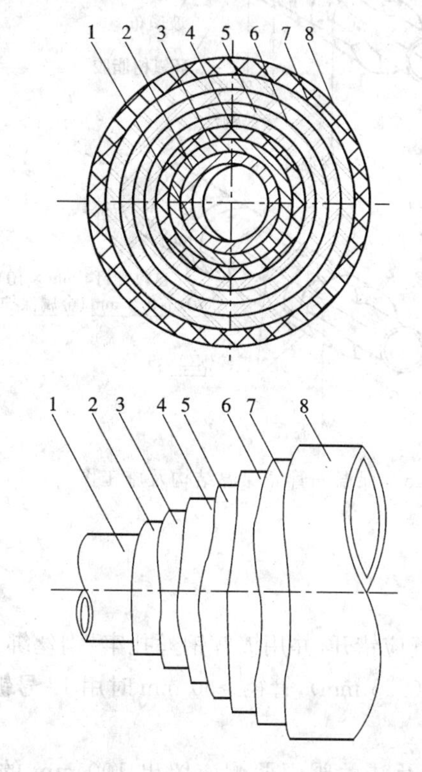

图 3-44　埋地管道石油沥青防腐层施工图

1—钢管；2—沥青底漆；3、5、7—沥青；4、6—玻璃布；8—外保护层

2.相关知识

(1)钢管埋地敷设的外防腐结构分为普通、加强和特加强三级，应根据土壤腐蚀性和环境因素选定，在确定涂层种类和等级时，应考虑阴极保护的因素。

(2)场、站、库内的埋地管道，穿越铁路、公路、江河、湖泊的管道，均应采取加强防腐措施。

二、保温—管壳保温结构及施工图实例

1.安装示意图

图 3-45 为保温—管壳保温结构及施工图。

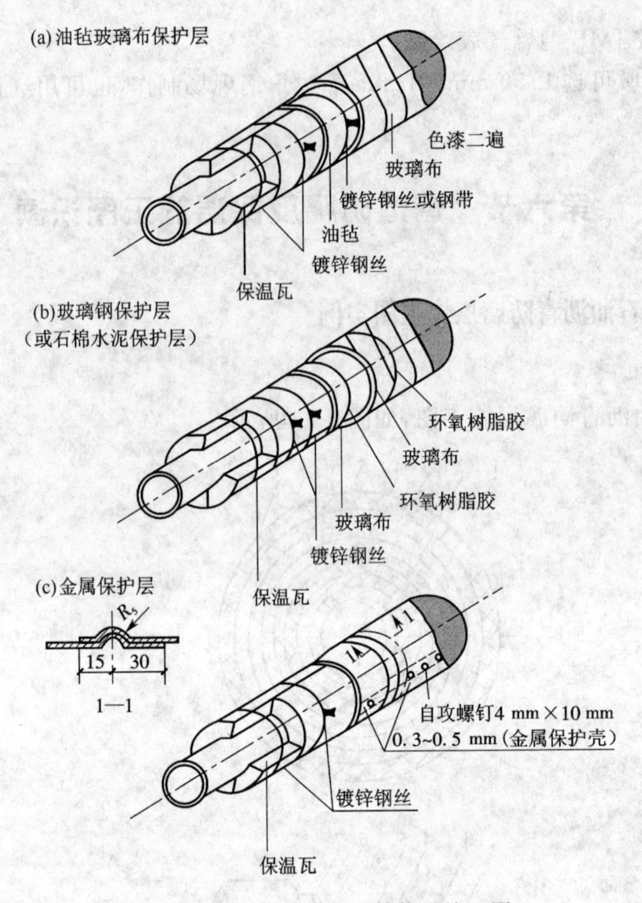

图 3-45 保温—管壳保温结构及施工图

2.相关知识

(1)安装保温瓦。

安装保温瓦(管壳)时,其结合缝应错开,并用镀锌钢丝扎牢,钢丝绑扎间距应≤300 mm。管径<50 mm时用20号镀锌钢丝(ϕ0.95 mm),管径>50 mm时用18号镀锌钢丝(ϕ1.2 mm)。

(2)室内管道保温。

室内管道保温时,在固定支架及法兰阀门两侧应留出100 mm的间隙不做保温,并做成50°～60°八字角。

(3)油毡保护层。

油毡保护层采用沥青油毡、粉毡350号,当管径<50 mm时,也可采用玻璃布油毡。油毡卷在保温层外,应视管道坡向由低向高卷绕,横向接缝用环氧树脂胶黏合,纵向搭接缝口应朝下,缝口搭接50 mm,用镀锌钢丝扎牢,间距为300 mm。

(4)保护层刷漆。

保护层最外层为玻璃布时,罩面漆刷乳胶漆两道。玻璃布保护层采用中碱布120C、130A或130B,以螺纹状缠绕在保温层外,应视管道坡向由低向高缠绕紧密,前后搭接宽度为40 mm,立管应由下向上缠绕,布带两端和每隔3～5 m用18号镀锌钢丝扎紧。

(5)金属保护层。

采用金属保护层时,用厚度为 0.3～0.5 mm 镀锌薄钢板卷合在保温层外,其纵向搭口向下,搭接处重合 50 mm,用 ϕ3.2 mm 钻头钻孔,M4×10 mm 自攻螺钉连接,螺钉相距 150 mm。

(6)石棉水泥保护层。

采用石棉水泥保护层时,石棉水泥配制比对室内、室外管道各有四种不同配制方法,可依具体情况选用。施工时,先将干料拌和均匀,再加水调制成适当稠度。

(7)保温材料要求。

当使用卷材(超细玻璃棉毡、岩棉毡等)作为主保温材料时,其保温结构也参照图 3-45 施工。

对于室内管道保温结构,除外保护层外,其余保温结构也与图 3-45 相同,但保温层厚度将有所减小。

第四章　通风空调施工图识读

第一节　通风系统工程概述

一、通风系统基本概念

通风本概念，见表 4-1。

表 4-1　通风系统基本概念

类　别	名　称	意　义
机械通风系统	机械通风系统	为实现通风换气而设置的由通风机和通风管道等组成的系统
	机械送风系统	将室外清洁空气或经过处理的空气送入室内的机械通风系统
	机械排风系统	从局部地点或整个房间把含有余热、余湿或有害物质的污染空气排至室外的机械通风系统
	通风设备	为达到通风目的所需的各种设备的统称。如通风机、除尘器、过滤器、空气加热器等
	通风机室	用于配置、安装通风设备的专用房间
	进风口	采集室外空气的孔口
	百叶窗	由倾斜板条组成的窗式风口
	保温窗	具有一定保温性能的可启闭的窗扇
	局部排风罩	局部排风系统中，设置在有害物质发生源处，就地捕集和控制有害物质的通风部件
	密闭罩	将有害物质源全部密闭在罩内的局部排风罩
	排风柜	一种三面围挡，一面敞开或装有操作拉门的柜式排风罩
	伞形罩	装在污染源上面的伞状排风罩
	侧吸罩	设置在污染源侧面的排风罩
	槽边排风罩	沿槽边设置的平口或条缝式吸风口，分为单侧、双侧和环形槽边排风罩三种
	吹吸式排风罩	利用吹吸气流的联合作用控制有害物质扩散的局部排风罩
通风与除尘设备	通风机	一种将机械能转变为气体的势能和动能，用于输送空气及其混合物的动力机械
	离心式通风机	空气由轴向进入叶轮，沿径向方向离开的通风机
	轴流式通风机	空气沿叶轮轴向进入并离开的通风机

续上表

类　别	名　称	意　义
通风与除尘设备	贯流式通风机	空气以垂直于叶轮轴的方向由机壳一侧的叶轮边缘进入并在机壳另一侧流出的通风机
	屋顶通风机	通常安装在屋顶上，以其防风雨围挡物兼作外壳的，用于通风换气的专用轴流式或离心式通风机
	冷风机组	由制冷压缩机、冷凝器、空气冷却器和通风机以及必要的自动控制仪表等组装一体的降温设备
	除尘器	用于捕集、分离悬浮于空气或气体中粉尘粒子的设备
	惯性除尘器	借助各种形式的挡板，迫使气流方向改变，利用尘粒的惯性使其和挡板发生碰撞而将尘粒分离和捕集的除尘器
	旋风除尘器	含尘气流沿切线方向进入筒体作螺旋形旋转运动，在离心力作用下将尘粒分离和捕集的除尘器
	袋式除尘器	用纤维性滤袋捕集粉尘的除尘器，也称布袋过滤器
	电除尘器	由电晕极和集尘极及其他构件组成，在高压电场作用下，使含尘气流中的粒子电荷被吸引、捕集到集尘极上的除尘器
	湿式除尘器	借含尘气体与液滴或液膜的接触、撞击等作用，使尘粒从气流中分离出来的设备
	水膜除尘器	含尘气体从筒体下部进风口沿切线方向进入后旋转上升，使尘粒受到离心力作用被抛向筒体内壁，同时被沿筒体内壁向下流动的水膜所黏附捕集，并从下部锥体排出的除尘器
	泡沫除尘器	含尘气流以一定流速自下而上通过筛板上的泡沫层而获得净化的一种除尘设备
	空气过滤器	借助滤料过滤和净化含尘空气的设备

二、通风系统的分类

通风系统按工作动力的分类，见表 4-2。

表 4-2　通风系统按工作动力的分类

项　目	内　容
自然通风	利用室外冷空气与室内热空气密度的不同，以及建筑物迎风面和背风面风压的不同而进行的通风称为自然通风。 自然通风可分为有组织的自然通风、管道式自然通风、渗透通风三种
机械通风	利用通风机所产生的抽力或压力借助通风管网进行的通风称为机械通风。 通风系统有送风系统和排风系统。实际中经常将机械通风和自然通风结合使用。例如，有时采用机械送风和自然排风，有时采用机械排风和自然送风。机械送风系统一般由进风百叶窗、空气过滤器（加热器）、通风机（离心式、轴流式、贯流式）、通风管以及送风口等组成，如图 4-1 所示。机械排风系统一般由吸风口（吸尘罩）、通风管、通风机、风帽等组成，如图 4-2 所示

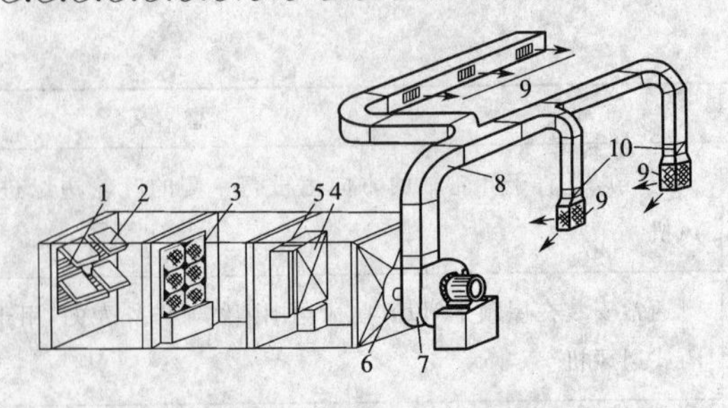

图 4-1 机械送风系统

1—百叶窗；2—保温阀；3—过滤器；4—空气加热器；5—旁通阀；6—启动阀；7—通风机；8—通风管；9—出风口；10—调节阀门

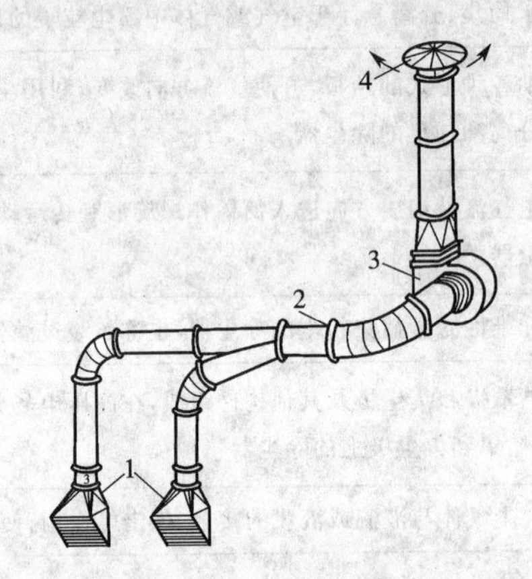

图 4-2 机械排风系统

1—排气罩；2—排风管；3—通风机；4—风帽

三、通风施工图的组成

通风施工图的组成，见表 4-3。

表 4-3 通风施工图的组成

项 目	内 容
通风系统平面图	主要表达通风管道、设备的平面布置情况和有关尺寸，一般包含以下内容。 (1)以双线绘出的风道、异径管、弯头、静压箱、检查口、测定孔、调节阀、防火阀、送(排)风口等的位置。 (2)水式空调系统中，用粗实线表示的冷热媒管道的平面位置、形状等。 (3)送、回风系统编号，送、回风口的空气流动方向等。 (4)空气处理设备(室)的外形尺寸、各种设备定位尺寸等。 (5)风道及风口尺寸(圆管注明管径，矩形管注明宽×高)。 (6)各部件的名称、规格、型号、外形尺寸、定位尺寸等
通风系统剖面图	表示通风管道、通风设备及各种部件竖向的连接情况和有关尺寸，主要有以下内容。 (1)用双线表示的风道、设备、各种零部件的竖向位置尺寸和有关工艺设备的位置尺寸，相应的编号尺寸应与平面图对应。 (2)注明风道直径(或截面尺寸)，风管标高(圆管标中心，矩形管标管底边)，送、排风口的形式、尺寸、标高和空气流向

续上表

项　目	内　容
通风系统图	采用轴测图的形式将通风系统的全部管道、设备和各种部件在空间的连接及纵横交错、高低变化等情况表示出来，一般包含以下内容。 (1)通风系统的编号、通风设备及各种部件的编号，应与平面图一致。 (2)各管道的管径(或截面尺寸)、标高、坡度、坡向等，在系统图中的一般用单线表示。 (3)出风口、调节阀、检查口、测量孔、风帽及各异形部件的位置尺寸等。 (4)各设备的名称及规格型号等
通风系统详图	表示各种设备或配件的具体构造和安装情况。通风系统详图较多，一般包括：空调器、过滤器、除尘器、通风机等设备的安装详图，各种阀门、检查门、消声器等设备部件的加工制作详图，设备基础详图等。各种详图大多有标准图供选用
设计和施工说明	(1)设计时使用的有关气象资料、卫生标准等基本数据。 (2)通风系统的划分。 (3)施工做法，例如与土建工程的配合施工事项，风管材料和制作的工艺要求，油漆、保温、设备安装技术要求，施工完毕后试运行要求等。 (4)施工图中采用的一些图例
设备和配件明细表	通风机、电动机、过滤器、除尘器、阀门等以及其他配件的明细表，在表中要注明它们的名称、规格型号和数量等，以便与施工图对照

四、通风工程施工相关知识

1. 机械通风系统流程和流程图

(1)机械排风系统流程和流程图(表4-4)。

表4-4　机械排风系统流程和流程图

项　目	内　容
全面机械排风系统流程和流程图	(1)全面机械排风系统流程。 全面机械排风系统流程如下： 室内排风管道上的进风口→室内排风管道→排风机→空气处理装置→室外排风口 (2)全面机械排风系统流程图。 把以上流程绘制成流程图，如图4-3所示
局部机械排风系统流程和流程图	(1)局部机械排风系统流程。 局部机械排风系统流程如下： 安装在所需排气装置上的吸气口→室内排风管道→排风机→空气处理装置→室外排风口 (2)局部机械排风系统流程图。 把以上流程绘制成流程图，如图4-4所示

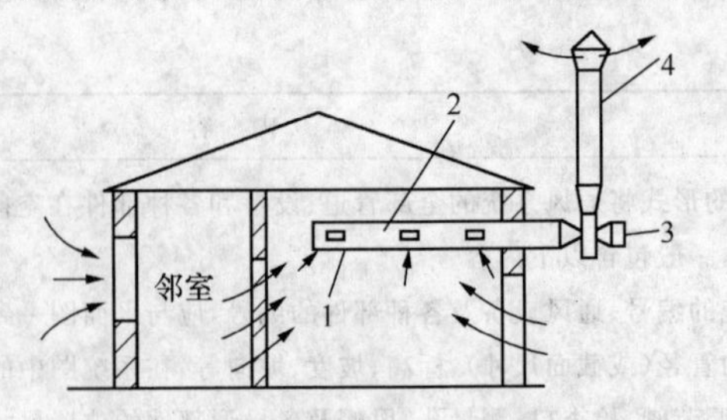

图 4-3　全面机械排风系统流程图

1—室内排风管道上进风口；2—室内排风管道；3—排风机；4—室外排风口与装置

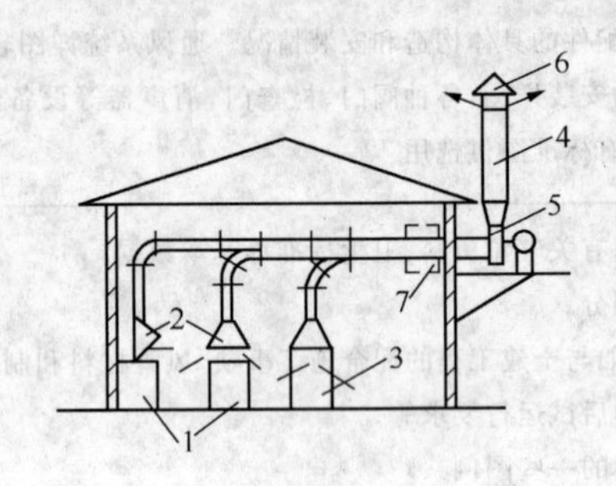

图 4-4　局部机械排风系统流程图

1—工艺设备；2—局部排风罩；3—排风柜；4—风管；5—风机；6—排风帽；7—排风处理装置

(2)机械送风系统流程和流程图(表 4-5)。

表 4-5　机械送风系统流程和流程图

项　目	内　容
全面机械送风系统流程和流程图	(1)全面机械送风系统流程。 全面机械送风系统流程如下： 室外空气进风口和空气处理装置→送风机→送风管道→送风管道上的送风口 (2)全面机械送风系统流程图。 把以上流程绘制成流程图，如图 4-5 所示
局部机械送风系统流程和流程图	(1)局部机械送风系统流程。 局部机械送风系统流程如下： 室外空气进风口和空气处理装置→送风机→送风管道→送风装置上的吹风口 (2)局部机械送风系统流程图。 把以上流程绘制成流程图，如图 4-6 所示

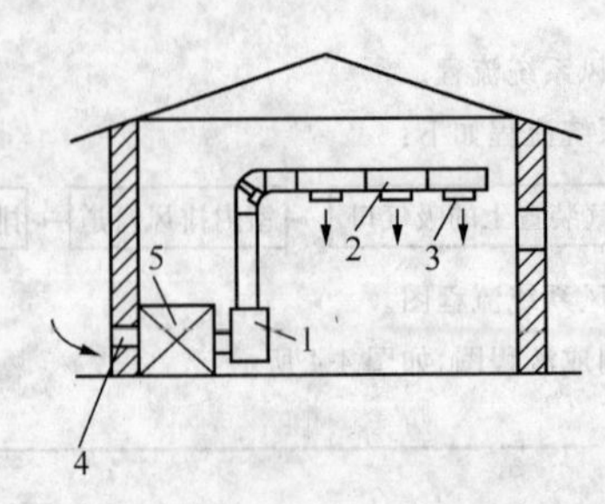

图 4-5　全面机械送风系统流程图

1—通风机；2—风管；3—送风口；4—进气口；5—处理装置

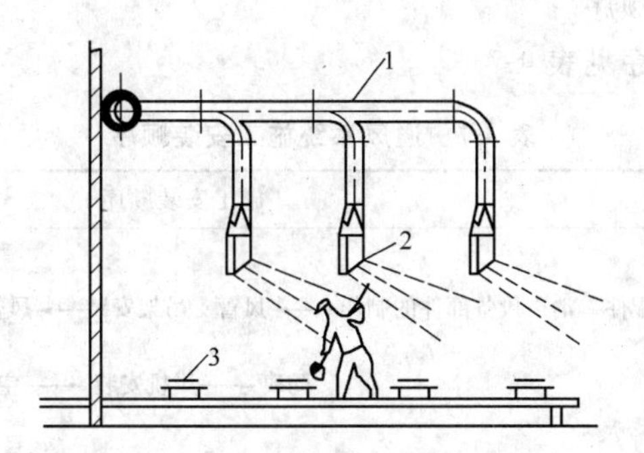

图 4-6　局部机械送风系统流程图
1—送风管；2—送风口；3—工艺设备

2.通风系统施工安装内容

通风系统施工安装内容见表 4-6。

表 4-6　通风系统施工安装内容

系统名称	施工安装内容
送排风系统	(1)风管与配件制作。 (2)配件制作。 (3)风管系统安装。 (4)空气处理设备安装。 (5)消声设备制作与安装。 (6)风管与设备防腐。 (7)风机安装。 (8)系统调试
除尘系统	(1)风管与配件制作。 (2)部件制作。 (3)风管系统安装。 (4)除尘器与排污设备安装。 (5)风管与设备防腐。 (6)风机安装。 (7)系统调试
防排烟系统	(1)风管与配件制作。 (2)部件制作。 (3)风管系统安装。 (4)防排烟风口、常闭正压风口与设备安装。 (5)风管与设备防腐。 (6)风机安装。 (7)系统调试

3. 通风系统施工安装顺序

通风系统施工安装顺序见表 4-7。

表 4-7 通风系统施工安装顺序

系统名称	施工安装顺序
送排风系统	风管与配件、消声设备部件的制作→风管支吊架安装→风管与配件部件安装→空气处理设备安装→风机安装→防腐
除尘系统	风管与配件、部件的制作→风管支吊架安装→风管与配件、部件安装→除尘器及排污设备安装→风机安装→防腐
防排烟系统	风管与配件、部件的制作→风管支吊架安装→防排烟风口、常闭正压风口与设备安装→风机安装→防腐

五、风管部件类型

1. 送风口

圆形与旋转送风口，如图 4-7 所示；球形可调风口，如图 4-8 所示；其他各种送风口，如图 4-9 所示。

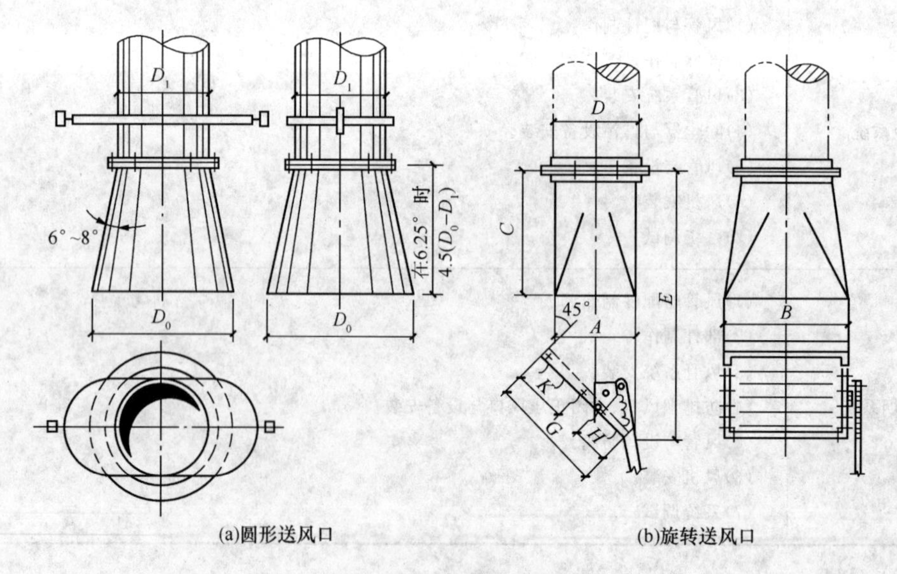

(a)圆形送风口 (b)旋转送风口

图 4-7 圆形与旋转送风口

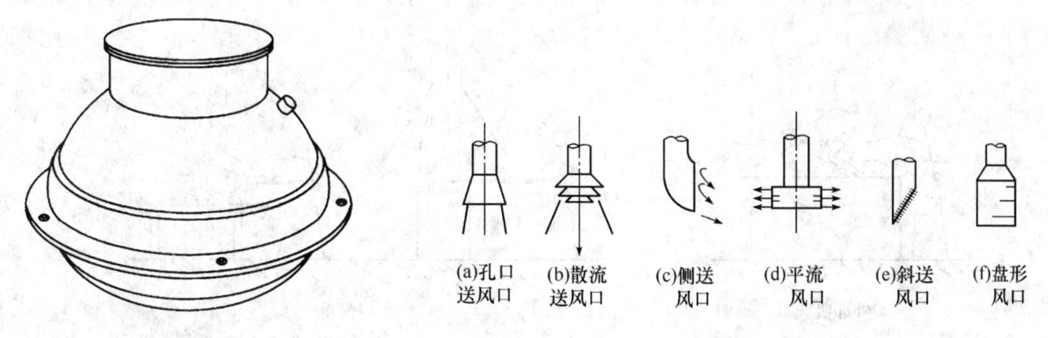

图 4-8　圆形与旋转送风口　　图 4-9　其他各种送风口

除上之外还有格栅送风口、单层百叶送风口、双层百叶送风口、三层百叶送风口、带调节板活动百叶送风口、单出口隔板的条缝形风口、条缝形送风口、喷嘴送风口、孔板送风口等。

2.排风口(罩)

(1)避风风帽(图 4-10)。

(2)密闭罩帽(图 4-11)。

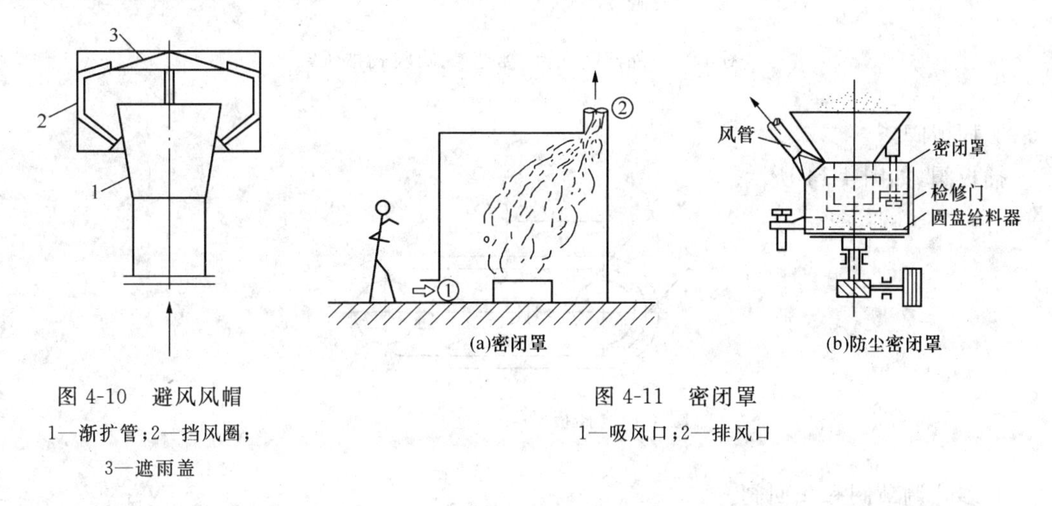

图 4-10　避风风帽

1—渐扩管;2—挡风圈;
3—遮雨盖

图 4-11　密闭罩

1—吸风口;2—排风口

(3)柜式排风罩(图 4-12)。

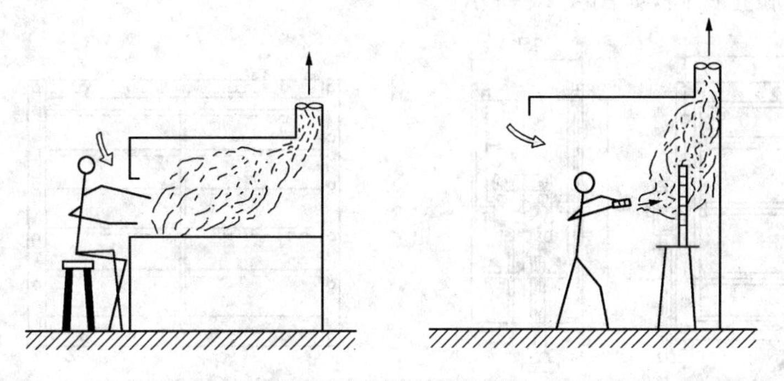

图 4-12　柜式排风罩

(4)外部吸气罩、接受罩、吹吸式排风罩(图 4-13)。

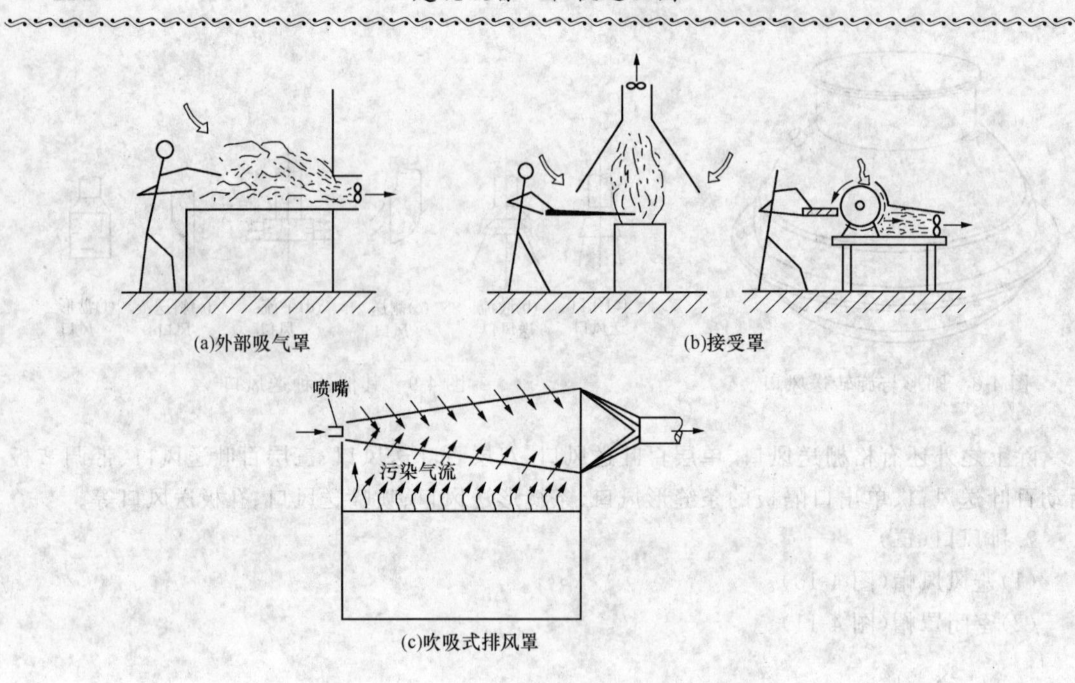

图 4-13 外部吸气罩、接受罩、吹吸式排风罩

3. 插板阀

插板阀，如图 4-14 所示。

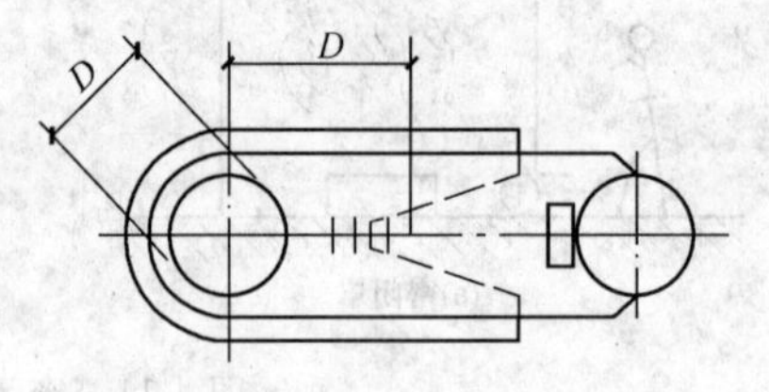

图 4-14 插板阀

4. 多叶调节阀和止回阀

多叶调节阀和止回阀，如图 4-15 所示。

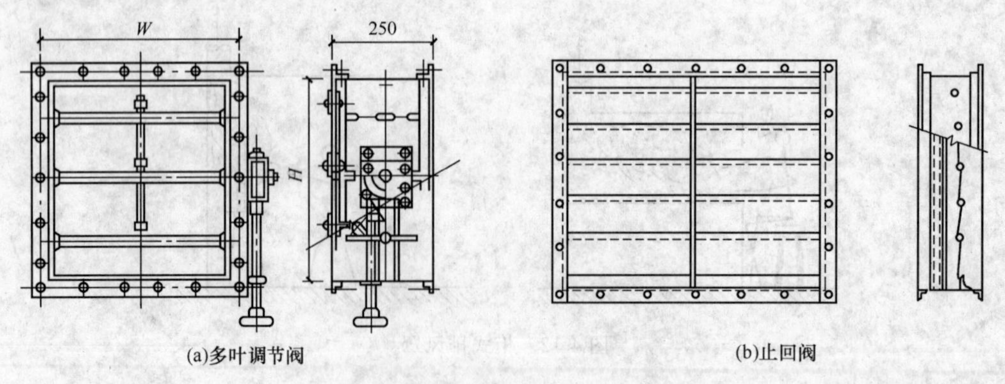

图 4-15 多叶调节阀和止回阀

5.防烟防火阀

防烟防火阀,如图 4-16 所示。

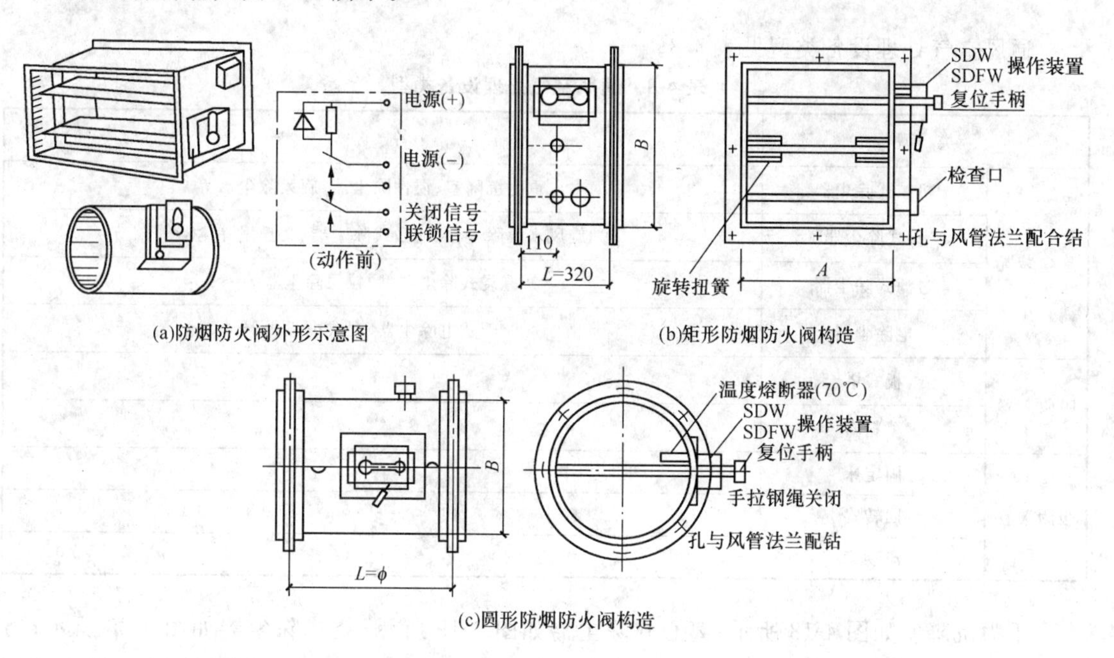

(a)防烟防火阀外形示意图

(b)矩形防烟防火阀构造

(c)圆形防烟防火阀构造

图 4-16　防烟防火阀

6.风管管件(三通)

风管管件(三通),如图 4-17 所示。

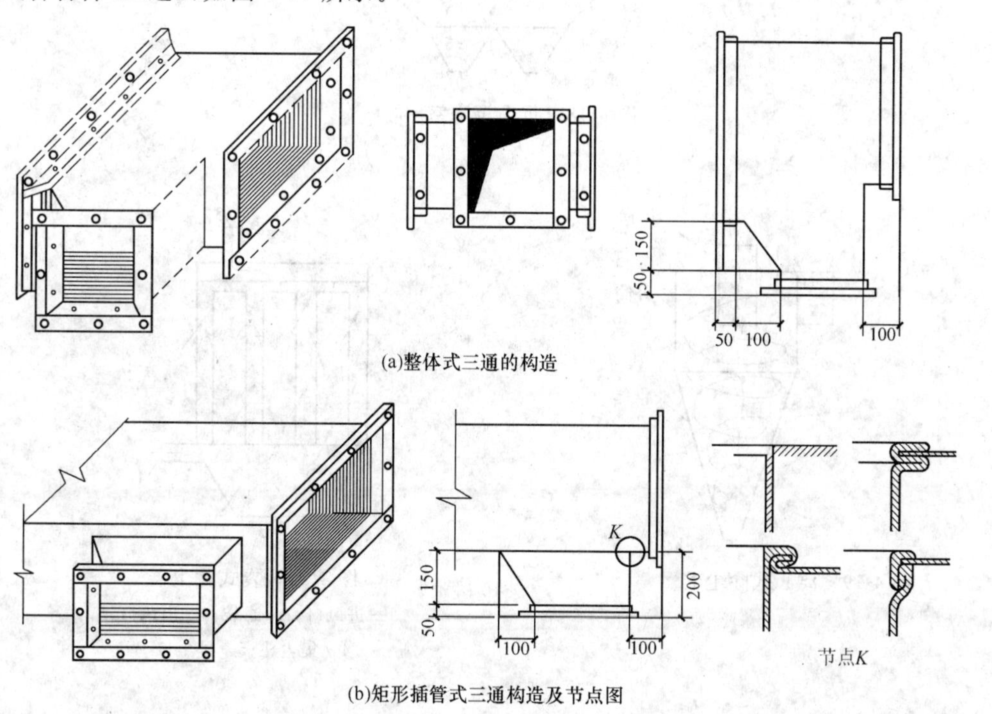

(a)整体式三通的构造

(b)矩形插管式三通构造及节点图

图 4-17　三通

六、通风空气处理设备类型

通风空气处理设备类型见表 4-8。

表 4-8 通风空气处理设备类型

类型		名称
除尘装置	机械式除尘器	重力沉降室、惯性除尘器、旋风除尘器等
	湿式除尘器	旋风水膜除尘器、冲激式除尘器、文丘里除尘器等
	过滤式除尘器	袋式除尘器、颗粒层除尘器等
	电除尘器	干式电除尘器、湿式电除尘器
吸收装置	板式塔	—
	填料塔	—
吸附装置	固定床	—
	回转式	—
	流动床	—

重力沉降室如图 4-18 所示；离心式除尘器如图 4-19 所示；袋式除尘器如图 4-20 所示；离心式水膜除尘器如图 4-21 所示；各种吸收装置如图 4-22 所示；固定床活性炭吸附装置如图 4-23所示。

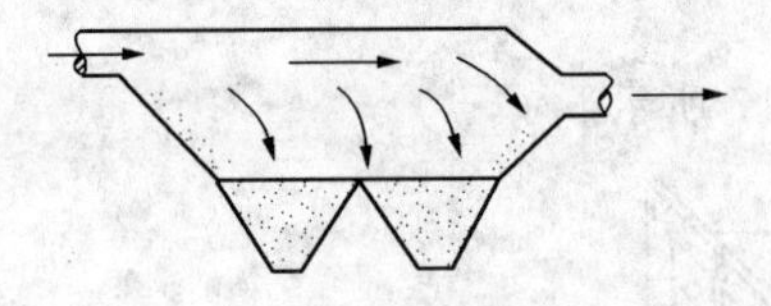

图 4-18 重力沉降室

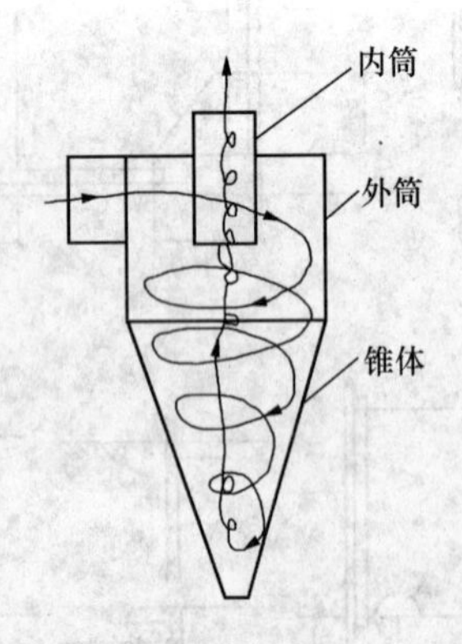

图 4-19 离心式除尘器

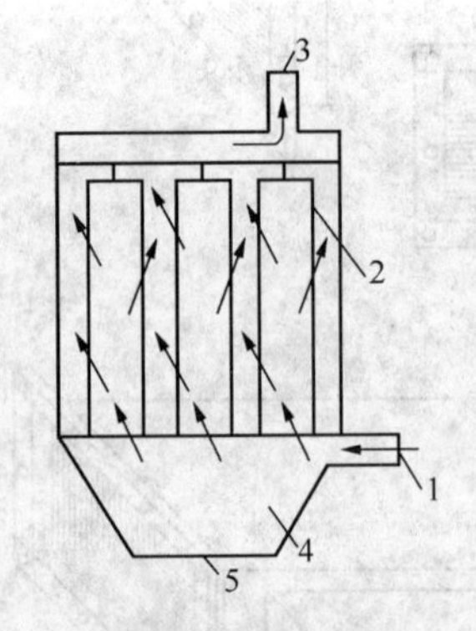

图 4-20 袋式除尘器

1—进风口；2—滤袋；3—出风口；4—集尘斗；5—排尘口

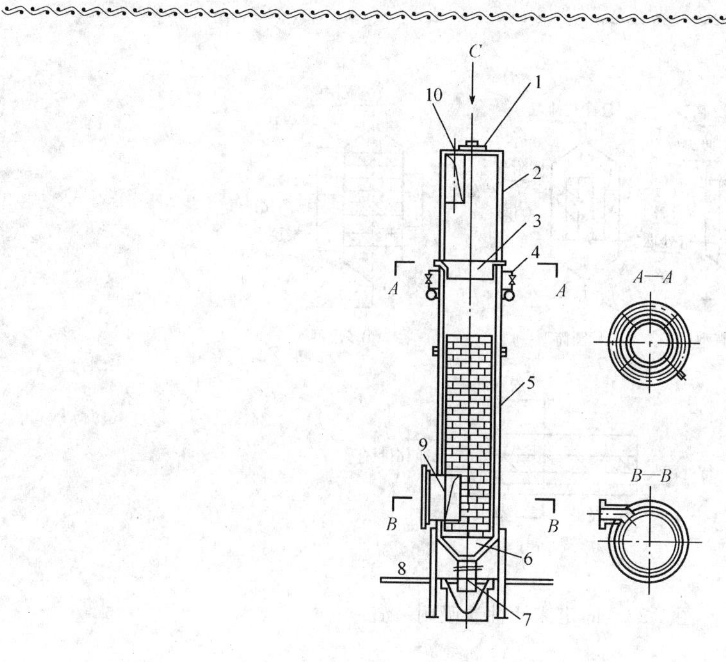

图 4-21　离心式水膜除尘器

1—人孔；2—外筒体；3—防水圈；4—喷水管；5—瓷砖；6—灰斗；
7—落灰管；8—除尘器支架；9—烟气进口；10—烟气出口

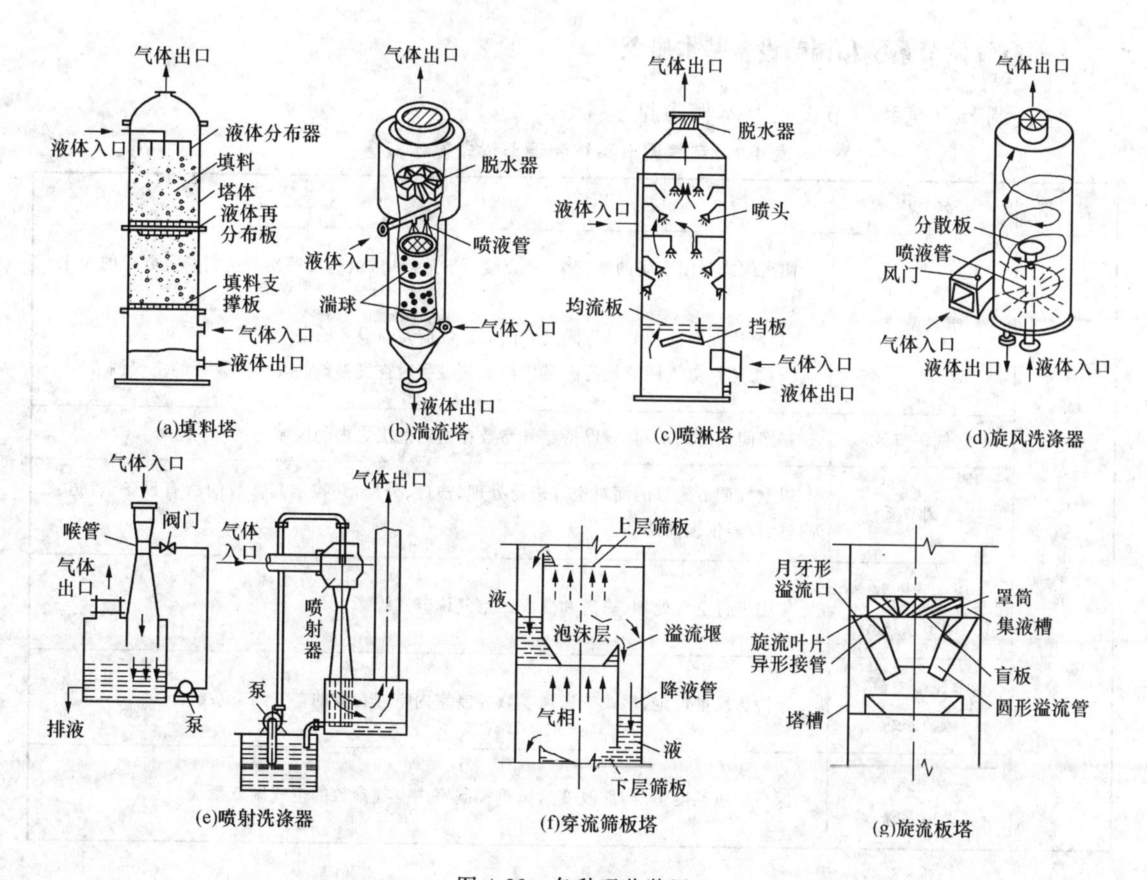

图 4-22　各种吸收装置

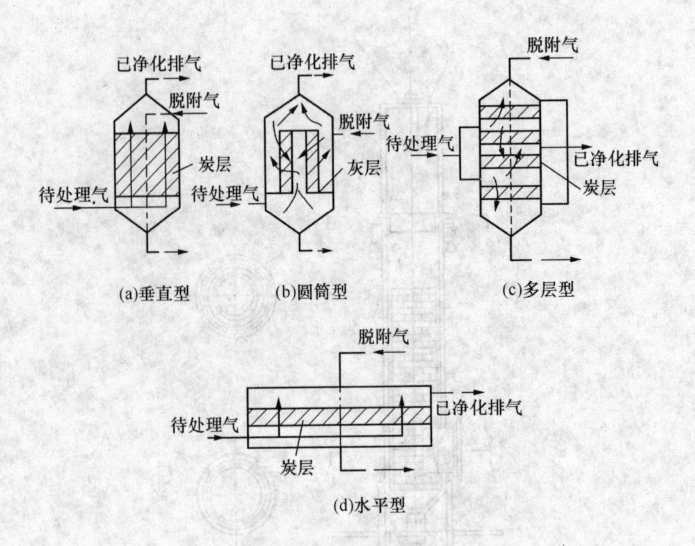

图 4-23　固定床活性炭吸附装置

第二节　空调系统工程概述

一、空气调节系统和调节设备基本概念

空气调节系统和调节设备基本概念见表 4-9。

表 4-9　空气调节系统和调节设备基本概念

类别	名称	意义
空气调节系统	空气调节	使房间或封闭空间的空气温度、湿度、洁净度和气流速度等参数达到给定要求的技术，包括： (1)舒适性空气调节是为满足人的舒适性需要而设置的空气调节； (2)工艺性空气调节是为满足生产工艺过程对空气参数的要求而设置的空气调节
	空气调节区	在房间或封闭空间中，保持空气参数在给定范围之内的区域
	空气调节系统	以空气调节为目的而对空气进行处理、输送、分配，并控制其参数的所有设备、管道及附件、仪器仪表的总和
	集中式空气调节系统	集中进行空气处理、输送和分配的空气调节系统
	定风量空气调节系统	保持送风量恒定，靠改变送风参数控制室内空气参数的空气调节系统
	变风量空气调节系统	保持送风温度恒定，靠改变送风量控制室内空气参数的空气调节系统

续上表

类　别	名　称	意　义
空气调节系统	单风管空气调节系统	由一公用风管将经过集中处理的空气，分送至空气调节房间的空气调节系统
	双风管空气调节系统	将经过集中加热和集中冷却处理的两种状态的空气，分别由两条独立风管送至各末端装置，经混合后送入空气调节房间的空气调节系统
	再热式空气调节系统	对经过集中预处理的空气，通过各温度控制区装设的加热器进行再热处理，以满足各区对室内参数的不同需要的全空气系统
	直流式空气调节系统	不使用回风的空气调节系统，也称全新风系统
	新风系统	为满足卫生要求而向各空气调节房间供应经过集中处理的室外空气系统
	风机盘管加新风系统	以风机盘管机组作为各房间的末端装置，同时用集中处理的新风系统满足各房间新风需要量的空气—水系统
	诱导式空气调节系统	以诱导器作为末端装置的空气调节系统
	全水系统	空气调节房间的热湿负荷，全部由集中设备处理过的水负担的空气调节系统
	风机盘管空气调节系统	以风机盘管机组作为各房间末端装置的全水系统
	恒温系统	对室内空气温度允许波动范围有严格要求的空气调节系统
	恒湿系统	对室内空气湿度允许波动范围有严格要求的空气调节系统
	恒温恒湿系统	对室内空气温、湿度允许波动范围均有严格要求的空气调节系统
	水系统	特指以水作为热媒或冷媒，供给或排出空气调节房间热量的热水或冷水系统
	两管制水系统	仅有一套供水管路和一套回水管路的水系统
	三管制水系统	冷水和热水供水管路分设而回水管路共用的水系统
	四管制水系统	冷水和热水的供、回水管路全部分设的水系统
	水系统竖向分区	为了避免高层建筑水系统承受过大的静压而在垂直方向分设若干独立的水系统的做法
	一次回风	在集中空气处理设备中，与新风混合的部分室内空气
	二次回风	在集中空气处理设备中，与处理过的混合空气再次混合的室内空气
空气调节设备	空气调节设备	为实现空气调节目的所需的各种设备的统称，如空气调节机组、空气热交换设备、空气过滤器以及其他辅助装置等
	整体式空气调节器	将制冷压缩机、换热器、通风机、过滤器以及自动控制仪表组装成一体的空气调节设备
	分体式空气调节器	由分离的两个部分组成的空气调节成套设备：一部分为装在房间里的空气冷却装置；另一部分为装在附近的压缩冷凝机组或冷凝器
	热泵式空气调节器	装有四通换向阀以实现蒸发器与冷凝器功能转换的整体式空气调节器
	新风机组	一种专门用于处理室外空气的大焓差风机盘管机组

续上表

类　别	名　称	意　义
空气调节设备	组合式空气调节机组	根据需要，选择若干具有不同空气处理功能的预制单元组装而成的空气调节设备，也称装配式空气调节机组
	过滤段	组合式空气调节机组中，装设空气过滤器的预制单元
	混合段	组合式空气调节机组中的混合箱预制单元
	加热段	组合式空气调节机组中，装设热盘管的预制单元
	电加热段	组合式空气调节机组中，装设电加热器的预制单元
	加湿段	组合式空气调节机组中，装设加湿器的预制单元
	喷水段	组合式空气调节机组中，装设喷水装置的预制单元
	冷却段	组合式空气调节机组中，装设冷盘管的预制单元
	风机段	组合式空气调节机组中，装设通风机的预制单元
	消声段	组合式空气调节机组中，装设消声器的预制单元
	风机盘管机组	将通风机、换热器及过滤器等组装成一体的空气调节设备
	诱导器	依靠经过处理的空气(一次风)形成的射流，诱导室内空气通过换热器的房间空气调节装置
	红外线加湿器	水表面在红外线作用下产生蒸汽的空气加湿设备
	离心式加湿器	依靠离心作用将水雾化进而蒸发的空气加湿设备，也称转盘式加湿器
	超声波加湿器	水表面在超声波作用下产生微细水滴进而蒸发的空气加湿设备
	电加热器	通过电阻元件将电能转换为热能的空气加热设备
	转轮式换热器	用填充具有很大内表面积的换热介质的转轮，进行送排风热量交换的备，也称热轮
	转轮除湿机	湿空气通过填充或浸渍了吸湿剂的转轮的一部分进行减湿，热风通过转轮的另一部分使其再生，可连续进行空气减湿处理的设备
	盘管	供空气加热或冷却用的肋管换热器
	热盘管	供空气加热用的肋管换热器
	冷盘管	供空气冷却用的肋管换热器
	热管	由装有液体介质的封闭管构成，借助于反复的汽化和凝结过程将热量从一端传递至另一端的换热元件
	凝结水盘	冷盘管冷凝水的集水盘
	喷嘴	特指将具有一定压力的水喷射成分散的细小水滴的元件
	挡水板	阻挡喷水室或冷盘管处理的空气中所带水滴的装置
	静压箱	使气流降低速度以获得较稳定静压的中空箱体
	冷风幕	装有冷盘管、能喷送出冷气流的空气幕，也称冷空气幕
	变风量末端装置	根据空气调节房间负荷的变化情况自动调节送风量，以保持室内所需参数的装置
	加湿器	对空气进行加湿的设备，其中： (1)向气流中喷射干蒸汽的空气加湿设备，称为干蒸汽加湿器； (2)电流通过放置在水中的电阻元件，使水加热产生蒸汽的空气加湿设备，称为电阻式加湿器； (3)电流通过直接插入水中的电极产生蒸汽的空气加湿设备，称为电极式加湿器

二、空调制冷系统基本概念

空调制冷系统基本概念见表 4-10。

表 4-10　空调制冷系统基本概念

类别	名称	意义
制冷概念	制冷	用人工方法从一物质或空间移出热量，以便为空气调节、冷藏和科学研究等提供冷源的技术
	制冷工程	制冷机及其主要设备与系统的设计、制造、应用及其操作技术的总称
	制冷量	单位时间内由制冷机蒸发器中的制冷剂所移出的热量。 在规定的标准工况下，制冷机的制冷量，称为标准制冷量。 在规定的空调工况下，制冷机的制冷量，称为空调工况制冷量
	冷凝压力	制冷剂蒸汽冷凝时的压力
	冷凝温度	制冷剂蒸汽在冷凝器中冷凝时，对应于冷凝压力下的饱和温度
	蒸发压力	制冷剂液体在蒸发器内蒸发时的压力
	蒸发温度	制冷剂液体在蒸发器内汽化时，对应于蒸发压力下的饱和温度
	吸气压力	压缩机进口处吸气管内制冷剂气体的压力
	吸气温度	压缩机进口处吸气管内制冷剂气体的温度
	排气压力	压缩机出口处排气管内制冷剂气体的压力
	排气温度	压缩机出口处排气管内制冷剂气体的温度
	标准工况	符合标准规定的制冷机运行条件
	空调工况	为适应空气调节要求而规定的制冷机的运行条件
	冷水	指制冷机制出的低温水或天然冷源水
	冷却水	制冷装置的冷却用水
	焓熵图	以焓和熵为坐标，表示物质状态变化的热力状态图
	制冷机房	安装制冷机及其附属设备的房间，也称冷冻站
制冷剂	工质	在热力循环中工作的物质
	制冷剂	制冷系统中，完成制冷循环的工作物质
	氟利昂	用做制冷剂的饱和烃类碳氢化合物的卤族衍生物
	氨	一种无机化合物制冷剂
	溴化锂	溴化锂吸收式制冷的吸收剂。一种固态盐结晶体
	冷剂水	在吸收式制冷中，作为制冷剂的水
	载冷剂	间接制冷系统中用以吸收被制冷空间或介质的热量，并将其转移给制冷剂的一种流体，亦称冷媒
	缓蚀剂	加入盐水或其他液体介质中能降低腐蚀性的一种添加剂
	不凝性气体	在冷凝温度和压力下不凝结而存在于制冷系统中的气体
	防冻剂	加入液体中以降低凝固点的一种添加剂

续上表

类　别	名　称	意　义
制冷系统	制冷系统	以制冷为目的，由有关设备、装置、管道和附件组成的系统
	压缩式制冷系统	用机械压缩制冷剂蒸汽完成制冷循环的制冷系统
	热力制冷系统	利用热能完成制冷循环的制冷系统
	直接制冷系统	制冷系统中的蒸发器直接和被冷却介质或空间相接触进行热交换的制冷系统
	间接制冷系统	载冷剂先被制冷剂冷却，然后再用来冷却被冷却介质或空间的制冷系统
制冷设备及附件	制冷机	包括原动机在内的完成制冷循环用的设备、附件及连接管路等的总称
	压缩式制冷机	用机械压缩制冷剂蒸汽完成制冷循环的制冷机
	压缩式冷水机组	将压缩机、冷凝器、蒸发器以及自控元件等组装成一体，可提供冷水的压缩式制冷机
	压缩冷凝机组	将制冷压缩机、冷凝器以及必要的附件等，组装在一个基座上的机组
	制冷压缩机	用机械方法提升制冷剂压力的设备
	活塞式压缩机	靠一个或数个在气缸内作往复运动的活塞，改变其内部容积的压缩机，也称往复式压缩机
	螺杆式压缩机	依靠两个螺旋形转子相互啮合进行压缩的回转式压缩机
	离心式压缩机	利用叶轮旋转产生的离心作用，提升制冷剂气体压力的压缩机
	冷凝器	制冷剂蒸汽在其中进行冷凝的换热器
	水冷式冷凝器	以水为冷却介质的冷凝器
	风冷式冷凝器	以空气为冷却介质的冷凝器
	壳管式冷凝器	冷却水在管内流动，制冷剂在壳体内冷凝的冷凝器
	套管式冷凝器	由同心管组成的冷凝器。制冷剂在管间环形空隙内流动，冷却水在内管中流动
	淋激式冷凝器	用冷却水淋洒在大气中的水平管束上，使管内气态制冷剂冷凝的冷凝器
	蒸发式冷凝器	利用空气强制循环和水分的蒸发而使气态制冷剂冷凝的冷凝器
	蒸发器	液态制冷剂在其中进行吸热蒸发的换热器
	壳管式蒸发器	冷水在管内流动，制冷剂在壳体内蒸发的蒸发器
	直接式蒸发器	制冷剂在盘管内蒸发，而流经的空气在盘管外被冷却的蒸发器
	喷淋式蒸发器	液态制冷剂喷淋在冷水管束上的壳管式蒸发器
	冷却塔	使循环冷却水同空气相接触，以蒸发的方式达到冷却目的的换热设备
	热力膨胀阀	用以自动调节流入蒸发器的液态制冷剂流量，并使蒸发器出口的制冷剂蒸汽过热度保持在规定限值内的节流设备
	毛细管	连接于冷凝器与蒸发器之间的一段小口径管，作为制冷系统流量控制与节流降压元件
	储液器	制冷系统中储存备用液态制冷剂的容器
	不凝性气体分离器	排除制冷系统中不凝性气体的设备
	油冷却器	利用冷却水、空气或制冷剂直接蒸发冷却润滑系统中的油，以保证润滑系统正常工作的一种换热器
	吸收式制冷机	利用热能完成制冷剂循环和吸收剂循环的制冷机
	氨—水吸收式制冷机	以氨作制冷剂，以水作吸收剂完成吸收式制冷循环的制冷机
	溴化锂吸收式制冷机	以水作制冷剂，以溴化锂作吸收剂完成吸收式制冷循环的制冷机

续上表

类　别	名　称	意　义
制冷设备及附件	单效溴化锂吸收式制冷机	具有一级蒸汽发生器的溴化锂吸收式制冷机
	双效溴化锂吸收式制冷机	具有高、低压两级蒸汽发生器的溴化锂吸收式制冷机
	直燃式溴化锂吸收式制冷机	利用燃油、燃气的直接燃烧，加热发生器中的吸收剂溶液进而完成吸收式制冷循环的溴化锂吸收式制冷机
	发生器	吸收式制冷机中，通过加热析出制冷剂的设备
	吸收器	吸收式制冷机中，通过浓溶液吸收剂在其中喷雾以吸收来自蒸发器的制冷剂蒸汽的设备
	蒸汽喷射式制冷机	通过高压蒸汽喷射器引射来自蒸发器的低压气体制冷剂，并使其增加压力以完成制冷循环的制冷机
	热泵	能实现蒸发器与冷凝器功能转换的制冷机

三、空调系统的分类

空调系统的分类，见表4-11。

表4-11　空调系统的分类

划分标准	内　容
按空调设备所需介质不同	分为全空气式系统、全水式系统、空气—水式系统和制冷剂式系统
按空调处理设备的集中程度不同	分为集中式系统、半集中式系统和局部式系统三种形式。 (1)集中式系统又称"中央空调"。集中式空调系统一般由空调房间、空气处理设备、空气输送设备、空气分配设备四个基本部分组成。 空调机组集中安置在空调机房内，空气经过处理后通过管道送入各个房间，一些大型的公共建筑，如宾馆、影剧院、商场、精密车间等，大多采用集中式空调。 (2)半集中式系统中大部分空气处理设备在空调机房内，少量设备在空调房间内，既有集中处理，又有局部处理。 (3)局部式系统，又称为分散式系统，是利用空调机组直接在空调房间内或其邻近地点就地处理空气。局部空调机组有窗式空调机、壁挂式空调机、立柜式空调机及恒温恒湿机组等

四、空调工程施工相关知识

1.集中式空调系统流程和流程图

(1)集中式空调系统流程。

集中式空调系统流程：

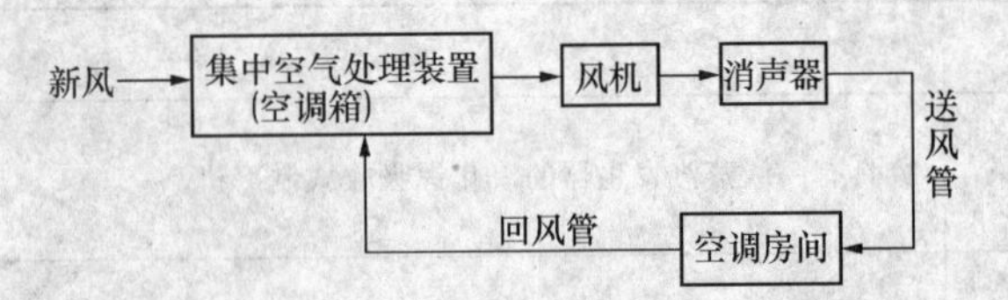

(2)集中式空调系统流程图。

集中式空调系统流程图，如图 4-24 所示。

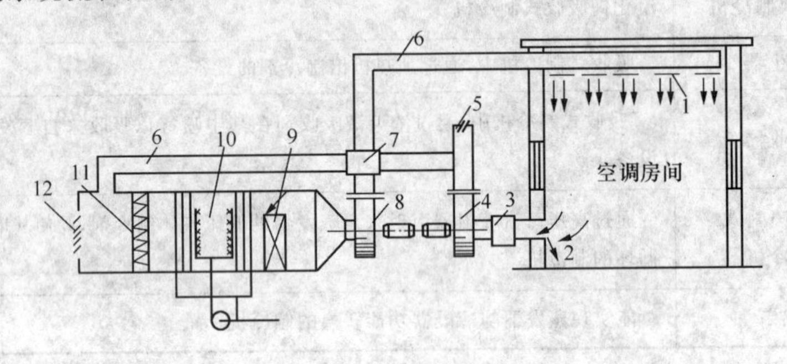

图 4-24　集中式空调系统流程图

1—送风口；2—回风口；3、7—消声器；4—回风机；5—排风口；6—送风管道；7—空调箱；8—送风机；9—空气加热器；10—喷水室；11—空气过滤器；12—百叶窗

2. 半集中式空调系统流程和流程图

(1)半集中式空调系统流程。

半集中式空调系统流程：

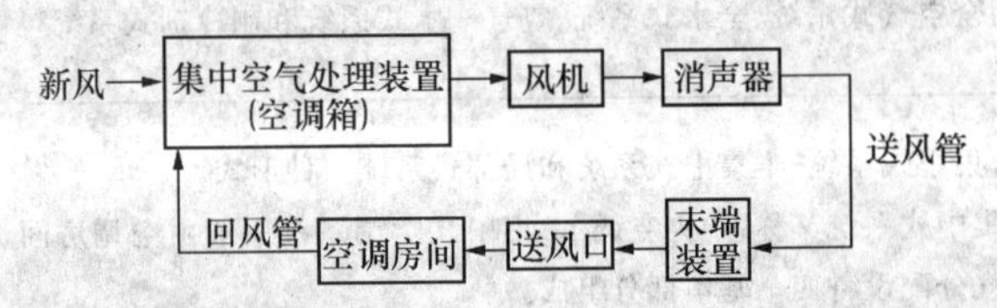

(2)半集中式空调系统流程图。

半集中式空调系统流程图，如图 4-25 所示。

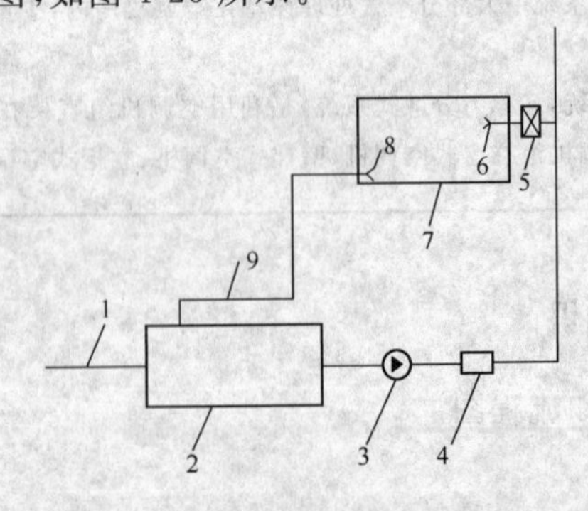

图 4-25　半集中式空调系统流程图

1—进风；2—空调器；3—风机；4—消声器；5—末端装置；6—送风口；7—空调房间；8—回风口；9—回风管

3.空调系统空气的处理

(1)空气过滤采用百叶窗、空气过滤器。

(2)空气加温采用蒸汽加热、电加热、热泵机组加热。

(3)空气降温采用热泵机组降温。

(4)空气加湿采用喷淋水或蒸汽加湿。

(5)空气除湿采用冷冻和吸附降湿。

装配式集中空调器空气处理,如图 4-26 所示。

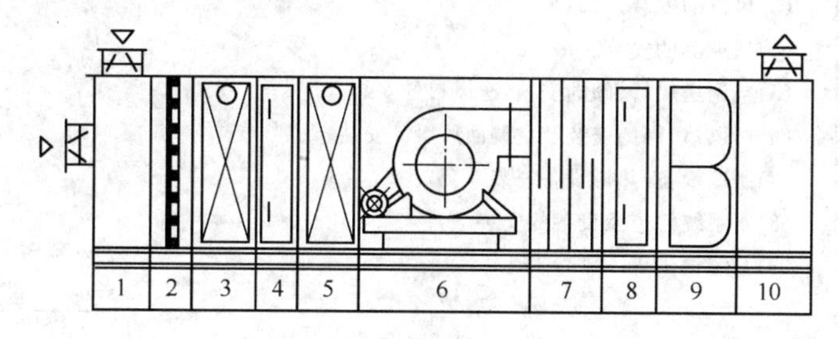

图 4-26　装配式集中空调器空气处理

1—混合段;2—过滤段;3—表冷段;4—中间段;
5—加热段;6—送风机段;7—消声段;8—中间段;
9—中间过滤段;10—出风段

4.集中(半集中)空调系统的组成

集中(半集中)空调系统由五大系统组成(图 4-27)。

(1)风系统。即送、回风系统。

(2)制冷系统。即由制冷压缩机、冷却器、蒸发器组成的设备管道系统。

(3)冷却水系统。对压缩后的制冷剂进行降温,采用循环水系统,由冷却塔、水池、水泵组成的设备管道系统。

(4)冷冻水系统。制取冷冻水,由水池、水泵组成的设备管道系统。

(5)热源系统。由发热设备和热媒管道组成。

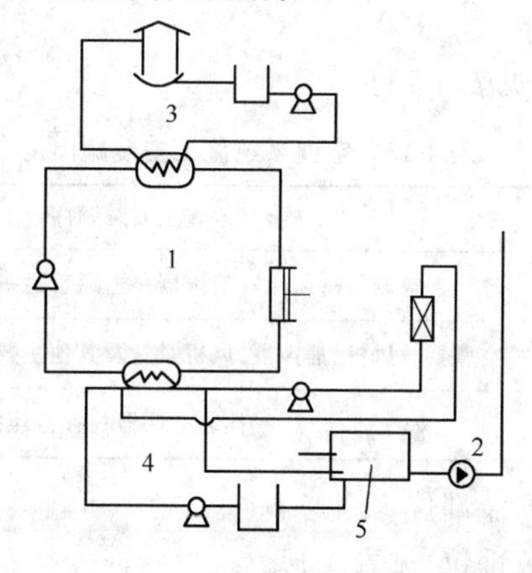

图 4-27　集中(半集中)空调系统的组成

1—制冷系统部分;2—风系统部分;3—冷却水系统部分;
4—冷冻水系统部分;5—热源系统部分

5.空调系统施工安装内容

空调系统施工安装内容,见表 4-12。

表 4-12　空调系统施工安装内容

系统类别	施工安装内容
集中式空调系统	(1)集中空调器的安装。 (2)与集中空调器相连的新风口管道、回风口管道、冷媒管道、热媒管道、送风口管道的安装。 (3)风机的安装。 (4)消声器的安装。 (5)空调送风管、阀的安装,送风口的安装。 (6)回风口、阀的安装及空调回风管的安装。 (7)制冷设备、热源设备安装。 (8)水系统管道及设备的安装。 (9)系统调试等
半集中式(带风机盘管末端装置)空调系统	(1)集中空调器的安装。 (2)与集中空调器相连的新风口管道、回风口管道、冷媒管道、热媒管道、送风口管道的安装。 (3)风机的安装。 (4)销声器的安装。 (5)空调送风管、阀的安装,送风口的安装。 (6)风机盘管的安装,与风机盘管相连轴冷水、热水、冷凝水管道系统的安装及与风机盘管相边的送风管、送风口和回风管、回风口等的安装。 (7)回风口、阀的安装及空调回风管的安装。 (8)制冷设备、热源设备安装。 (9)水系统管道及设备的安装。 (10)系统调试等
分散空调系统安装	(1)空调器的安装。 (2)与空调器相边的管道安装

6.空调系统施工安装顺序

空调系统施工安装顺序,见表 4-13。

表 4-13　空调系统施工安装顺序

系统类别	施工安装顺序
集中式空调系统	空调器→风机→消声器→送风管道→回风管道→其他
半集中式空调系统	空调器→风机、消声器、风机盘管及其他主要设备→各种管道→其他
分散式空调系统	挂装空调器→管道连接

7.空调系统管道设备的安装部位

空调系统管道设备的安装部位,见表 4-14。

表 4-14　空调系统管道设备的安装部位

系统类别	施工安装内容
集中式空调系统	(1)集中式空调箱及其制冷设备安装在空调机房内。 (2)冷却塔、水箱等安装在地面上或屋顶上。 (3)水泵、风机安装在空调机房内。 (4)锅炉安装在锅炉房内。 (5)通风管道安装在空调房间、走廊的吊顶内和空调机房内。 (6)送、回风口安装在空调房间和走廊的吊顶内。 (7)其他管道安装在空调机房内
半集中式空调系统	(1)集中式空调箱及其制冷设备安装在空调机房内。 (2)冷却塔、水箱等安装在地面上或屋顶上。 (3)水泵、风机安装在空调机房内。 (4)锅炉安装在锅炉房内。 (5)通风管道安装在空调房间、走廊的吊顶内和空调机房内。 (6)风机盘管末端装置、送风口、回风口等安装在空调房间和走廊的吊顶内。 (7)其他管道如冷水、热水、凝水管道等安装在吊顶内和竖井内等
分散式空调系统	分装式空调送风部分在空调房间内，制冷部分挂装在空调房间外，制冷管道和凝水管道连接以上的两部分。 组装式空调器安装在空调房间内

五、空调制冷管道安装要求

空调制冷管道安装要求，如图 4-28 所示。

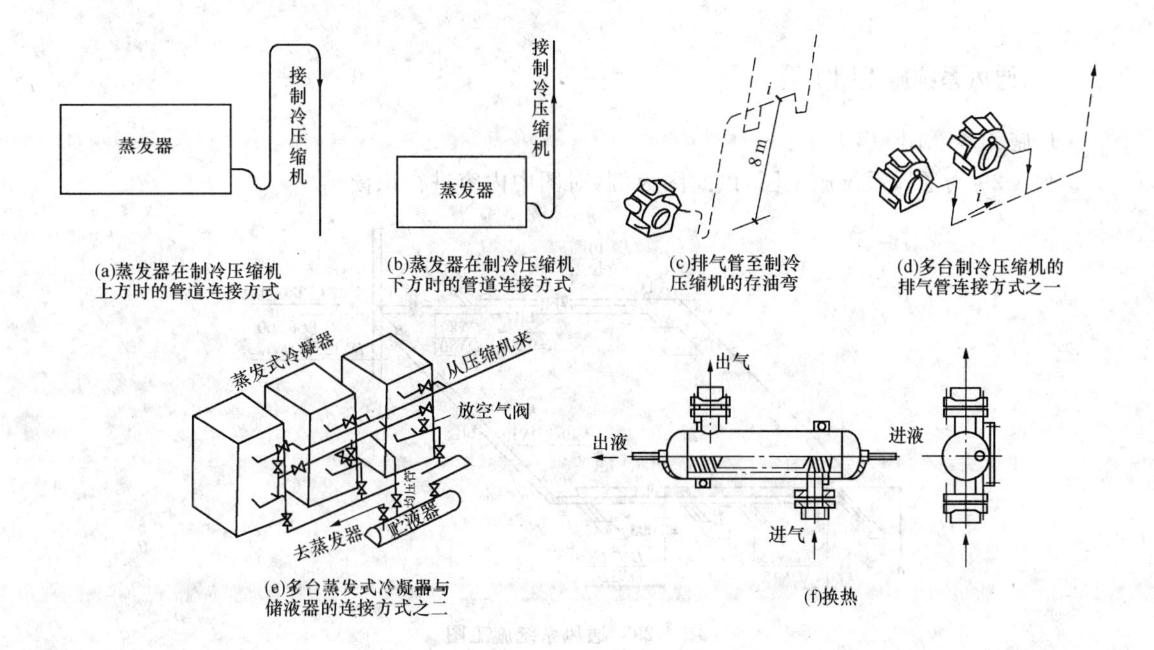

图　4-28

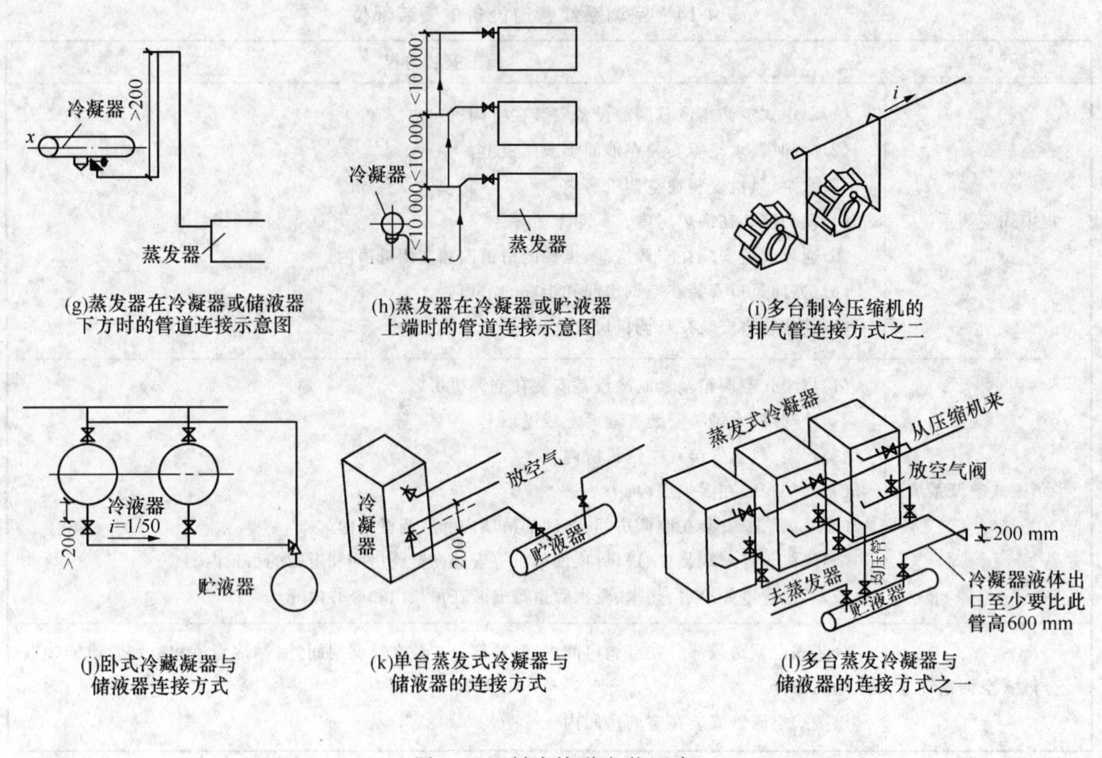

图 4-28　制冷管道安装要求

第三节　通风系统施工图识读

一、通风系统施工图实例

1. 施工示意图

图 4-29 为通风系统施工图，以此图为例，对图中内容进行识读。

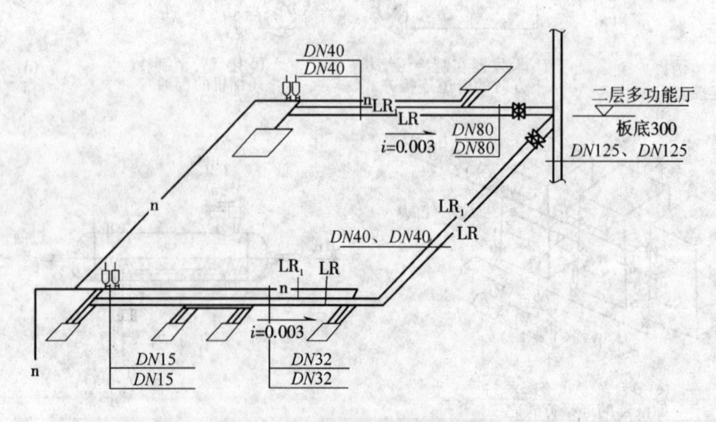

图 4-29　通风系统施工图

2. 相关知识

阅读通风系统施工图查明各通风系统的编号、设备部件的编号、风管的截面尺寸、设备名称及规格型号、风管的标高等。

从图 4-29 中可以看出冷冻水供水、回水管在距楼板底 300 mm 的高度上水平布置。冷冻水供水、回水管管径相同，立管管径为 125 mm；大盘管 DH—7 所在系统的管径为 80 mm，MH—504 所在系统的管径为 40 mm；4 个小盘管所在系统的管径接第一组时为 40 mm，接中间两组时为32 mm，接最后一组变为 15 mm。冷冻水供水、回水管在水平方向上沿供水方向设置坡度 0.003 的上坡，端部设有集气罐。

二、通风系统平面图实例

1. 平面示意图

通风系统平面图，如图 4-30 所示。以此图为例，对图中相关内容进行讲解。

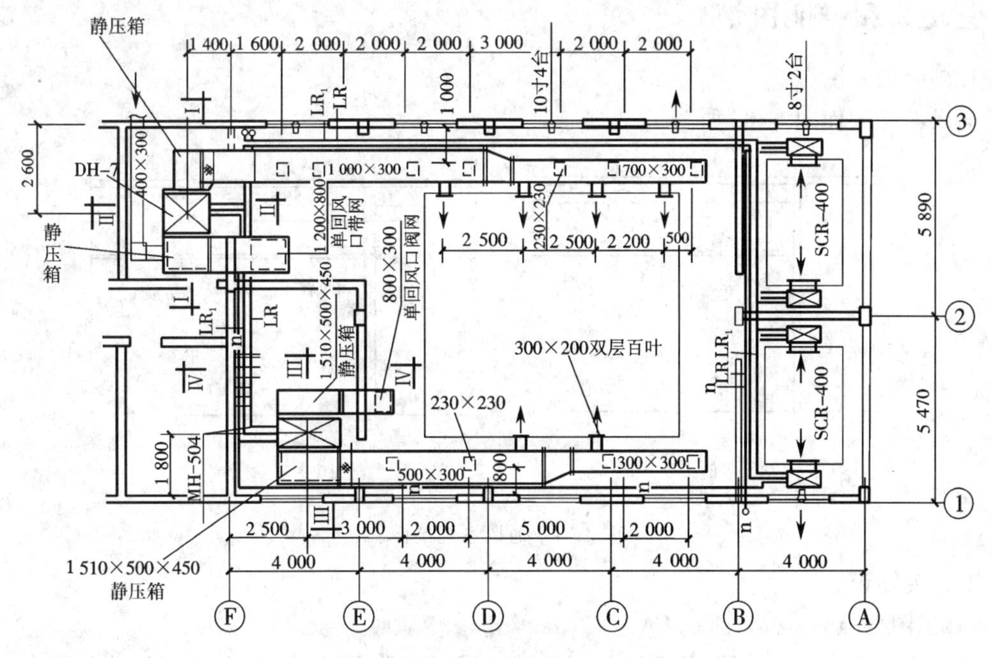

图 4-30　通风系统平面图的阅读

2. 相关知识

(1)识图要点。

1)查找系统的编号与数量。对复杂的通风系统、风道系统需进行编号，简单的通风系统可不进行编号。

2)查找通风管道的平面位置、形状、尺寸。弄清通风管道的作用，相对于建筑物墙体的平面位置及风管的形状、尺寸。风管有圆形和矩形两种。通风系统一般采用圆形风管，空调系统一般采用矩形风管，因为矩形风管易于布置，弯头、三通尺寸比圆形风管小，可明装或暗装于吊顶内。

3)查找空气处理各种设备(室)的平面布置位置、外形尺寸、定位尺寸。

4)查找水式空调系统中水管的平面布置情况。弄清水管的作用以及与建筑物墙面的距离。水管一般沿墙、柱敷设。

(2)识图内容。

由图 4-30 中可以看出该空调系统为水式系统。图中标注“LR”的管道表示冷冻水供水管，标注“LR_1”的管道表示冷冻水回水管，标注“n”的管道表示冷凝水管。冷冻水供水、回水管沿墙布置，分别接入 2 个大盘管和 4 个小盘管。大盘管型号为 MH－504 和 DH－7，小盘管型号为 SCR－400。冷凝水管将 6 个盘管中的冷凝水收集起来，穿墙排至室外。

室外新风通过截面尺寸为 400 mm×300 mm 的新风管，进入净压箱与房间内的回风混合，经过型号为 DH－7 的大盘管处理后，再经过另一侧的静压箱进入送风管。送风管通过底部的 7 个尺寸为 700 mm×300 mm 的散流器及 4 个侧送风口将空气送入室内。送风管布置在距①墙 100 mm 处，风管截面尺寸为 1 000 mm×300 mm 和 700 mm×300 mm两种。回风口平面尺寸为 1 200 mm×800 mm，回风管穿墙将回风送入静压箱。型号为 MH－504 上的送风管截面尺寸为 500 mm×300 mm 和 300 mm×300 mm，回风管截面尺寸为 800 mm×300 mm。两个大盘管的平面定位尺寸图中已标出。

三、通风系统剖面图实例

1. 剖面示意图

通风系统剖面图实例，如图 4-31 所示。

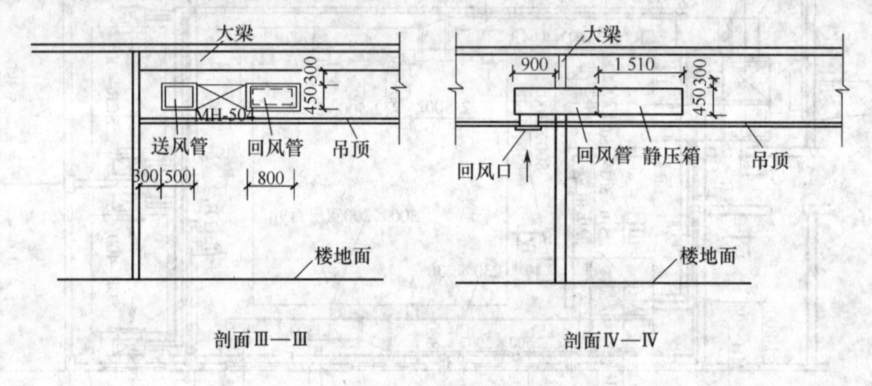

图 4-31　通风系统剖面图

2. 相关知识

(1)识图要点。

1)查找水系统水平水管、风系统水平风管、设备、部件在竖直方向的布置尺寸与标高、管道的坡度与坡向，以及该建筑房屋地面和楼面的标高，设备、管道距该层楼地面的尺寸。

2)查找设备的规格型号及其与水管、风管之间在高度方向上的连接情况。

3)查找水管、风管及末端装置的规格型号。

(2)识图内容。

从图中可以看出，空调系统沿顶棚安装，风管距梁底 300 mm，送风管、回风管、静压箱高度均为 450 mm。两个静压箱长度均为 1 510 mm，接送风管的宽度为 500 mm，接回风管的宽度为 800 mm。送风管距墙 300 mm，与墙平行布置。回风管伸出墙体 900 mm。

四、风管检查孔安装图实例

1. 安装示意图

图 4-32 为风管检查孔安装图。

2. 相关知识

(1)门压紧后应保证与风管壁面密封。

(2)件 3、件 6 装备时铆牢。

五、矩形风管插板式送风口安装图实例

1. 安装示意图

矩形风管插板式送风口安装图，如图 4-33 所示。

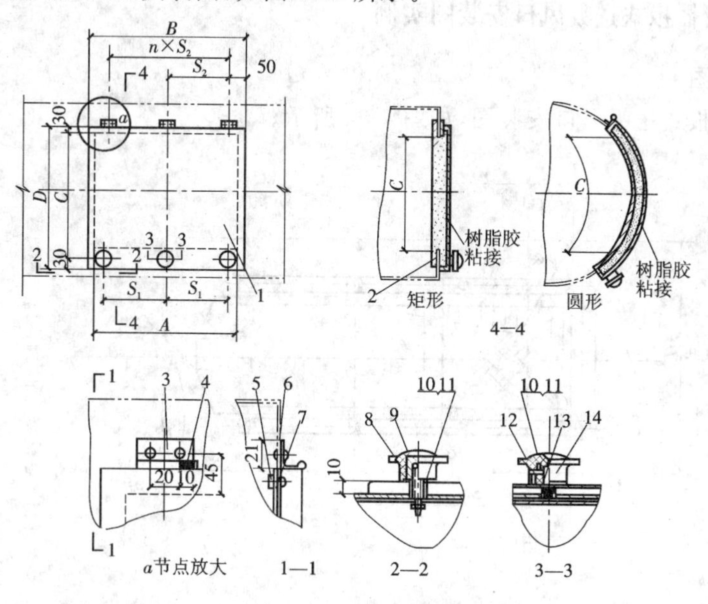

图 4-32　风管检查孔安装图

1—门；2—海绵橡胶；3—铰链；4—铰链轴；5、6—半圆头铆钉；7—法兰；8、14—圆头把手；9—压紧螺栓；10—精制六角螺母；11—弹簧垫圈；12—圆锥销；13—把手轴

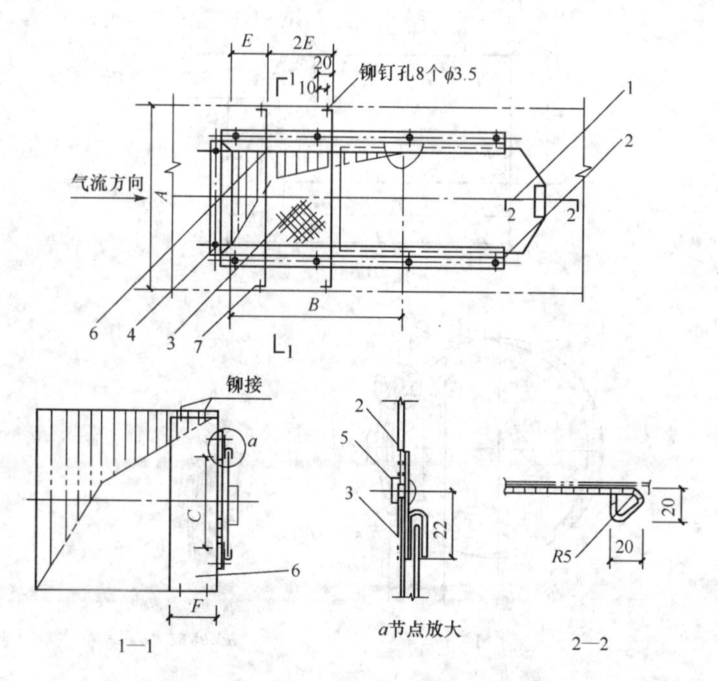

图 4-33　矩形风管插板式送风口安装图

1—插板；2—导向板；3—钢板网；4—挡板；5—铆钉；6—隔板；7—铆钉

2.相关知识

(1)导向板铆钉孔处没有钢板网时,加垫片铆接,保证导轨平整。

(2)吸风口不装隔板。

六、圆形风管插板式送吸风口安装图实例

1.安装示意图

圆形风管插板式送吸风口安装图,如图4-34所示。

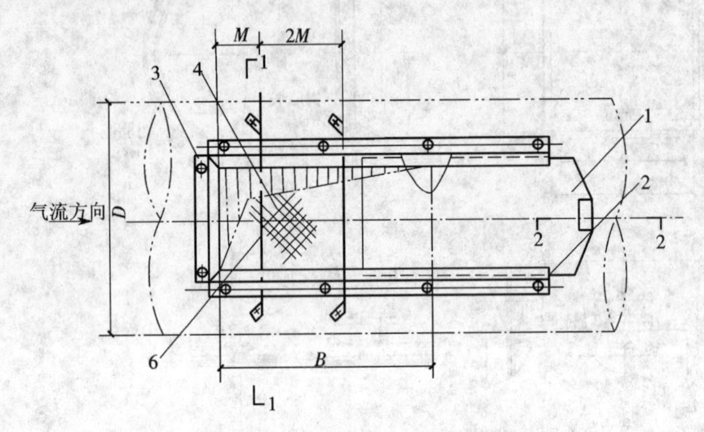

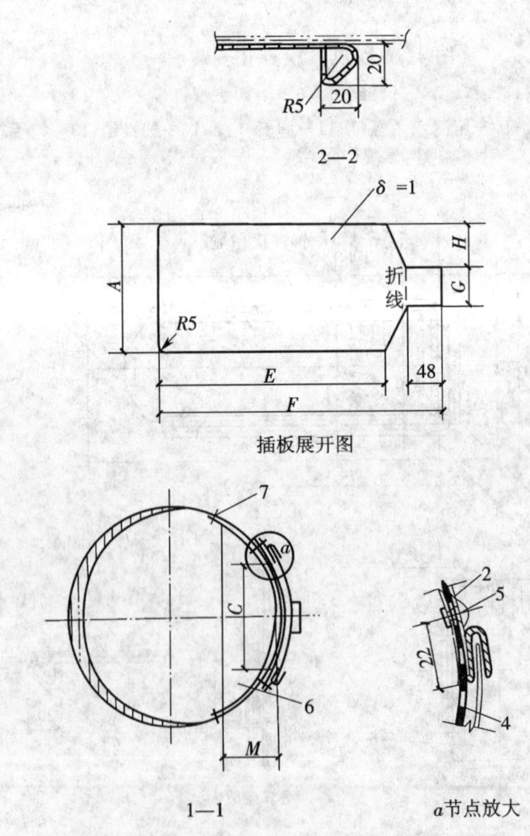

图4-34 圆形风管插板式送吸风口安装图

1—插板;2—导向板;3—挡板;4—钢板网;5、7—铆钉;6—隔板

2. 相关知识

(1)导向板铆钉孔处没有钢板网时,加垫片铆接,保证导轨平整。

(2)吸风口不装隔板。

七、矩形送风口安装图实例

1. 安装示意图

矩形送风口安装图,如图 4-35 所示,以此图为例,对图中相关内容进行识读。

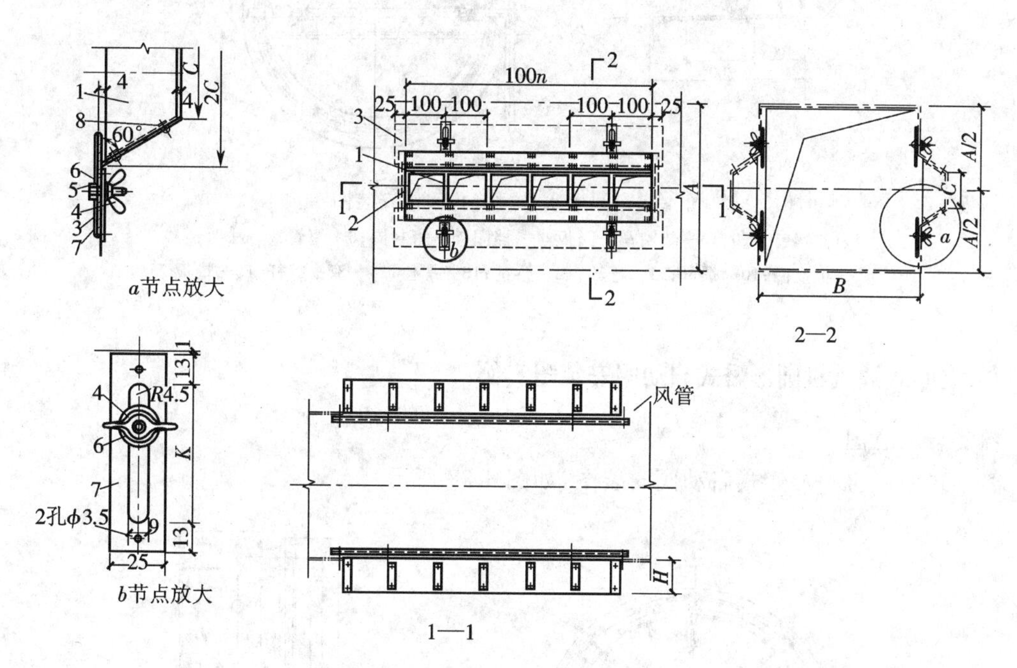

图 4-35　矩形送风口安装图

1—隔板;2—端板;3—插板;4—翼形螺母;5—六角螺栓;6—垫圈;7—垫板;8—铆钉

2. 相关知识

(1)图 4-35 适用于单面及双面送风口。其材料明细表是以单面送风口计算的。

(2)A 为风管高度,B 为风管宽度,按设计图中决定。

(3)C 为送风口的高度,n 为送风口的格数,按设计图中决定($n \leqslant 9$)。

(4)送风口的两壁可在钢板上按 $2C$ 宽度将中间剪开,扳起 60°角而得。

八、圆形水平风管止回阀安装图实例

1. 安装示意图

圆形水平风管止回阀安装图,如图 4-36 所示。

2. 相关知识

(1)法兰螺栓孔安装时与风管法兰配钻。

(2)件 11 的弯头,根据设计需要可置于视图右面。

(3)件 11 上两个螺孔在安装时与上阀板配钻后攻丝。

(4)件 12 的位置调整到使件 3 与件 5 压紧(但不可过紧)。

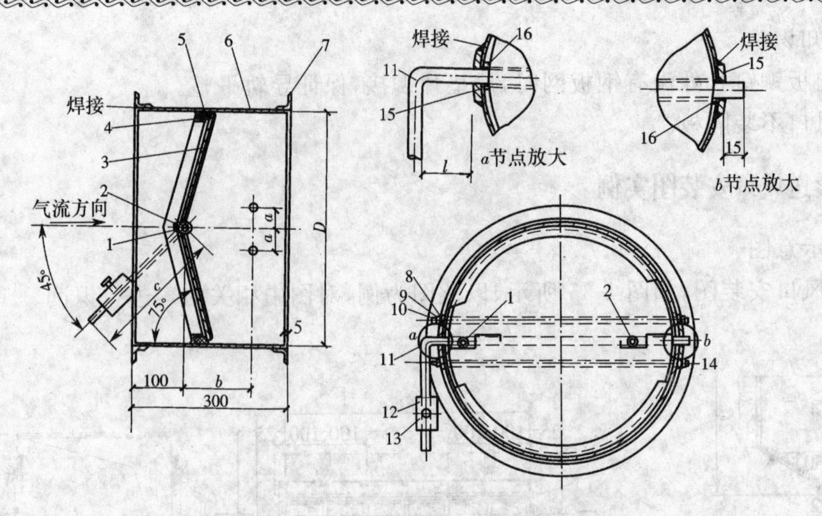

图 4-36 圆形水平风管止回阀安装图

1—螺钉；2、9、16—垫圈；3—阀板；4—挡圈；5—密封圈；6—短管；7—法兰；
8—橡皮圈；10—螺母；11—弯轴；12—坠锤；13—螺栓；14—双头螺杆；15—垫板

九、离心式通风机圆形瓣式启动阀安装图实例

1. 安装示意图

离心式通风机圆形瓣式启动阀安装图，如图 4-37 所示。

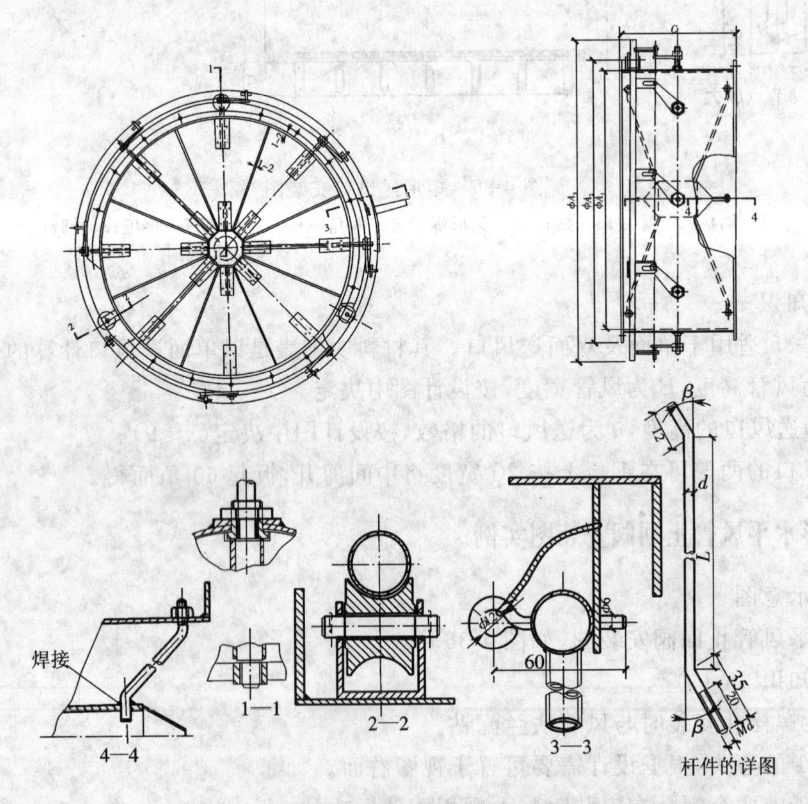

图 4-37 离心式通风机圆形瓣式启动阀安装图

2. 相关知识

(1)要求转动灵活，启动时无碰擦现象，叶片转动90°。

(2)芯子位置找准后变辐杆与芯子焊接。

(3)定位板销孔在行程调准后再钻，防止松动。

(4)传动装置安装时先将传动环的驳杆与旋杆两中心线重合，此时驳杆底面应靠近旋杆上表面，旋杆的销的位置移至驳杆靠环的一端，此时叶片应在45°位置再往复转动传动环，使叶片分别停止在全开、全关位置，确定定位板上的销孔。但应注意销子不得离开驳杆。

十、QZA系列轴流排烟通风机安装图实例

1. 安装示意图

图4-38为QZA系列轴流排烟通风机安装图。

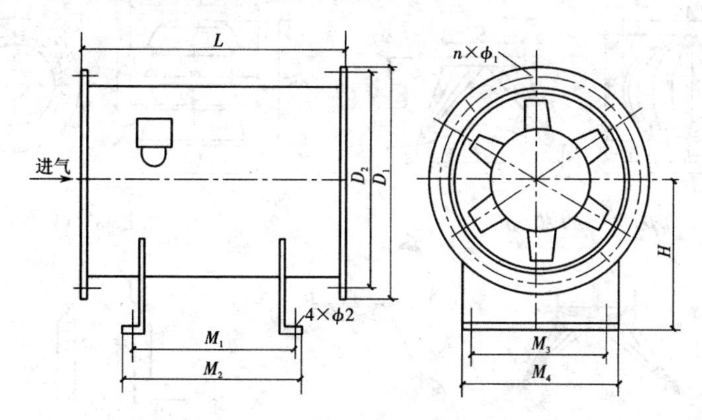

图4-38　QZA系列轴流排烟通风机安装图

2. 相关知识

(1)安装时检查风叶与机壳，不能有损坏变形，螺栓应紧固。

(2)安装后每半年检查一次，保证风机各个部件正常。

(3)调整叶轮与轴套间的连接件。

十一、DZ35—11系列低噪声轴流风机安装图实例

1. 安装示意图

DZ35—11系列低噪声轴流风机安装示意图，如图4-39所示。

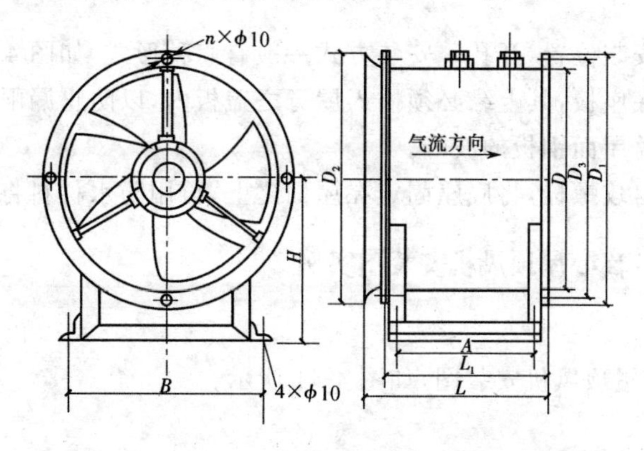

图4-39　DZ35—11系列低噪声轴流风机安装图

2. 相关知识

(1)安装时要检查风机各连接部件有无松动,叶轮与风筒间隙应均匀,不得相碰。

(2)在风机进风口端必须安装集风器,宜设置防护钢丝网。

(3)连接出风口的管道重量不应由风机的风筒承受,安装时应另加支撑。

(4)安装风机时应校正底座,加垫铁,保持水平位置,然后拧紧地脚螺栓。

(5)安装完毕后,须点动试验,待运转正常后,方可正式使用。

十二、屋顶通风器安装图实例

1. 安装示意图

屋顶通风器安装示意图,如图 4-40 所示。

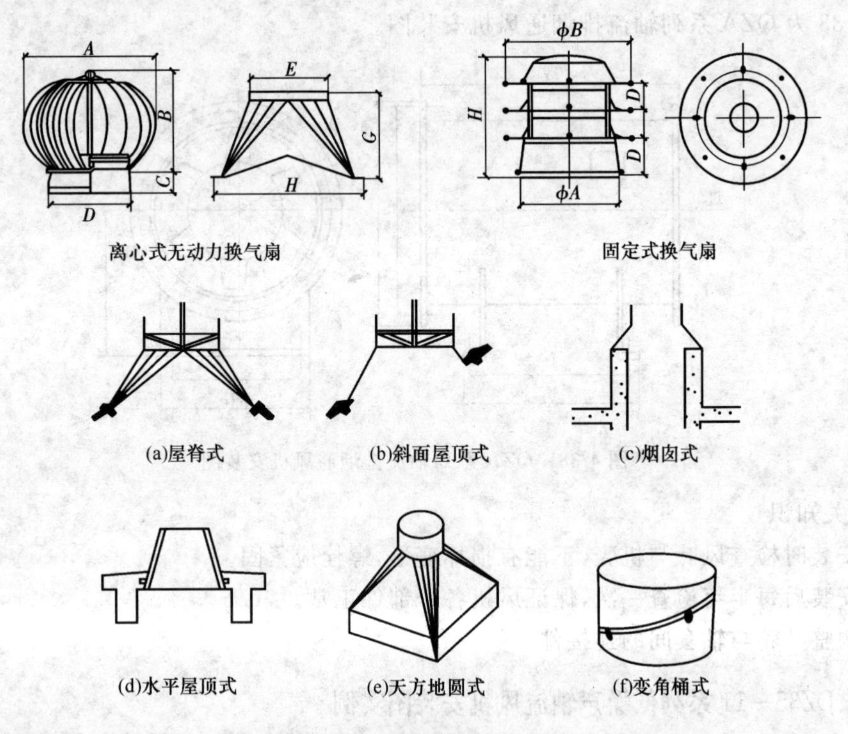

图 4-40 屋顶通风器安装图

2. 相关知识

(1)在屋顶选择安装位置,开孔。安装方式一般有六种形式,如图 4-40 所示。

(2)一体成形的底座板,其上缘必须插入屋脊之盖板内,以防止漏雨,钢板的两侧向下折成直角,其长度必须掩盖屋面钢板的波峰。

(3)用钢板专用自攻螺栓,将底座固定在屋面之上,再用防水材料将可能渗水处彻底填补。

十三、FWT3—80 离心屋顶风机安装图实例

1. 施工示意图

FWT3—80 离心屋顶风机安装图,如图 4-41 所示。

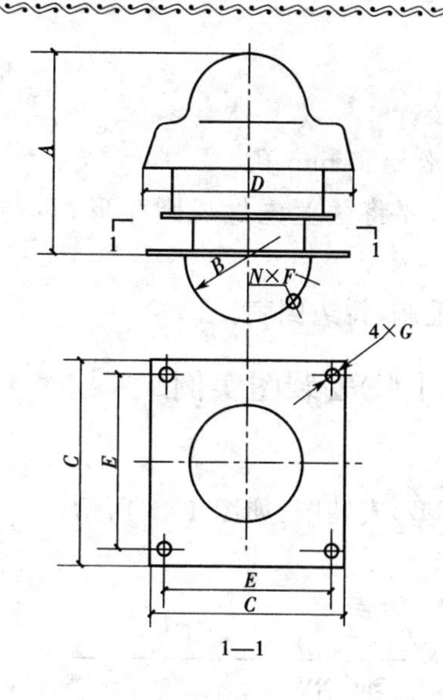

图 4-41　FWT3—80 离心屋顶风机安装图

2. 相关知识

(1)风机必须垂直安装,不得倾斜,否则影响叶轮正常运转。

(2)安装风机时,应先在机座下部基础上加 6 mm 橡胶垫。

(3)通过风机的气体温度不宜超过 60 ℃。

(4)风机安装前检查有无摩擦声和碰撞声。安装后须点动试验,检查旋转方向是否正常,有无异常声响。合格后方可投入使用。

十四、风量测定孔与测管的安装图实例

1. 安装示意图

风量测定孔与测管的安装图,如图 4-42 所示。

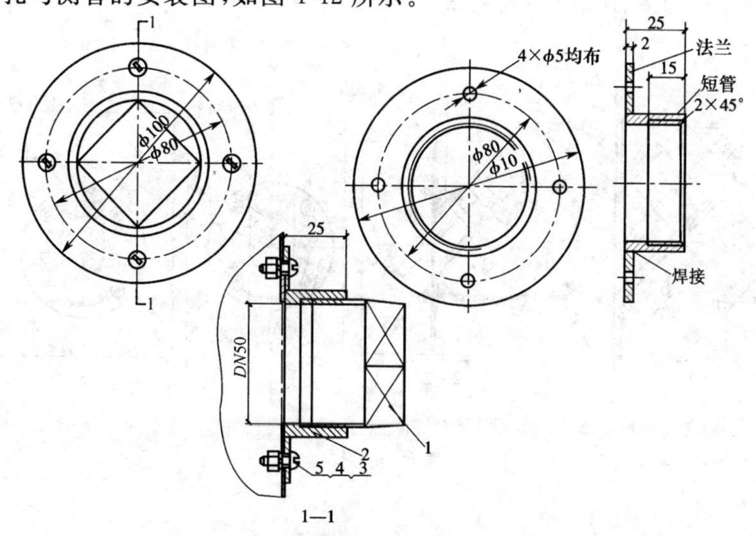

图 4-42　风量测定孔与测管的安装图

1—堵头;2—测管;3—精制六角螺母;4—弹簧垫圈;5—半圆头螺钉

2. 相关知识

(1)测孔在风管总装前安装。

(2)安装测孔前,需在管壁作 ϕ50 mm 孔。

(3)测孔装于圆形壁面时,要将法兰先做成圆弧形,再与短管焊接,螺栓连接孔与风管配作。

(4)法兰圆周边必须清除毛刺,锐边倒刺。

十五、温度测定孔与测管(Ⅰ型)安装图实例

1. 施工示意图

(1)温度测定孔与测管(Ⅰ型)安装图,如图 4-43 所示。

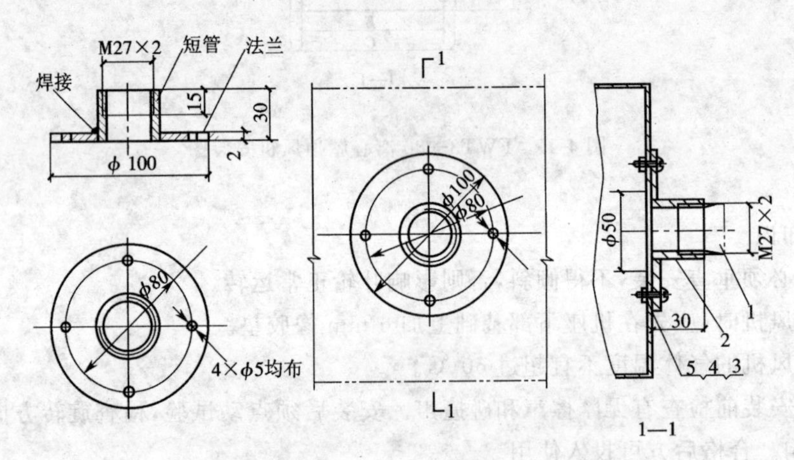

图 4-43 温度测定孔与测管(Ⅰ型)安装图

1—橡皮塞;2—测管;3—半圆头铆钉;
4—弹簧垫圈;5—精制六角螺母

(2)温度测定孔与测管(Ⅱ型)安装图,如图 4-44 所示。

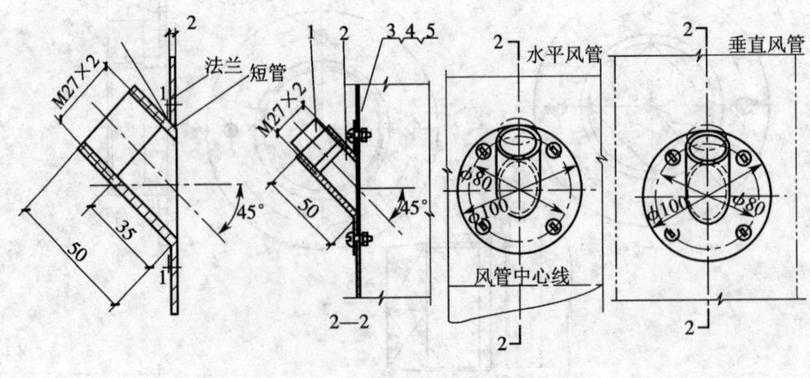

图 4-44

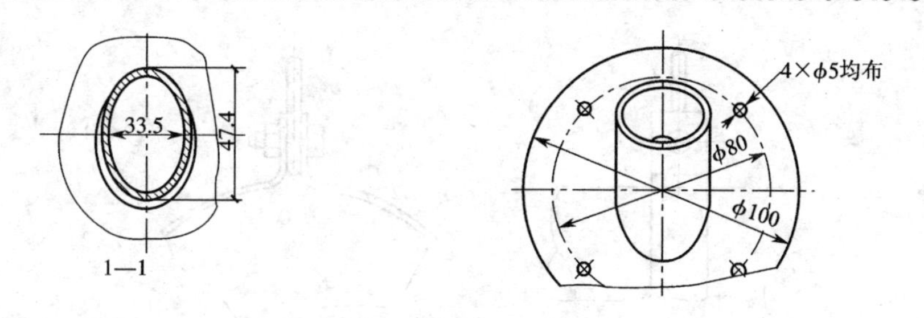

图 4-44 温度测定孔与测管(Ⅱ型)安装图

1—橡皮塞;2—测管;3—半圆头螺钉;4—弹簧垫圈;5—精制六角螺母

2. 相关知识

(1)测孔装于圆形壁面时,要将法兰先做成圆弧形,再与短管焊接,螺栓连接孔与风管配作。

(2)法兰圆周边必须清除毛刺,锐边倒刺。

(3)温度测定孔需在风管总装前安装 。

(4)安装前在风管壁上作 ϕ50 mm 孔。

第四节 空调系统施工图识读

一、风管固定卡箍、吊杆安装图实例

1. 安装示意图

图 4-45 为风管固定卡箍、吊杆安装示意图。

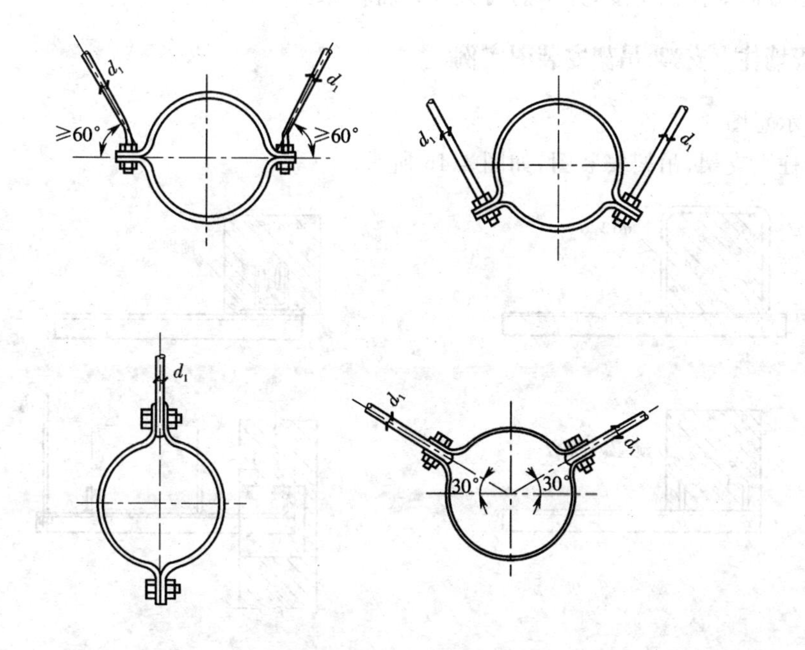

图 4-45

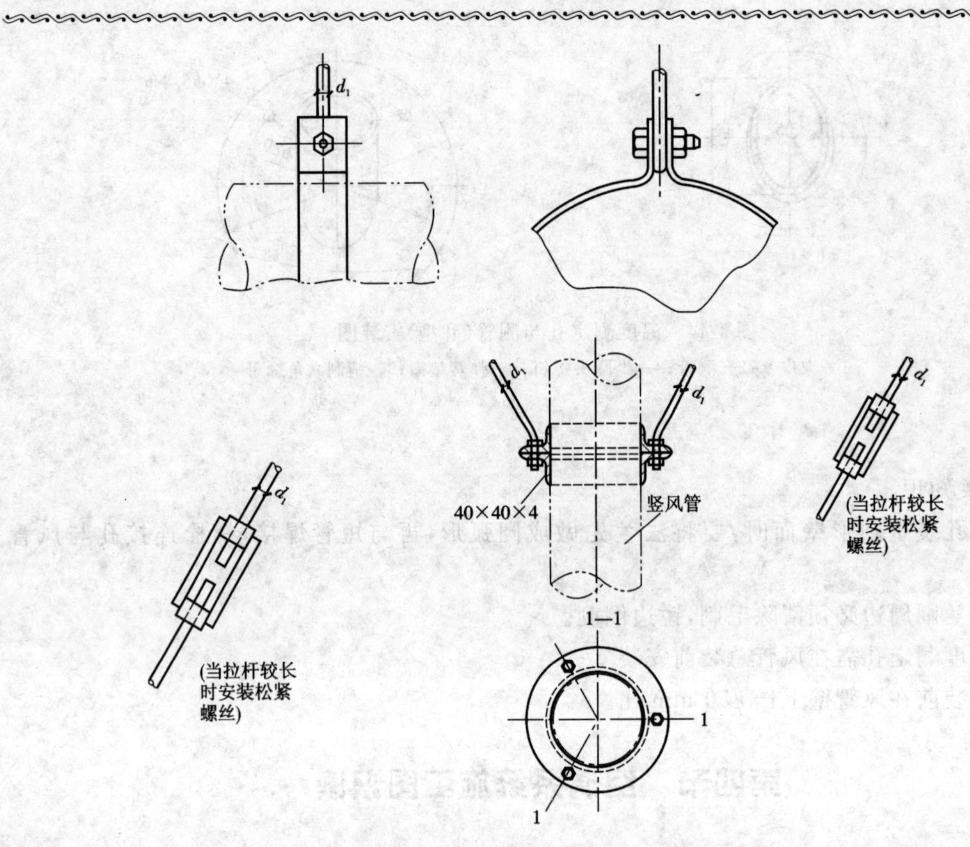

图 4-45　风管固定卡箍、吊杆安装图

2. 相关知识

(1)竖管卡箍只做固定，不能承载。

(2)拉结方向要注意角度，并不妨碍其他设备操作。

二、风管墙柱上支架、吊架安装图实例

1. 安装示意图

风管墙柱上支架、吊架安装图，如图 4-46 所示。

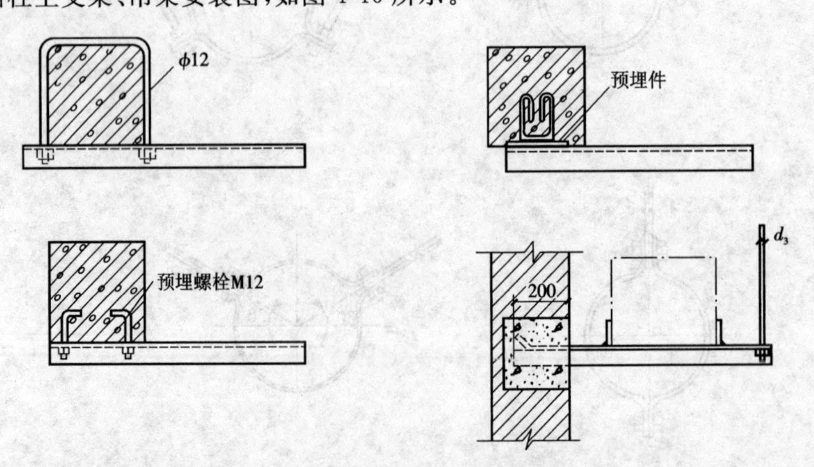

图　4-46

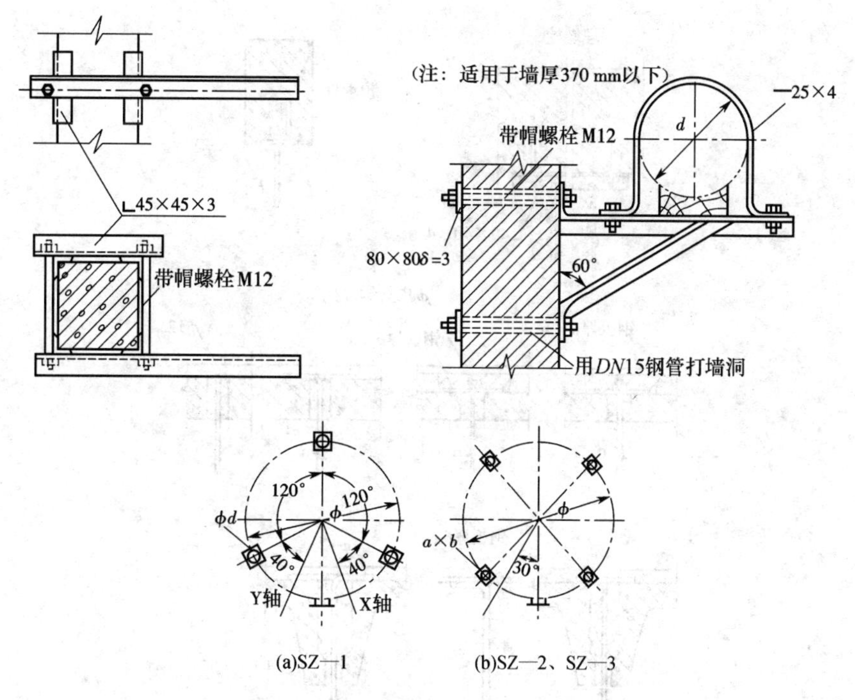

图 4-46　风管墙柱上支架、吊架安装图

2. 相关知识

(1)支架、吊架可在墙柱上二次灌浆固定，亦可预埋或穿孔紧固。

(2)焊接支架、吊架应确定标高后进行安装。

三、风管楼盖与屋面支架、吊架施工图实例

1. 施工示意图

风管楼盖与屋面支架、吊架施工图，如图 4-47 所示。

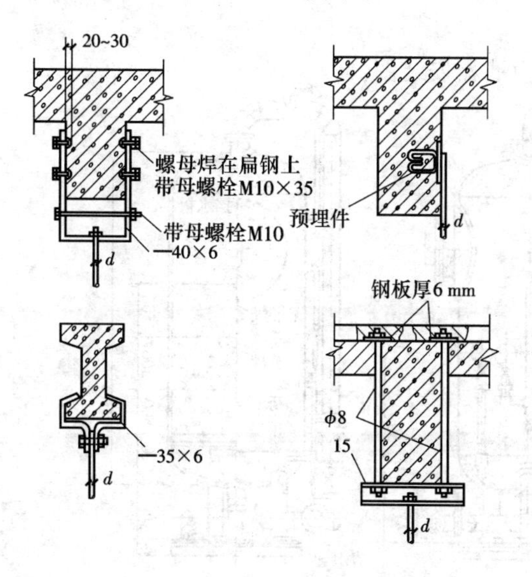

图　4-47

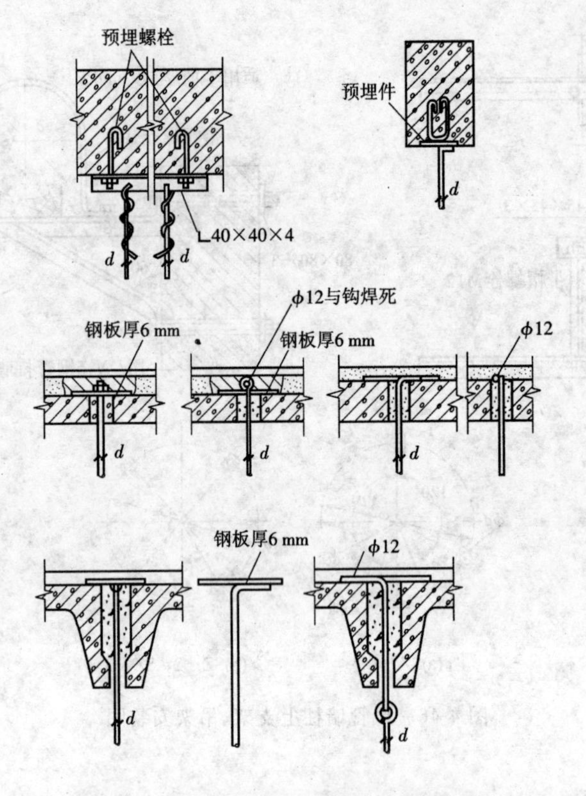

图 4-47　风管楼盖与屋面支架、吊架安装图

2. 相关知识

(1)应在钢筋混凝土中预埋铁件和预埋吊点。

(2)支架、吊架安装采用电焊，焊缝长大于 70 mm。

四、石英砂压力滤器安装图实例

1. 安装示意图

图 4-48 为石英砂压力滤器安装图。

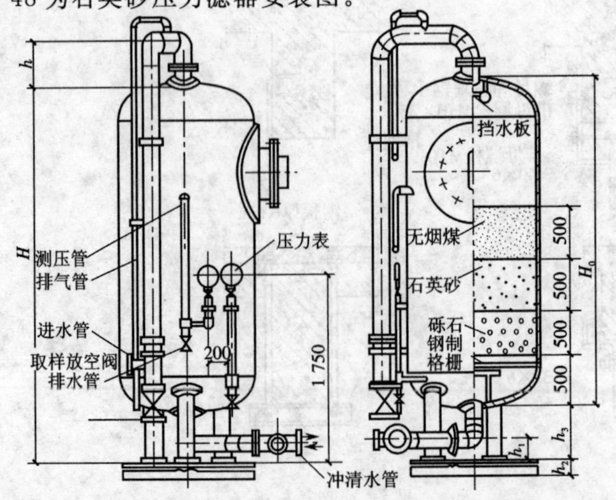

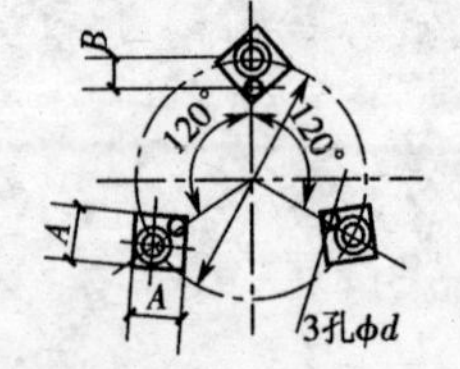

图 4-48　石英砂压力滤器安装图

2. 相关知识

(1)根据不同用途,可采用石英砂、聚苯乙烯轻质泡沫珠或铝矾土、陶瓷(陶粒)等滤料。

(2)压力滤器就位于混凝土基础上进行找正垂直度,进行二次灌浆,达到强度等级后上紧地脚螺栓并安装管道。

五、G 型管道泵安装施工图实例

1. 施工示意图

G 型管道泵安装施工图,如图 4-49 所示。

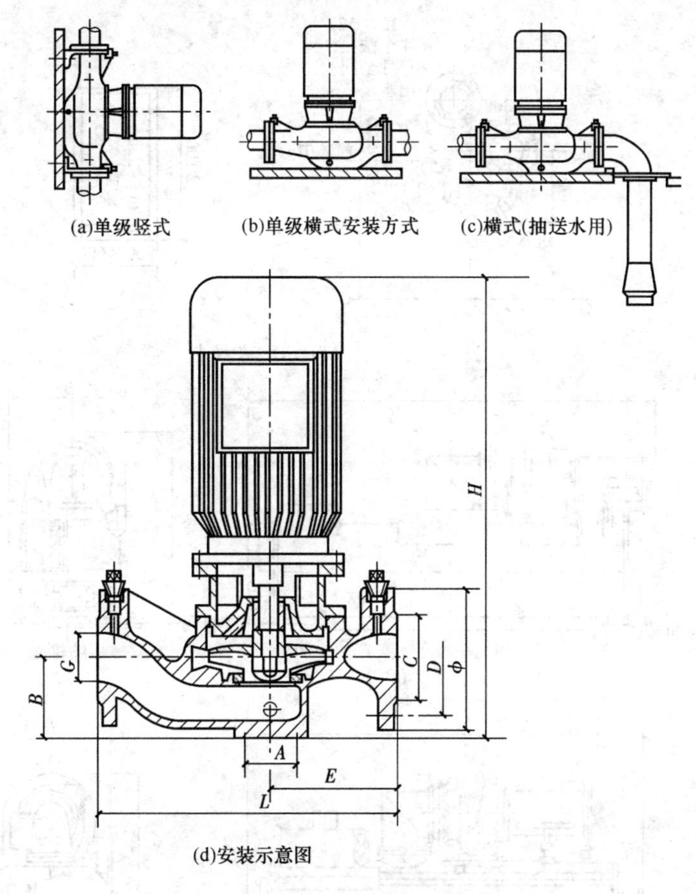

图 4-49　G 型管道泵安装施工图

2. 相关知识

(1)安装时管道重量不应加在水泵上,安装示意如图 4-49(d)所示。

(2)宜在泵的进、出口管道上各安装一个调节阀及在泵出口附近安装一块压力表。

六、KF240×0 型/HS 系列离心式制冷机组安装施工图实例

1. 施工示意图

KF240×0 型/HS 系列离心式制冷机组安装施工图,如图 4-50 所示。

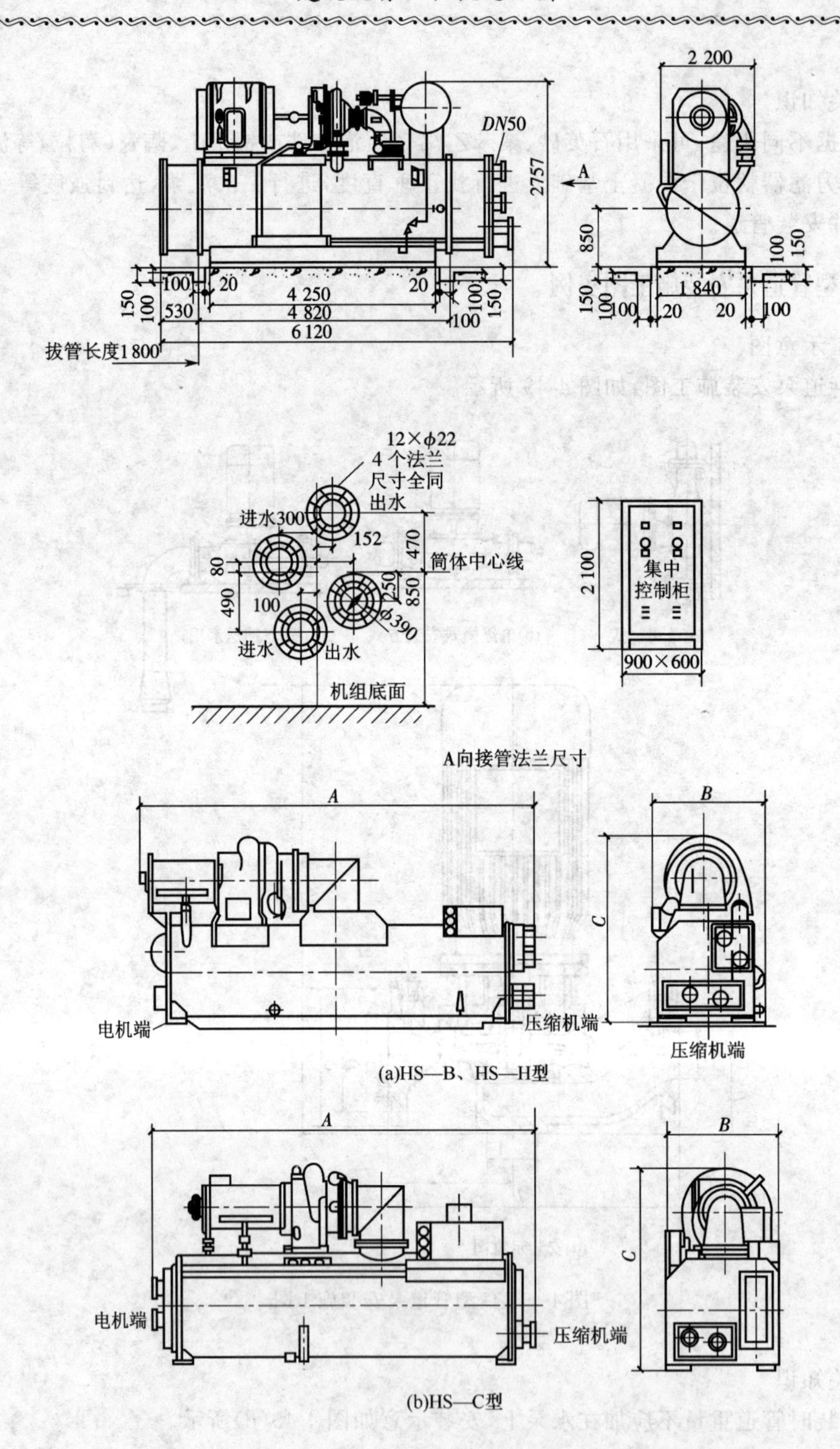

图 4-50　KF240×0 型/HS系列离心式制冷机组安装施工图

2.相关知识

(1)选择合理的吊装方法。安装弹簧减振器,并在系统安装完毕后进行调节。

(2)连接管道,紧固螺栓。

七、IS 型离心水泵安装施工图实例

1. 施工示意图

图 4-51 为 IS 型离心水泵安装施工图。

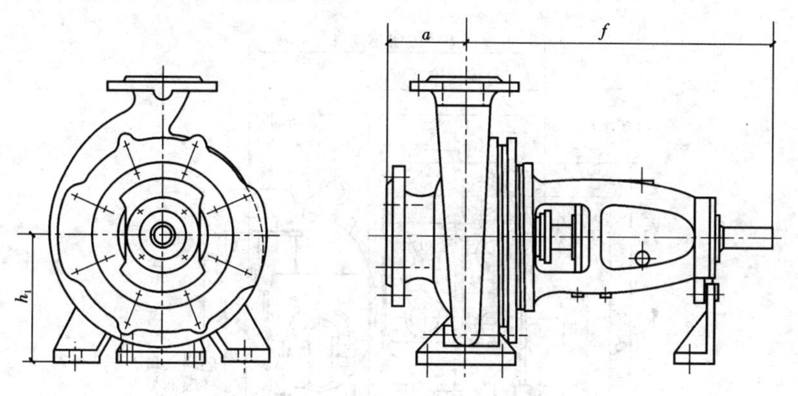

图 4-51　IS 型离心水泵安装施工图

2. 相关知识

(1)将底座(无底座则分别将水泵和电机就位于基础上)放在基础上，用垫铁找平底座后，进行二次灌浆，待混凝土强度达到要求后，用水平仪检查底座水平度，紧固地脚螺栓。

(2)联轴器之间间隙一般为 2 mm。用薄垫片调整水泵和电机轴同心度。测量联轴器的外圆上下、左右的差值不得超过 0.1 mm。两联轴器端面间隙一周上最大和最小间隙差值不得超过 0.3 mm。

(3)泵的管道应有自己的支架，不允许管道重量加在泵上。

(4)排除管道如装止回阀时，应装在闸阀的外面。

八、ISLX 型单级液下离心水泵安装施工图实例

1. 施工示意图

ISLX 型单级液下离心水泵安装施工图，如图 4-52 所示。

2. 相关知识

(1)泵浸在液体中工作，应保证有最低静水为安装标高。

(2)泵具有自吸能力，无需灌水。

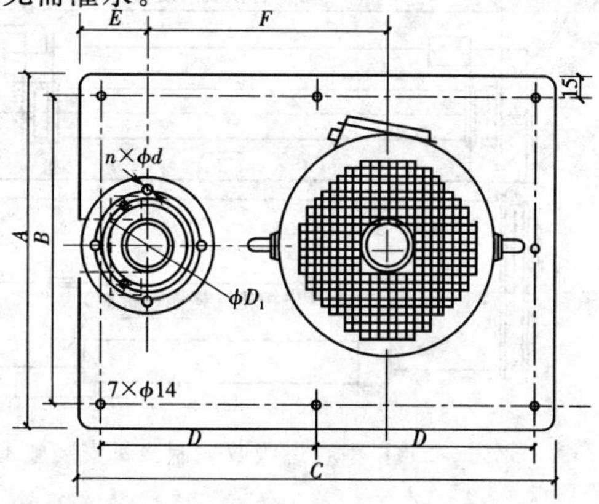

图 4-52　ISLX 型单级液下离心水泵安装施工图

九、BZ30—150Ⅳ型直燃吸收式制冷机安装施工图实例

1. 施工示意图

BZ30—150Ⅳ型直燃吸收式制冷机安装施工图，如图 4-53 所示。

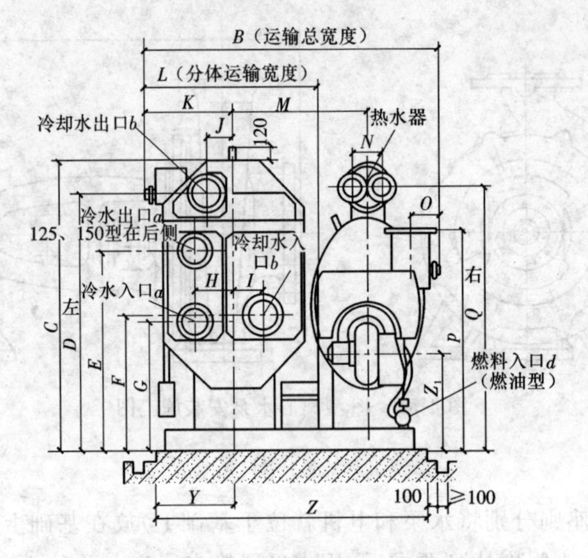

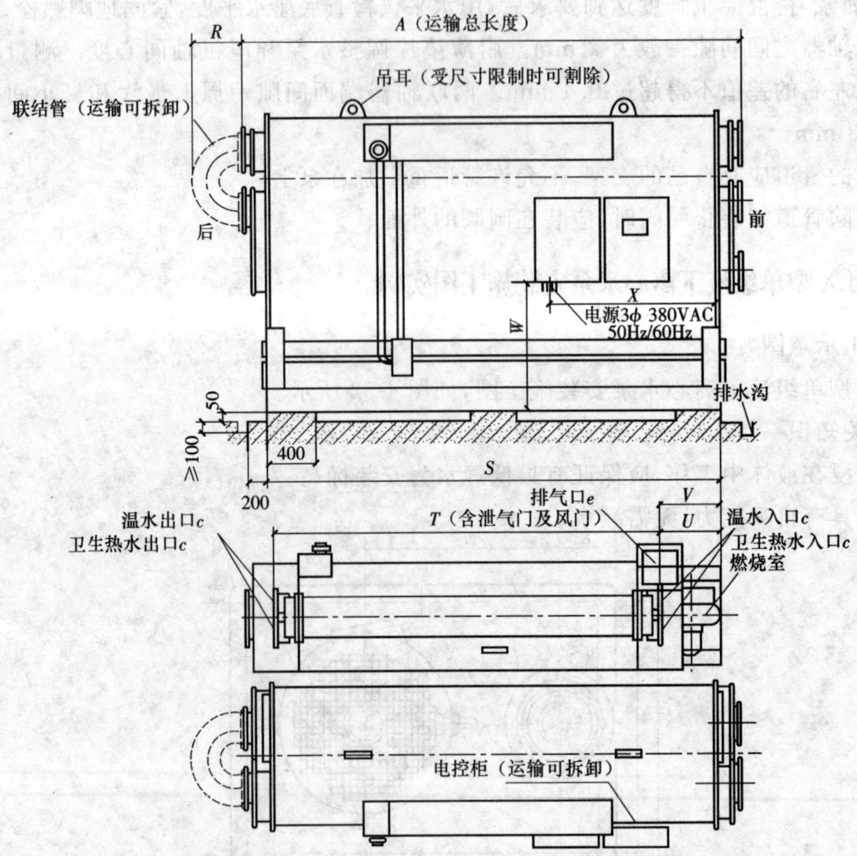

图 4-53　BZ30—150Ⅳ型直燃吸收式制冷机安装施工图

2. 相关知识

(1)应选好机房地址，如解决地下室通风排水问题、解决放置在楼层屋顶时供水供电及设备吊装问题。冷却水、冷温水静压过高的场合(超过 0.8 MPa)，可考虑将机房设置于楼层和屋顶。

(2)机组必要的空气量由燃料输入量决定，每万千卡热值的燃料需 15 m^3 空气。

(3)设置机房排水。至少保持机组周围的最小空间。

十、19DK 封闭型离心式冷水机组安装施工图实例

1. 施工示意图

图 4-54 为 19DK 封闭型离心式冷水机组安装施工图。

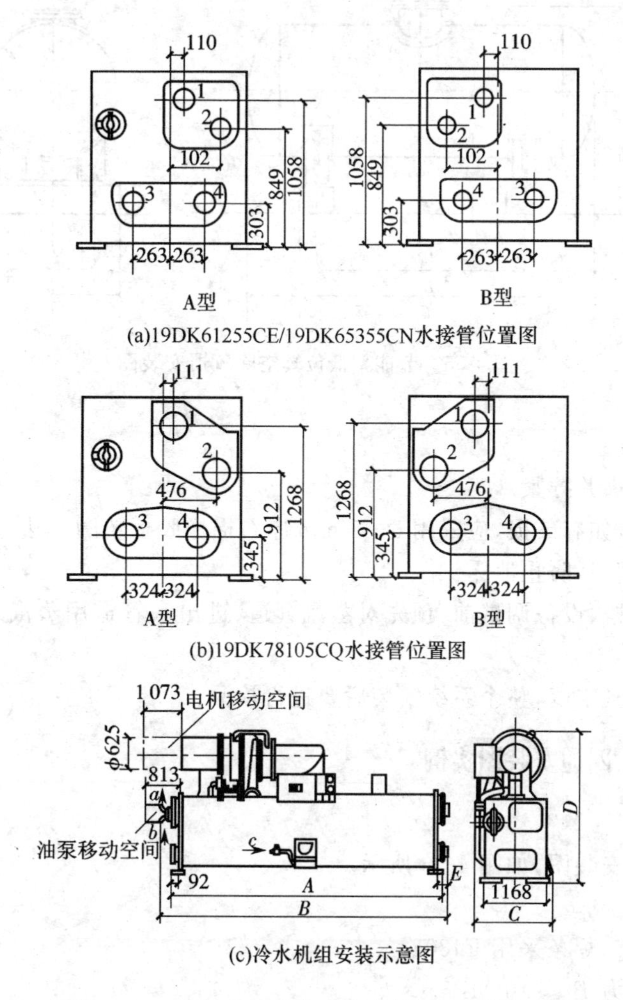

图 4-54　19DK 封闭型离心式冷水机组安装施工图

2. 相关知识

(1)拔管长度为 4 000 mm，留在任何一段均可。

(2)冷水和冷却管在电机端成为 A 型，在压缩机端称为 B 型。

十一、节能型低位真空除氧器安装图实例

1. 安装示意图

节能型低位真空除氧器安装图，如图 4-55 所示。

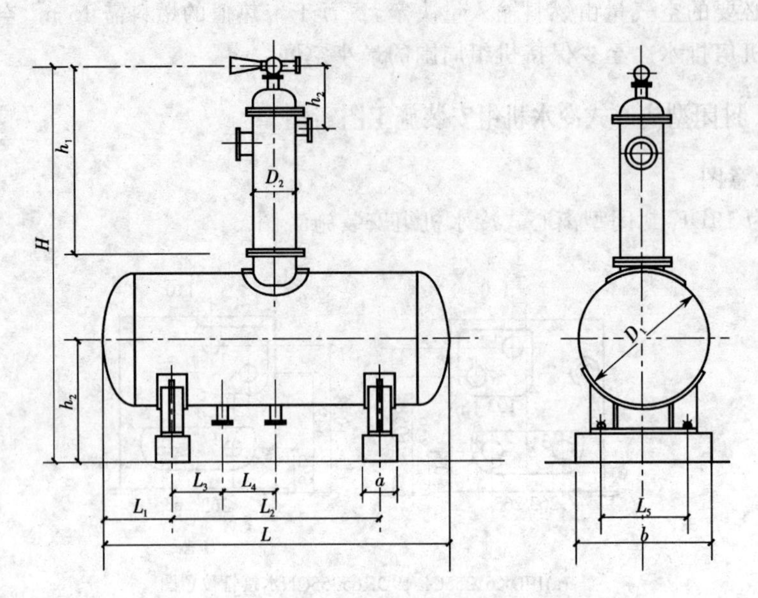

图 4-55　节能型低位真空除氧器安装图

2. 相关知识

(1)检查出水喷嘴并拧紧。

(2)检查密封面，如有破损，应采用 3～5 mm 厚石棉橡胶板垫圈。法兰上的螺栓要对角拧紧。用气密性好的阀门，防止泄露。

(3)管道安装完毕、设备调试前，预先对蒸汽管道、进出水管道用蒸汽或水分别冲洗干净，防止喷嘴堵塞。

(4)为达到所需真空度，整个系统安装后要进行检漏。

十二、铁制三通、四通安装图实例

1. 安装示意图

铁制三通、四通安装图，如图 4-56 所示。

2. 相关知识

(1)材料用 Q235，焊条采用 E4303。

(2)最大工作压力 $P \leqslant 1.6$ MPa。

(3)三通、四通加工完成后，应刷底漆一道(底漆包括樟丹或冷底子油)，外层防腐由设计定。

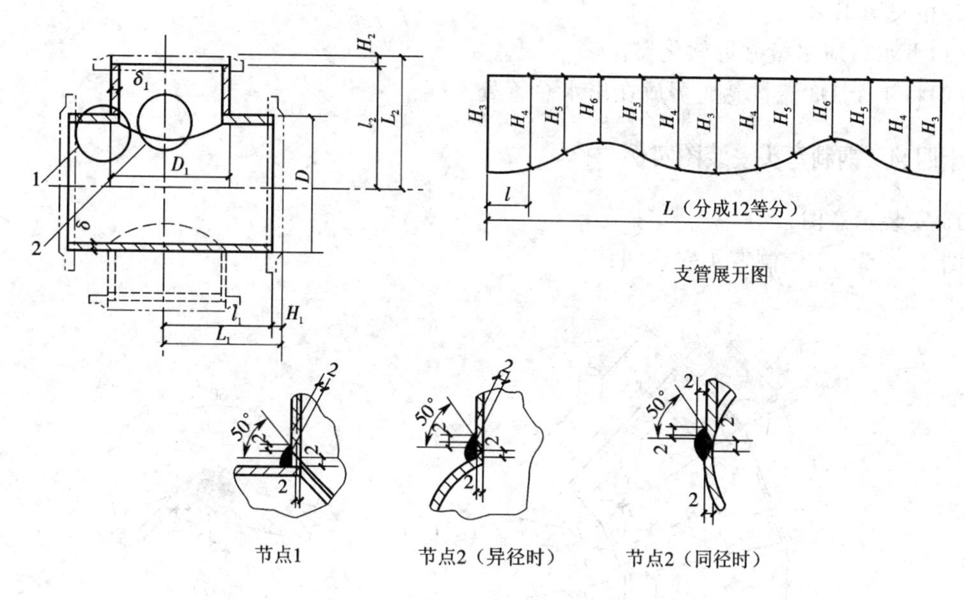

图 4-56　铁制三通、四通安装图

十三、172/480—D3/E3 三罐软水器安装图实例

1. 安装示意图

172/480—D3/E3 三罐软水器安装图，如图 4-57 所示。

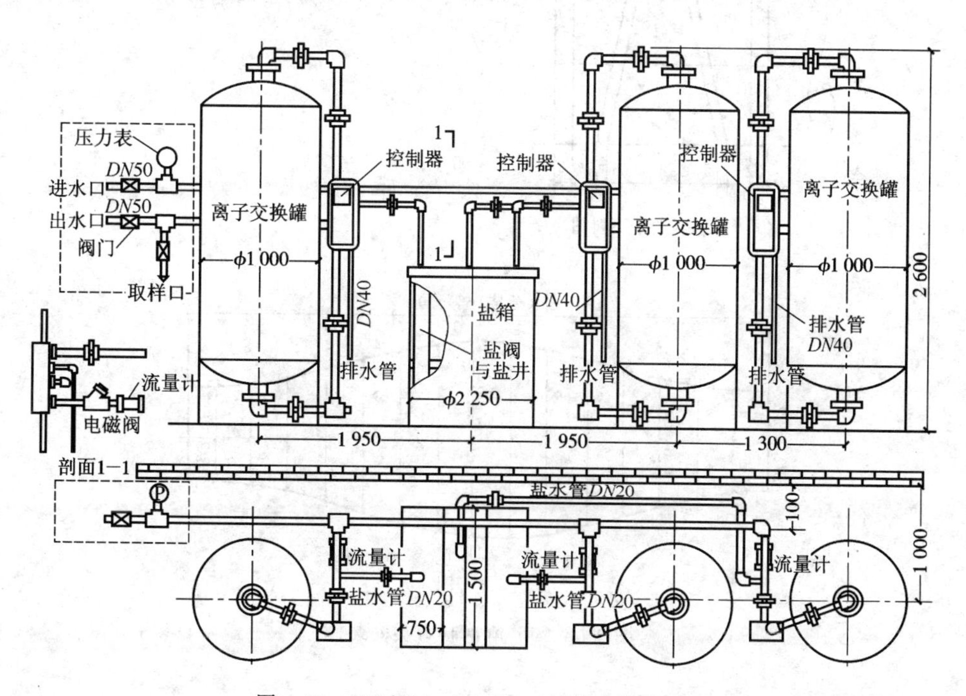

图 4-57　172/480—D3/E3 三罐软水器安装图

2. 相关知识

(1)下水口应尽量靠近软化器。

(2)将 1 个 D3 流量感应器放在出水总管处。

十四、45°钢制弯头安装图实例

1. 安装示意图

图 4-58 为 45°钢制弯头安装图。

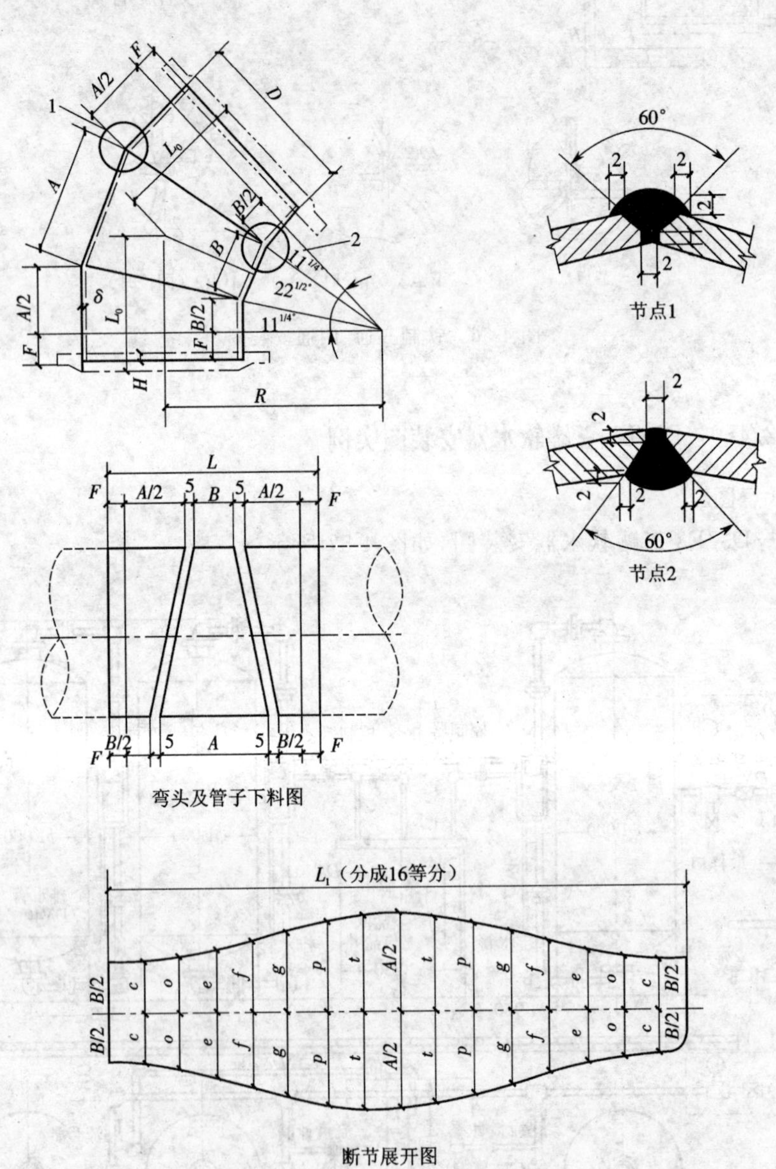

图 4-58　45°角钢制弯头安装图

2. 相关知识

(1)用 Q235 号钢板制造,用 E4303 焊条焊接。

(2)最大工作压力:$DN\leqslant600$ mm,$P\leqslant1.6$ MPa;$DN\leqslant700\sim1\ 000$ mm,$P\leqslant1.0$ MPa。

(3)钢制弯头加工完成后,刷樟丹一道,外层仿古由设计定。

十五、容积式热交换器安装图实例

1. 安装示意图

容积式热交换器安装图,如图 4-59 所示。

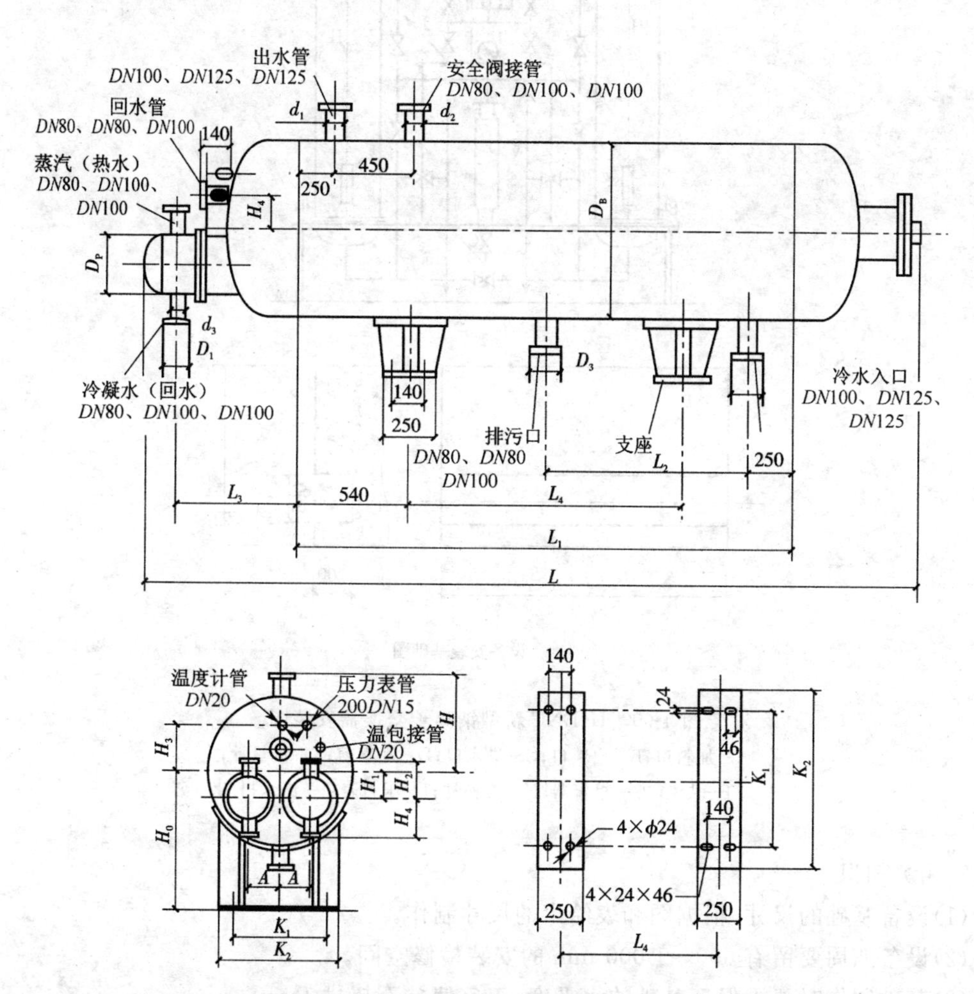

图 4-59 容积式热交换器安装图

2. 相关知识

(1)核对设备尺寸与基本尺寸进行吊装,找正水平后拧紧地脚螺栓牢固。

(2)根据设计要求设膨胀水箱,与水加热器相连,必要时采用软化器进行管道连接。

(3)容积式热交换器壳体材料为碳素钢。U 形管材料有碳钢或黄铜两种,可按需选用。

十六、JHDNC 新型钠离子交换器安装图实例

1. 安装示意图

JHDNC 新型钠离子交换器安装图,如图 4-60 所示。

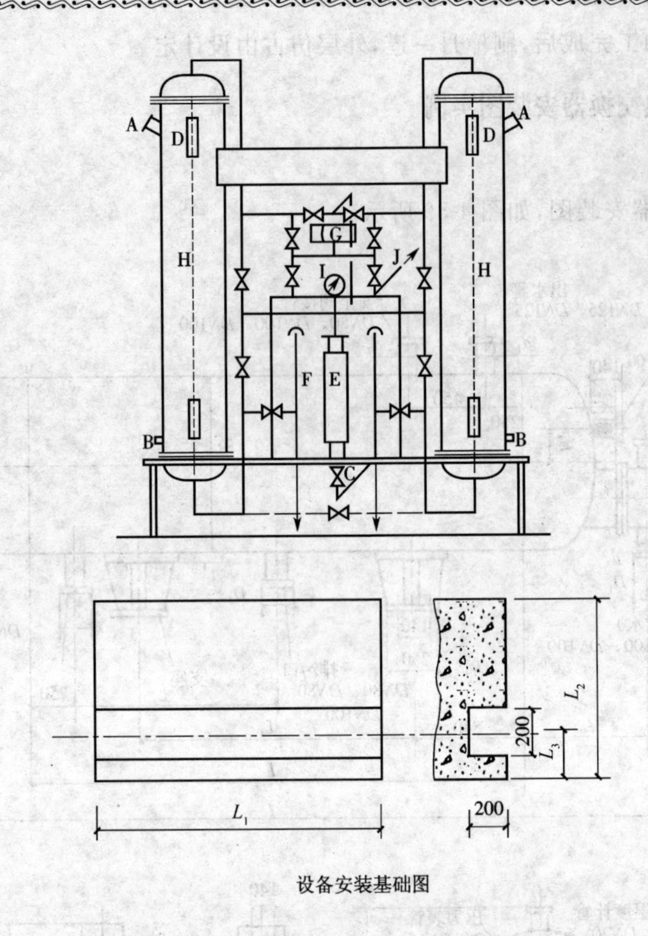

设备安装基础图

图 4-60　JHDNC 新型钠离子交换器安装图

A—加料口；B—出料口；C—进水口；D—观察窗；E—流量计；
F—盐箱；G—报警器；H—交换柱；I—压力表；J—出水口

2. 相关知识

(1)设备基础的尺寸，根据图和表给出的尺寸制作。

(2)设备四周要留有 600～1 000 mm 的安装检修空间。

(3)基础制作时要求保证基础的水平度，正负偏差不超过 1 cm。

十七、JY 型加药设备安装图实例

1. 安装示意图

JY 型加药设备安装图，如图 4-61 所示。

2. 相关知识

(1)JY 型加药设备为投药、溶药、储液、搅拌以及药液浓度和投加量的控制一体化。接通电源，安装好给水、排水管即可投入使用。

(2)开动冲溶水泵进行水力冲溶。如为压力投加，则将投药管与水射器连接。

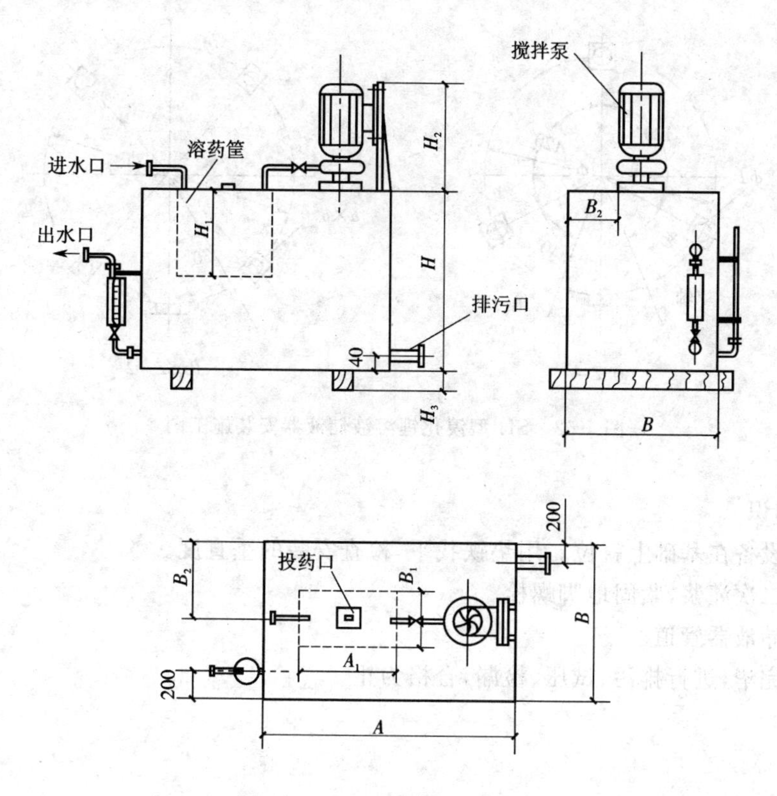

图 4-61　JY 型加药设备安装图

十八、SH 型溴化锂溶液储液器安装施工图实例

1. 安装示意图

SH 型溴化锂溶液储液器安装施工图，如图 4-62 所示。

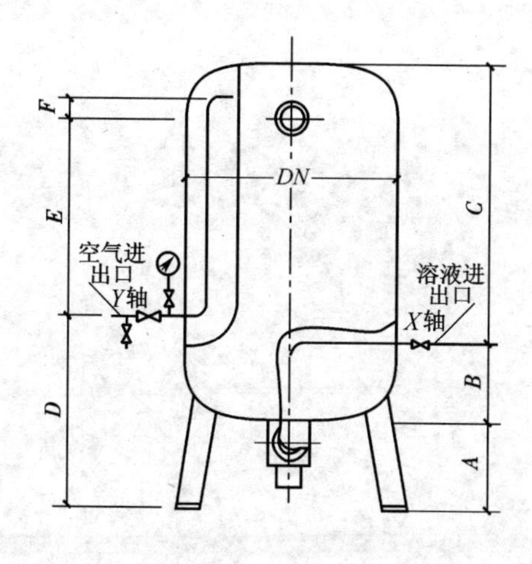

图　4-62

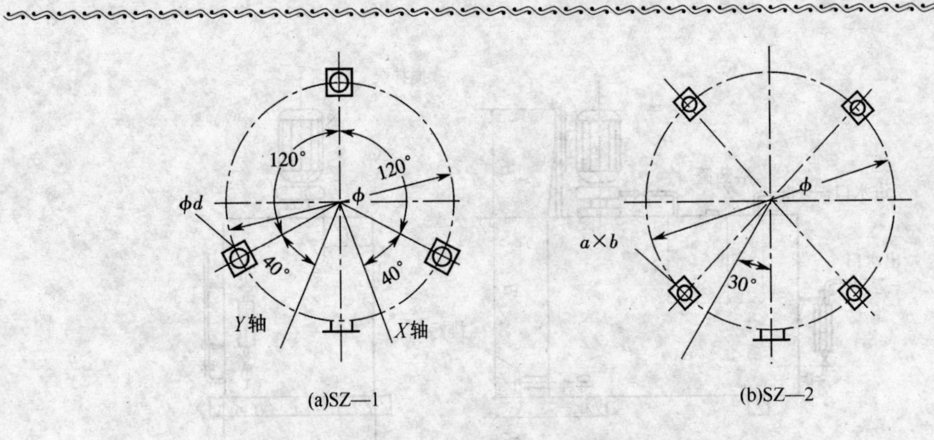

图 4-62　SH 型溴化锂溶液储液器安装施工图

2. 相关知识

(1)吊装设备在基础上就位。用垫铁找平，检查安装的垂直度。

(2)进行二次灌浆，紧固地脚螺栓。

(3)连接储液器管道。

(4)安装完毕，进行排污、试压、检漏，合格为止。

第五章　采暖工程施工图识读

第一节　采暖工程概述

一、采暖系统基本概念

采暖系统基本概念见表 5-1。

表 5-1　采暖系统基本概念

类　别	名　称	意　义
采暖	采暖	使室内获得热量并保持一定温度，以达到适宜的生活条件或工作条件的技术，又称供暖
	局部采暖	为使室内局部区域或局部工作地点保持一定温度要求而设置的采暖
	集中采暖	热源和散热设备分别设置，由热源通过管道向各个房间或各个建筑物供给热量的采暖方式
	区域采暖	以热水或蒸汽作热媒，由热源集中向一个城镇或较大区域供应热能的方式
	热水采暖	以热水作热媒的采暖，以温度高于 100℃的热水作热媒的采暖，也称高温水采暖
	蒸汽采暖	以蒸汽作热媒的采暖，包括高压蒸汽采暖和低压蒸汽采暖，其中以工作压力高于 70 kPa的蒸汽作热媒的采暖，称为高压蒸汽采暖；以工作压力低于或等于 70 kPa 但高于当地大气压力的蒸汽作热媒的采暖，称为低压蒸汽采暖
	真空采暖	工作压力低于当地大气压力的蒸汽采暖
	热风采暖	利用热空气作热媒的对流采暖方式
	对流采暖	利用对流换热或以对流换热为主的采暖方式
	辐射采暖	以辐射传热为主的采暖方式，其中以热水或热风作热媒，加热元件镶嵌在顶棚内的低温辐射采暖称为顶棚辐射采暖；以热水或热风作热媒，加热元件镶嵌在地板中的低温辐射采暖称为地板辐射采暖；以热水或热风作热媒，加热元件镶嵌在墙壁中的低温辐射采暖称为墙壁辐射采暖；以高温热水或高压蒸汽作热媒，以金属辐射板作散热设备的中温辐射采暖称为金属辐射采暖；利用可燃气体在辐射器中通过一定方式的燃烧，主要以红外线的形式放散出辐射热的高温辐射采暖称为煤气红外线辐射采暖；以电能通过加热元件辐射出的红外线作为高温辐射源的采暖称为电热辐射采暖
采暖系统	采暖系统	为使建筑物达到采暖目的，而由热源或供热装置、散热设备和管道等组成的网络。 以热水作热媒的采暖系统称为热水采暖系统。有自然循环和机械循环两种系统。 以蒸汽作热媒的采暖系统，称为蒸汽采暖系统. 在回水总管上装置真空回水泵的蒸汽采暖系统称为真空采暖系统。 以高压蒸汽为热源和动力源，以蒸汽喷射器加热并驱动热水循环的采暖系统，称为蒸汽喷射热水采暖系统

续上表

类别	名称	意义
采暖系统	散热器采暖系统	以各种对流散热器或辐射对流散热器作为室内散热设备的热水或蒸汽采暖系统
	热风采暖系统	以热空气作为热媒的采暖系统。一般指用暖风机、空气加热器将室内循环空气或从室外吸入的空气加热的采暖系统
	同程式系统	热媒沿管网各立管环路流程相同的系统
	异程式系统	热媒沿管网各立管环路流程不同的系统
	上分式系统	水平干管布置在建筑物上部空间，通过各个立管自上而下分配热媒的系统，还可称上供式系统或上行下给式系统
	下分式系统	水平干管布置在建筑物的底部，通过各个立管自下而上分配热媒的系统，也称下供式系统或下行上给式系统
	中分式系统	水平干管布置在建筑物的中部，通过各个立管分别向上和向下分配热媒的系统，也称中供式系统或中给式系统
	单管采暖系统	垂直单管和水平单管采暖系统的统称，其中竖向布置的各组散热器沿一根立管串接的采暖系统，称为垂直单管采暖系统。 水平布置的各组散热器沿一根干管串接的采暖系统，称为水平单管采暖系统，也称水平串联单管采暖系统
	双管采暖系统	每组立管共有两根，供回水分流的采暖系统
	单双管混合式采暖系统	每组立管分段由单管和双管混合组成的采暖系统
采暖设备及附件	采暖设备	泛指用于采暖的各种设备。如锅炉是利用热能将水加热或使其产生蒸汽的热源装置。换热器是温度不同的流体在其中进行热量交换的设备，也称热交换器
	蒸汽喷射器	直接利用高压蒸汽作为热源和动力源的一种换热加压装置
	膨胀水箱	热水系统中对水体积的膨胀和收缩起调节和补偿作用的水箱
	凝结水箱	蒸汽系统中用于汇集和储存凝结水的水箱
	补给水泵	特指向锅炉、热网和采暖系统补水用的水泵
	循环泵	特指使水在锅炉、热网或采暖系统中循环流动的水泵
	加压泵	增加水系统作用压力的水泵
	凝结水泵	用于输送蒸汽凝结水的水泵
	真空泵	能使封闭系统或容器产生一定真空度的设备
	暖风机	由通风机、空气加热器、风口等联合构成的热风采暖设备，其中配用轴式通风机的暖风机，称为轴流式暖风机。 配用离心式通风机的暖风机，称为离心式暖风机
	空气加热器	加热空气用的换热器
	空气幕	能喷送出一定速度的幕状气流的装置，也称风幕
	热风幕	能喷送出热气流的空气幕，也称热空气幕
	燃油热风器	主要以柴油为燃料加热空气的热风采暖装置
	燃气热风器	以煤气或天然气为燃料加热空气的热风采暖装置
	金属辐射板	以金属管、板为主体构成，以辐射传热为主的散热设备

续上表

类　别	名　称	意　义
采暖设备及附件	散热器	以对流和辐射方式向采暖房间放散热量的设备，包含铸铁散热器、钢散热器、光面管散热器。 铸铁散热器是材质为铸铁的各种散热器的统称；钢制散热器是材质为钢的各种散热器的统称；光面管散热器是用普通钢管焊制的散热器
	红外线辐射器	主要以红外线形式放出辐射热的散热设备。有煤气红外线辐射器和电红外线辐射器等
	混水器	热水系统中，使供、回水相混合，从而达到所要求参数的人口装置
	除污器	热水系统中，用以清除掺杂在循环水中的污杂物质的装置
	分汽缸	蒸汽系统中，用于向各个分支系统集中分配蒸汽的截面较大的配气装置
	分水器	热水系统中，用于向各个分支系统集中分配水量的截面较大的装置
	集水器	热水系统中，用于汇集各个分支系统回水的截面较大的集水装置
	减压阀	蒸汽系统中，在一定的压差范围内，使出口侧压力降低至要求值的阀门
	安全阀	用弹簧、重锤或其他方式保持关闭状态，而在压力超过给定值时自动开启的阀门，也称泄压阀
	止回阀	只允许流体沿一个方向流动，能自动防止回流的阀门，也称逆止阀
	浮球阀	由曲臂和浮球制动用以控制容器液位的阀门
	放气阀	用以排除空气的阀门
	自动放气阀	用以自动排除空气的阀门
	散热器调节阀	手动或自动控制散热器热媒流量的阀门
	疏水器	能从蒸汽系统中排除凝结水同时又能阻止蒸汽通过的装置，其中靠凝结水位的作用控制排水孔自动启闭的正置桶机械式疏水器，称为浮桶式疏水器。 靠凝结水水位的作用控制排水孔自动启闭的倒置桶机械式疏水器，称为倒吊桶式疏水器。 靠凝结水水位的作用，用浮球控制排水孔启闭的机械式疏水器，称为浮球式疏水器。 利用流体动力学原理，以水和蒸汽本身的热物性差异控制排水孔自动启闭的热力式疏水器，称为热动力式疏水器。 靠凝结水温度变化而工作的热力式疏水器，称为恒温式疏水器，也称热静力式疏水器

二、供暖系统的基本形式

按照供水、回水干管布置位置不同，供暖系统有以下几种形式，见表 5-2。

表 5-2　供暖系统的基本形式

形　式	内　容
上供下回式热水供暖系统	图 5-1 是上供下回式热水供暖系统。可以看出供水管先经一个总立管直接将热水供至最高散热器上方的供水干管，再经过供水立管逐层

续上表

形　式	内　容
上供下回式热水供暖系统	向下供水。上供下回式热水供暖系统有双管和单管热水供暖系统，图 5-1 的左侧为双管式系统，右侧为单管式系统。单管式系统又分为单管顺流式系统和单管跨越式系统。图 5-1 中的右侧左边立管为顺流式系统，右侧右边立管为跨越式系统
下供下回式热水供暖系统	图 5-2 是下供下回式热水供暖系统。系统的供水、回水干管都敷设在底层散热器的下面。在设有地下室的建筑物或在顶棚下难以布置供水干管时采用此种系统
下供上回式热水供暖系统	图 5-3 是下供上回式热水供暖系统。系统的供水干管敷设在下部，而回水干管敷设在上部，立管布置主要采用顺流式
中供式热水供暖系统	图 5-4 是中供式热水供暖系统。从系统总立管引出的水平供水干管敷设在系统的中部，下部呈上供下回式，上部可采用下供下回式(图 5-4 左侧)，也可采用上供下回式(图 5-4 右侧)
同程式热水供暖系统	图 5-5 是同程式热水供暖系统。同程式热水供暖系统是指通过各个立管的循环环路的总长度都相等
水平式热水供暖系统	图 5-6 是水平式热水供暖系统。水平式系统也可分为顺流式和跨越式两类。图 5-6(a)为顺流式系统，图 5-6(b)为跨越式系统。水平式系统的排气需要在散热器上设置冷风阀分散排气或在同层散热器上部串联一根空气管集中排气，如图 5-6 所示
分层式热水供暖系统	图 5-7 是分层式热水供暖系统。垂直方向分成两个或两个以上的独立系统称为分层式供暖系统，主要用于高层建筑中，图 5-7(a)是一般分层式热水供暖系统，图 5-7(b)为双水箱分层式热水供暖系统
双线式热水供暖系统	图 5-8 是双线式热水供暖系统。双线式系统有垂直式和水平式两种形式，主要用于高层建筑中

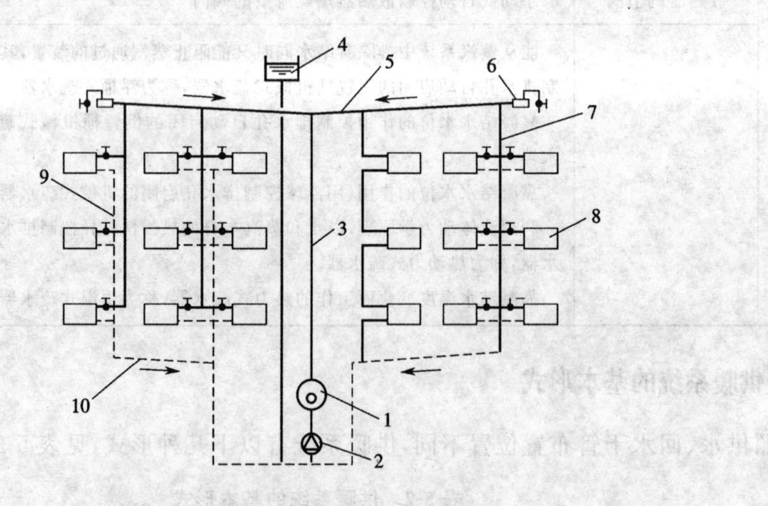

图 5-1　上供下回式热水供暖系统

1—热水锅炉；2—循环水泵；3—供水总立管；4—膨胀水箱；5—供水干管；6—集气罐；7—供水立管；8—散热器；9—回水立管；10—回水干管

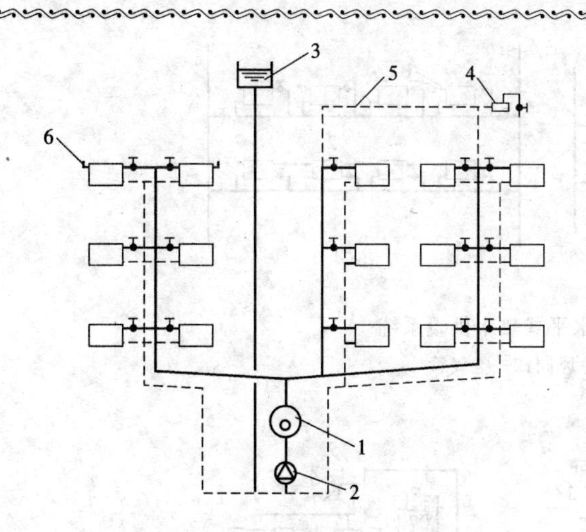

图 5-2　下供下回式热水供暖系统

1—热水锅炉；2—循环水泵；3—膨胀水箱；
4—集气罐；5—空气管；6—冷风阀

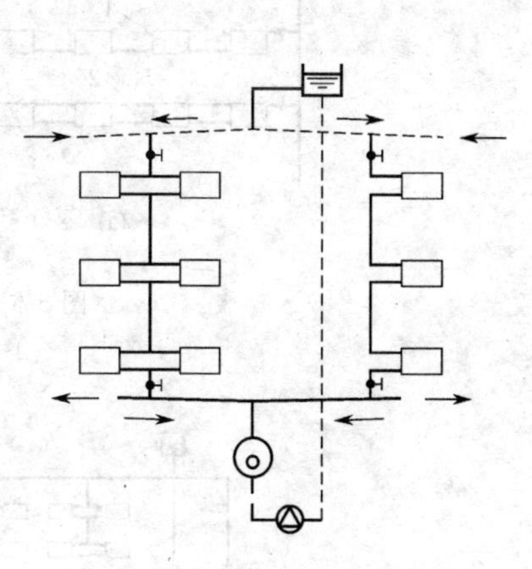

图 5-3　下供上回式热水供暖系统

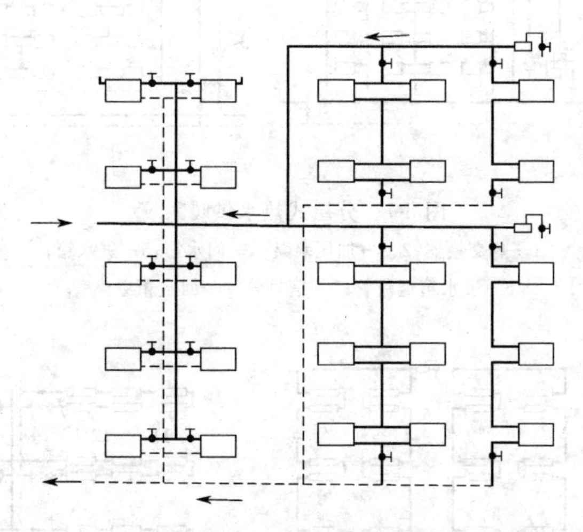

图 5-4　中供式热水供暖系统

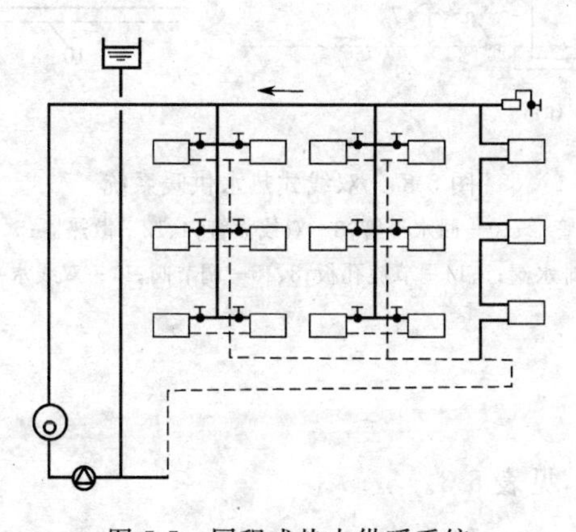

图 5-5　同程式热水供暖系统

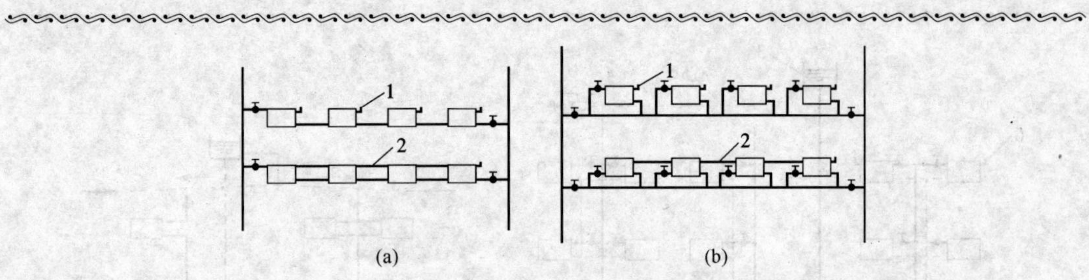

图 5-6　水平式热水供暖系统

1—冷风阀;2—空气管

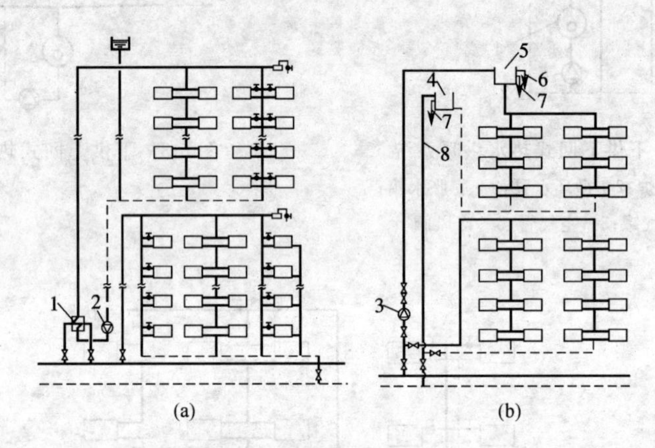

图 5-7　分层式热水供暖系统

1—热交换器;2、3—加压水泵;4—回水箱;5—进水箱;

6—进水箱溢流管;7—信号管;8—回水箱溢流管

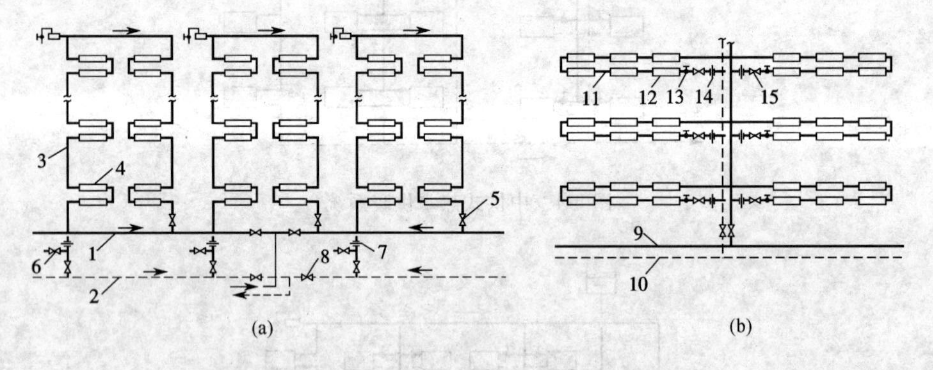

图 5-8　双线式热水供暖系统

1、9—供水干管;2、10—回水干管;3—双线立管;4、12—散热器;5、13—截止阀;

6—排水阀;7、14—节流孔板;8、15—调节阀;11—双线水平管

三、采暖施工图的组成

(1)采暖施工图的组成,见表 5-3。

表 5-3 采暖施工图的组成

项 目	内 容
采暖平面图	主要表明建筑物内采暖管道及采暖设备的平面布置情况，其主要内容如下： (1)采暖总管入口和回水总管出口的位置、管径和坡度； (2)各立管的位置和编号； (3)地沟的位置和主要尺寸及管道支架部分的位置等； (4)散热设备的安装位置及安装方式； (5)热水供暖时，膨胀水箱、集气罐的位置及连接管的规格； (6)蒸汽供暖时，管线间及末端的疏水装置、安装方法及规格； (7)地热辐射供暖时，分配器的规格、数量，分配器与热辐射管件之间的连接和管件的布置方法及规格
采暖系统轴测图	表明整个供暖系统的组成及设备、管道、附件等的空间布置关系，标明各立管编号，各管段的直径、标高、坡度，散热器的型号与数量(片数)，膨胀水箱和集气罐及阀件的位置与型号规格等
采暖详图	包括标准图和非标准图，采暖设备的安装都要采用标准图，个别的还要绘制详图。标准图包括散热器的连接安装、膨胀水箱的制作和安装、集气罐的制作和连接、补偿器和疏水器的安装、入口装置等。非标准图是指供暖施工平面图及轴测图中表示不清而又无标准图的节点图、零件图

(2)采暖施工图中管道、散热器、附件等均以图例的形式表式，管道与散热器的连接画法，见表 5-4。

表 5-4 管道与散热器的连接画法

系统形式	楼 层	平面图	轴测图
单管垂直式	顶层	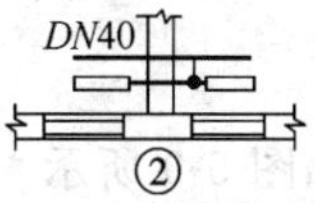 DN40 ②	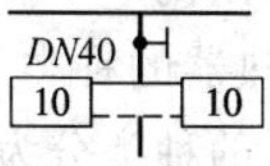 DN40 10 10
	中间层	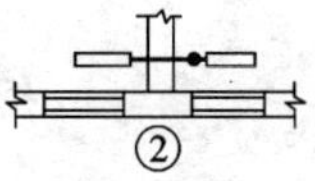 ②	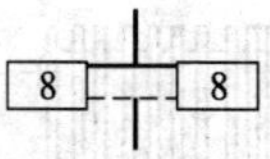 8 8
	底层	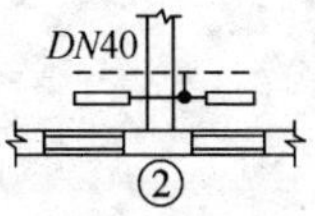 DN40 ②	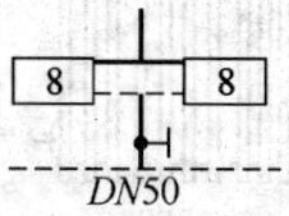 8 8 DN50
双管上分式	顶层	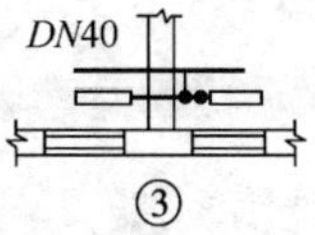 DN40 ③	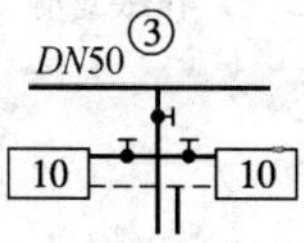 ③ DN50 10 10

续上表

系统形式	楼　层	平面图	轴测图
双管上分式	中间层	③	7　7
	底层	DN50 ③	9　9 DN50
双管下分式	顶层	⑤	⑤ 10　10
	中间层	⑤	7　7
	底层	DN40 DN40 ⑤	9　9 DN40 DN40

四、建筑采暖设备图例

建筑采暖设备有散热器、暖风机、高位膨胀水箱、集气罐等。

1. 散热器的图例

(1)常用散热器的种类。

常用散热器的种类分为长翼型和柱型散热器，如图 5-9 所示。

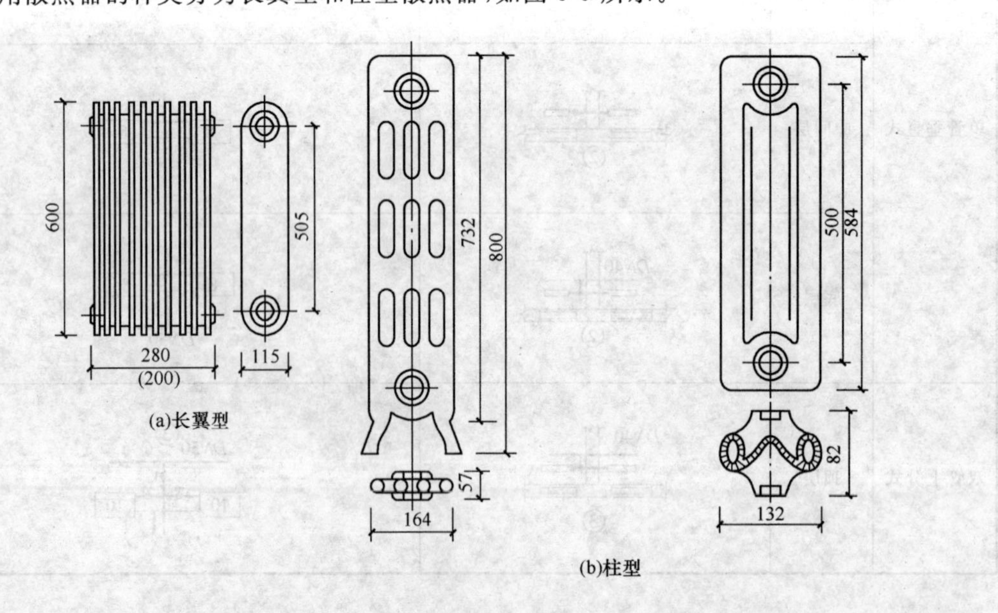

图 5-9　散热器的种类

(2)散热器的组装。

由单片散热器组成散热器组(1 片散热器也可成为一组),散热器的组装用螺纹连接,组装散热器组所用管件有对丝(两端螺纹方向不同)、丝堵(分左、右螺纹丝堵)、补心(分左、右螺纹补心)。对丝、丝堵、补心如图 5-10 所示。

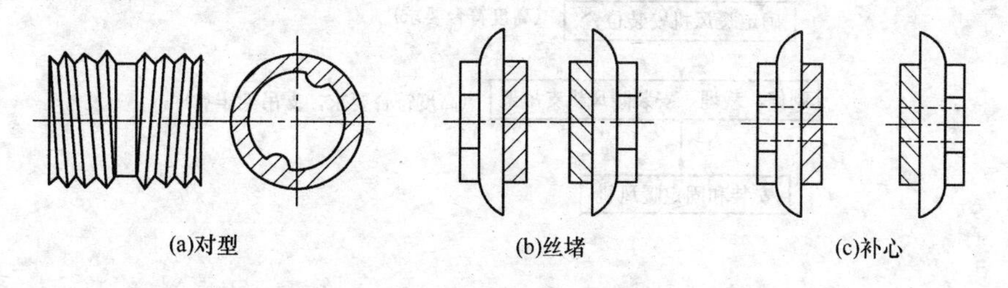

图 5-10　散热器组装管件

为了加强螺纹连接的密封性,在各组装管件上应先放置胶垫。散热器组装时需要用管钳、专用组装钥匙。

(3)散热器的施工方法。

1)散热器常安装在建筑外墙的窗户内,其散热器组中心线应和窗户的垂直中心线相合。

2)散热器的施工顺序。

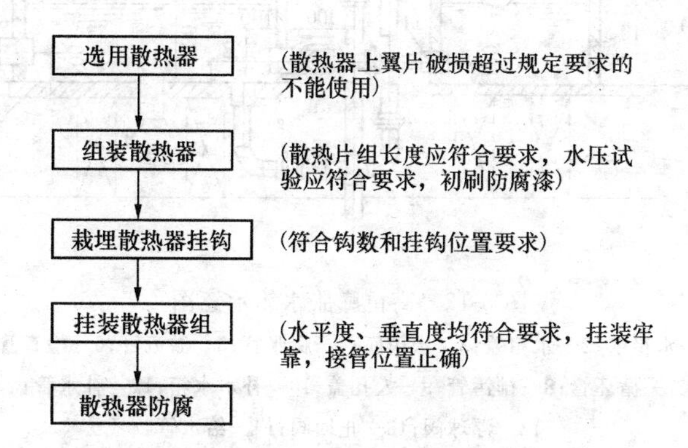

2. 暖风机的图例

(1)暖风机示意图。

暖风机由散热排管、风机及外壳组成一体,如图 5-11 所示。

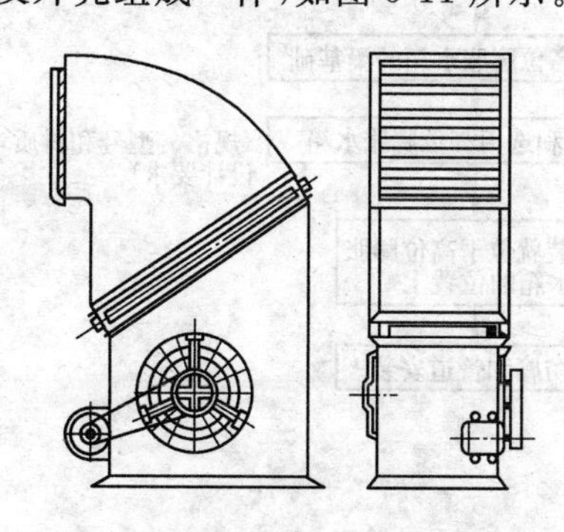

图 5-11　暖风机示意图

(2)暖风机的施工顺序。

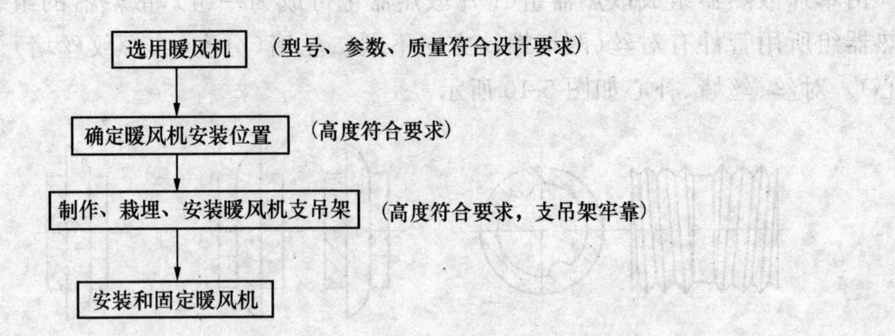

3.高位膨胀水箱的图例

(1)高位膨胀水箱示意图。

高位膨胀水箱的基本图示如图 5-12 所示。

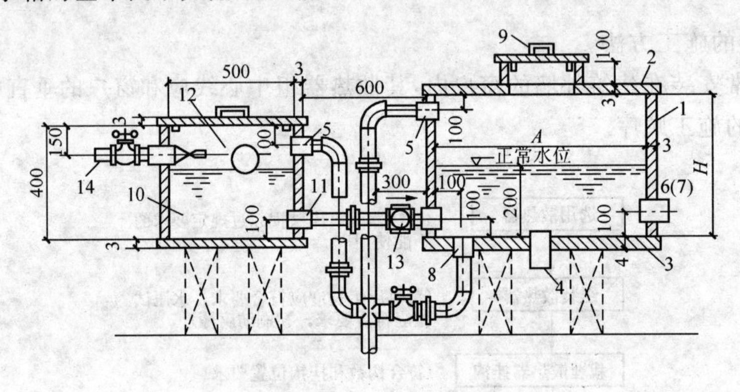

图 5-12　高位膨胀水箱示意图

1—水箱壁;2—水箱盖;3—水箱底;4—膨胀管;5—溢流管;6—检查管;
7—循环管;8—排污管;9—人孔盖;10—补水水箱;11—补水管;
12—浮球阀;13—止回阀;14—给水管

(2)高位膨胀水箱的施工顺序。

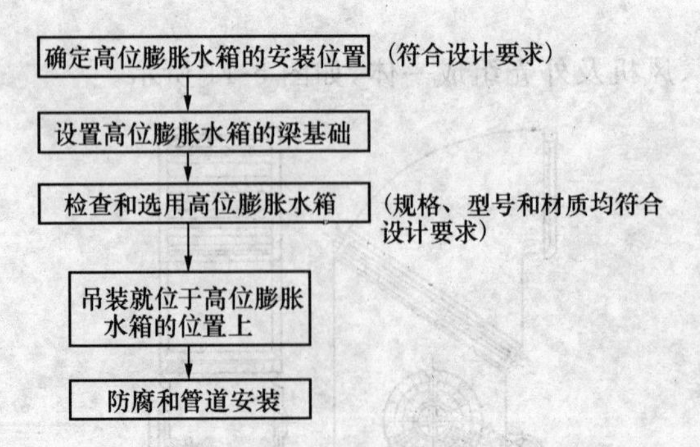

4.集气罐的图例

采暖管道上安装集气罐用于收集和排除系统内的空气，采用钢管制作，其管径一般为

150～200 mm,长度在 250～300 mm,安装在系统管道上的最高处。集气罐的安装分立式和卧式两种,如图 5-13 所示。

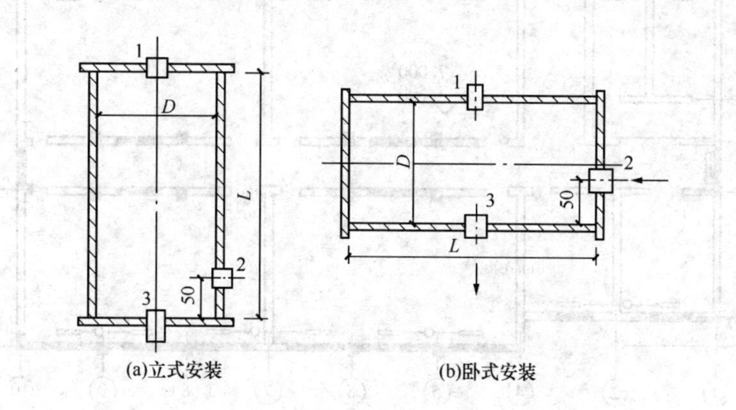

图 5-13　集气罐的施工

1—排气管;2—进水管;3—出水管

第二节　采暖施工图识读

一、采暖平面图实例

1. 平面示意图

图 5-14 为某企业办公楼的采暖平面图。

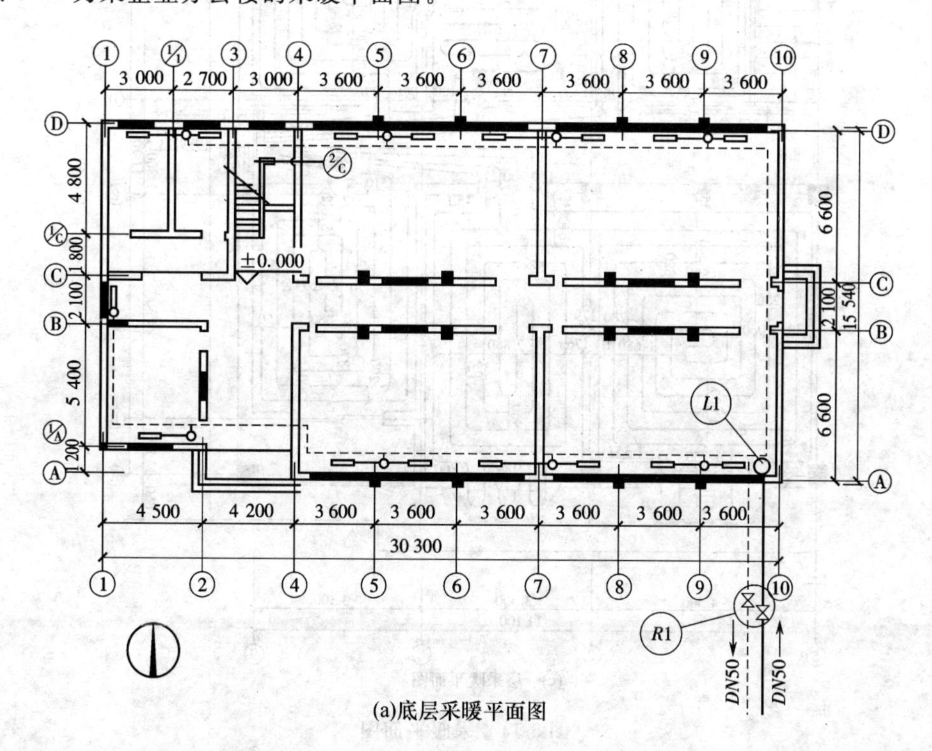

图　5-14

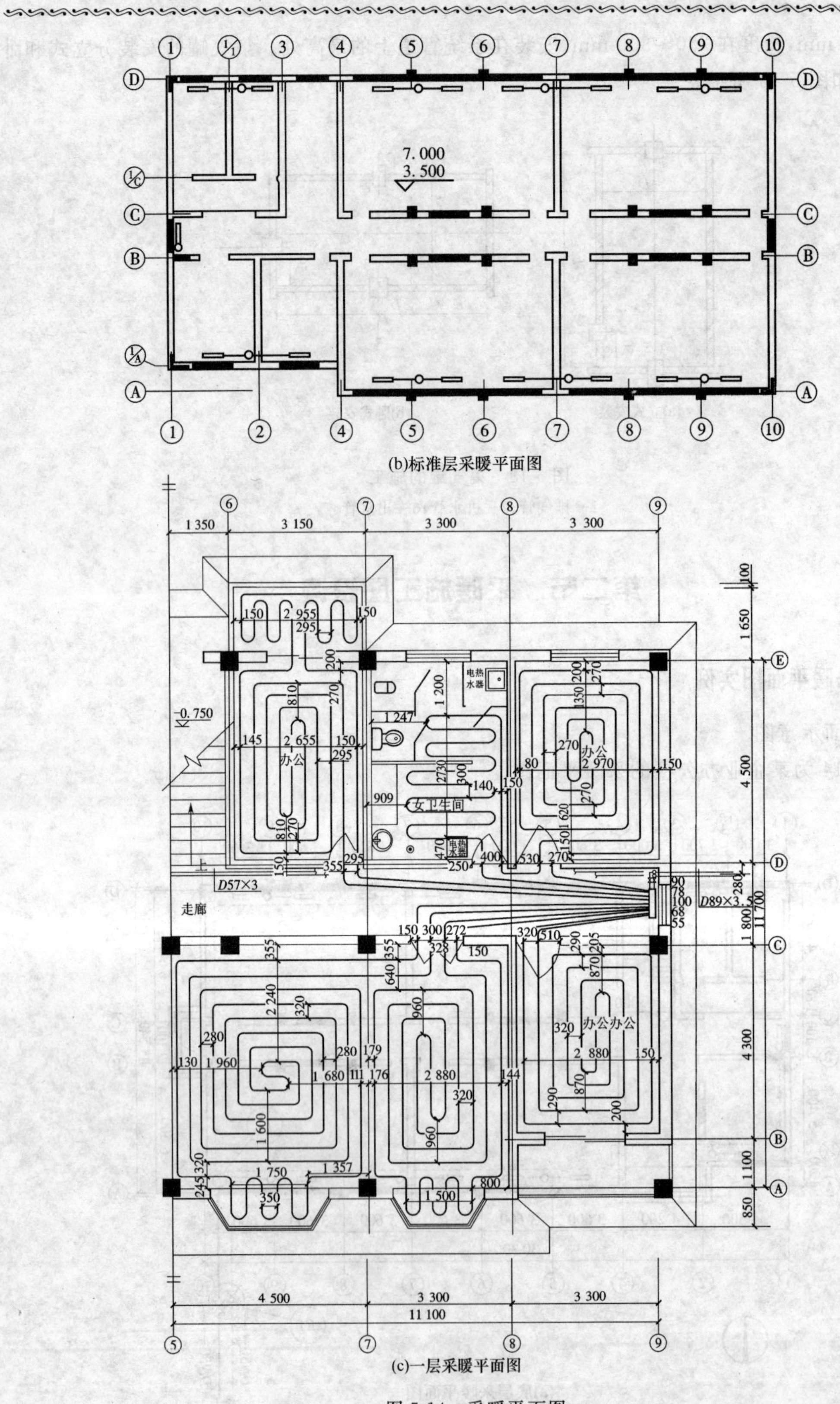

(b)标准层采暖平面图

(c)一层采暖平面图

图 5-14 采暖平面图

2. 相关知识

采暖平面图识读方法，见表 5-5。

表 5-5　采暖平面图识读方法

项　目	内　容
入口与出口	查找采暖总管入口和回水总管出口的位置、管径和坡度及一些附件。引入管一般设在建筑物中间或两端或单元入口处。总管入口处一般由减压阀、混水器、疏水器、分水器、分汽缸、除污器、控制阀门等组成。如果平面图上注明有入口节点图的，阅读时则要按平面图所注节点图的编号查找入口详图进行识读
干管的布置	了解干管的布置方式，干管的管径，干管上的阀门、固定支架、补偿器等的平面位置和型号等。读图时要查看干管是敷设在最顶层、中间层，还是最底层。干管敷设在最顶层说明是上供式系统，干管敷设在中间层说明是中供式系统，干管敷设在最底层说明是下供式系统。在底层平面图中会出现回水干管，一般用粗虚线表示。如果干管最高处设有集气罐，则说明为热水供暖系统；如果散热器出口处和底层干管上出现有疏水器，则说明干管（虚线）为凝结水管，从而表明该系统为蒸汽供暖系统。 读图时还应弄清补偿器与固定支架的平面位置及其种类。为了防止供热管道升温时，由于热伸长或温度应力而引起管道变形或破坏，需要在管道上设置补偿器。供暖系统中的补偿器常用的有方形补偿器和自然补偿器
立管	查找立管的数量和布置位置。复杂的系统有立管编号，简单的系统有的不进行编号
建筑物内散热设备的位置、种类、数量	查找建筑物内散热设备（散热器、辐射板、暖风机）的平面位置、种类、数量（片数）以及散热器的安装方式。散热器一般布置在房间外窗内侧窗台下（也有沿内墙布置的）。散热器的种类较多，常用的散热器有翼型散热器、柱型散热器、钢串片散热器、板型散热器、扁管型散热器、辐射板、暖风机等。散热器的安装方式有明装、半暗装、暗装。一般情况下，散热器以明装较多。结合图纸说明确定散热器的种类和安装方式及要求
各设备管道连接情况	对热水供暖系统，查找膨胀水箱、集气罐等设备的平面位置、规格尺寸及与其连接的管道情况。热水供暖系统的集气罐一般装在系统最宜集气的地方，装在立管顶端的为立式集气罐，装在供水干管末端的为卧式集气罐

二、采暖系统轴测图

1. 示意图

某居民楼采暖系统轴测图，如图 5-15 所示。

2. 相关知识

（1）查找入口装置的组成和热入口处热媒来源、流向、坡向、管道标高、管径及热入口采用的标准图号或节点图编号。

（2）查找各管段的管径、坡度、坡向，设备的标高和各立管的编号。一般情况下，系统图中各管段两端均注有管径，即变径管两侧要注明管径。

（3）查找散热器型号规格及数量。

（4）查找阀件、附件、设备在空间中的布置位置。

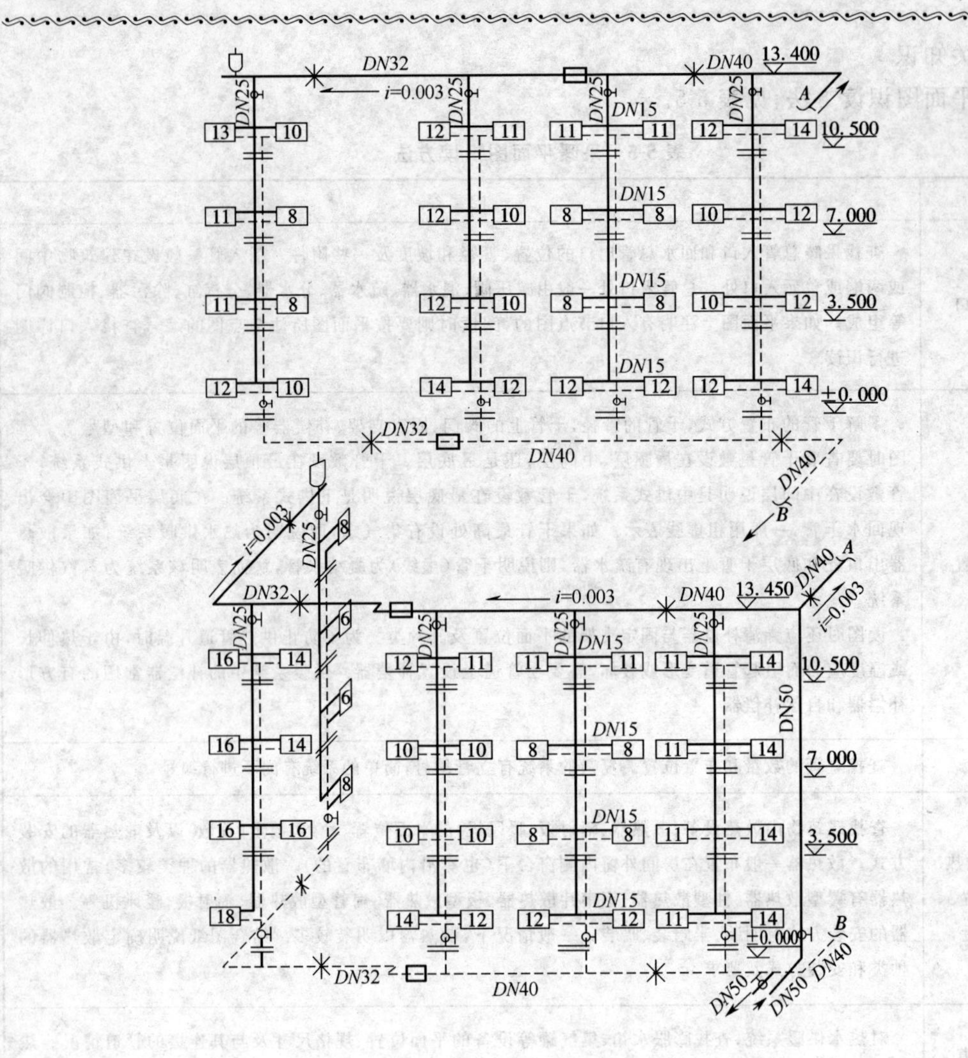

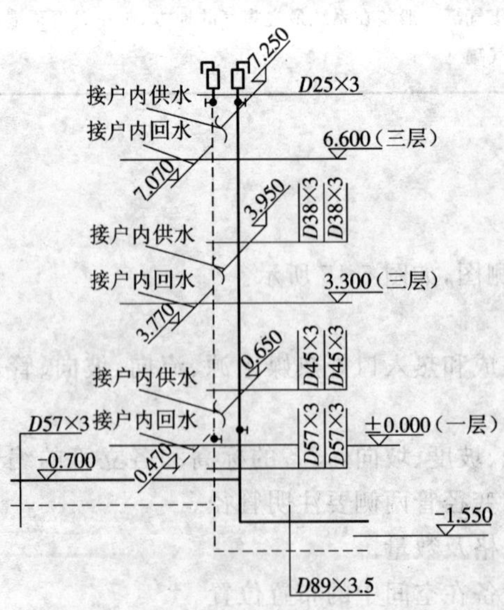

图 5-15　采暖系统轴测图

三、采暖详图实例

1. 采暖详图

采暖详图实例，如图 5-16 所示。

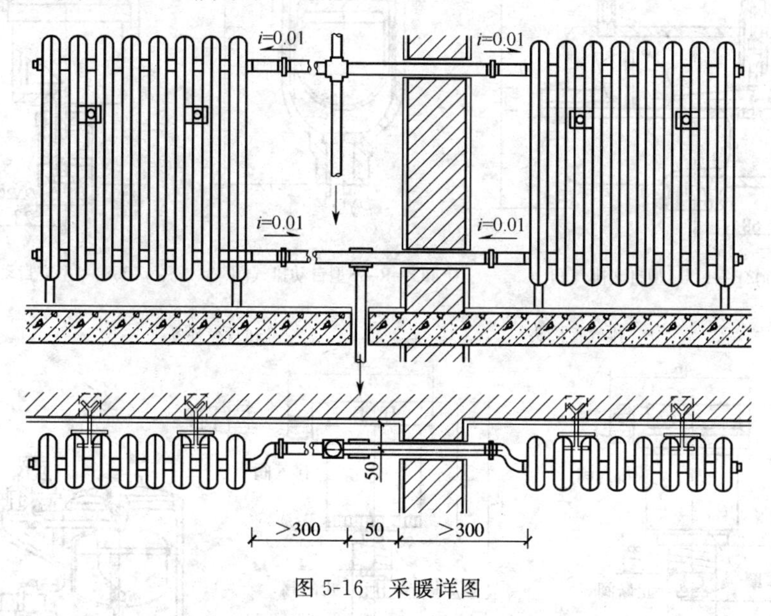

图 5-16　采暖详图

2. 相关知识

(1)图 5-16 是一组散热器的安装详图。图中表明暖气支管与散热器和立管之间的连接形式，散热器与地面、墙面之间的安装尺寸、结合方式及结合件本身的构造等。

(2)对采暖施工图，一般只绘制平面图、系统图和通用标准图中所缺的局部节点图。在阅读采暖详图时，要弄清管道的连接做法、设备的局部构造尺寸、安装位置做法等。

第三节　采暖设备施工图识读

一、采暖自动排气阀安装图实例

1. 安装示意图

图 5-17 为采暖自动排气阀安装图。

2. 相关知识

(1)自动阀安装在系统的最高点和每条干管的终点，排气阀适用型号及具体设置位置应由设计给出。

(2)安装排气阀前应先安装截断阀，当系统试压、冲洗合格后才可装排气阀。

(3)安装前不应拆解或拧动排气阀端的阀帽。

(4)排气阀安装后，使用之前将排气阀端的阀帽拧动 1～2 圈。

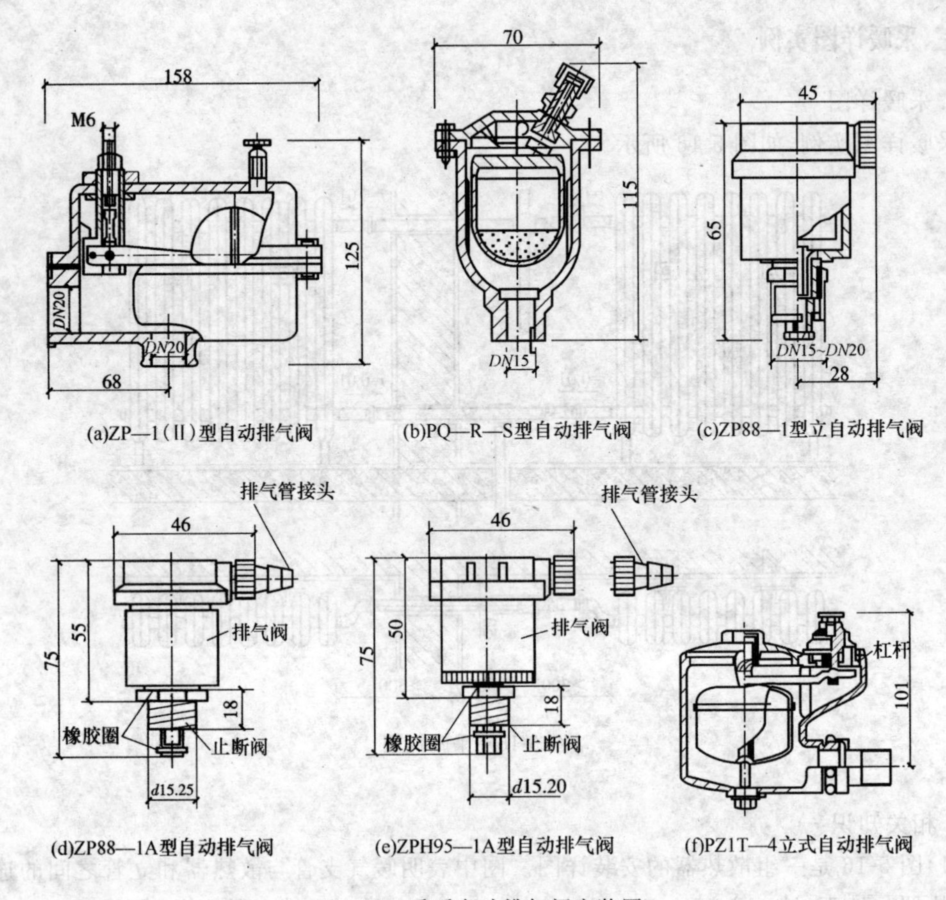

图 5-17 采暖自动排气阀安装图

二、采暖散热器安装组对施工图实例

1. 施工示意图

图 5-18 为采暖散热器安装组对施工图。

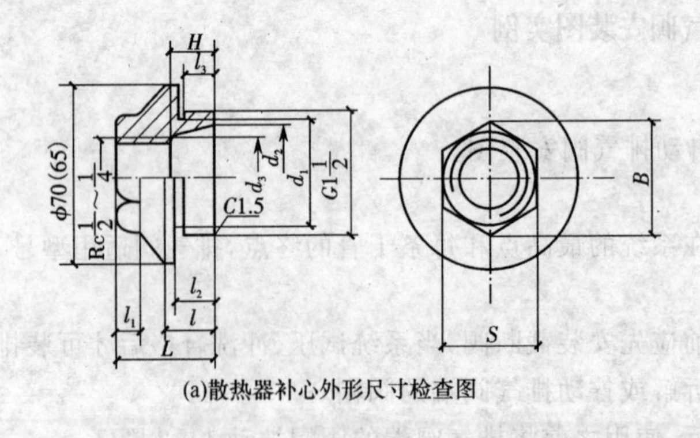

图 5-18

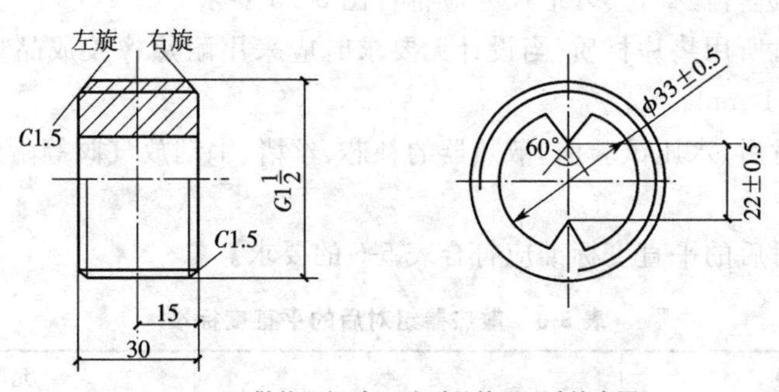

(b)散热器组对(A型)对丝外形尺寸检查图

（注：对丝的左、右螺纹长度应均布，两端之差不得大于3 mm ）

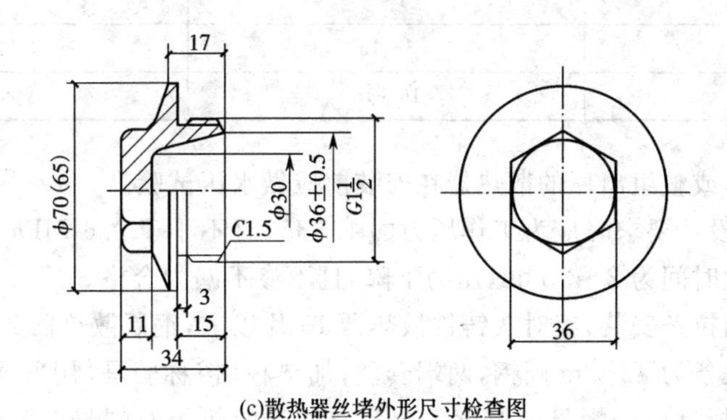

(c)散热器丝堵外形尺寸检查图

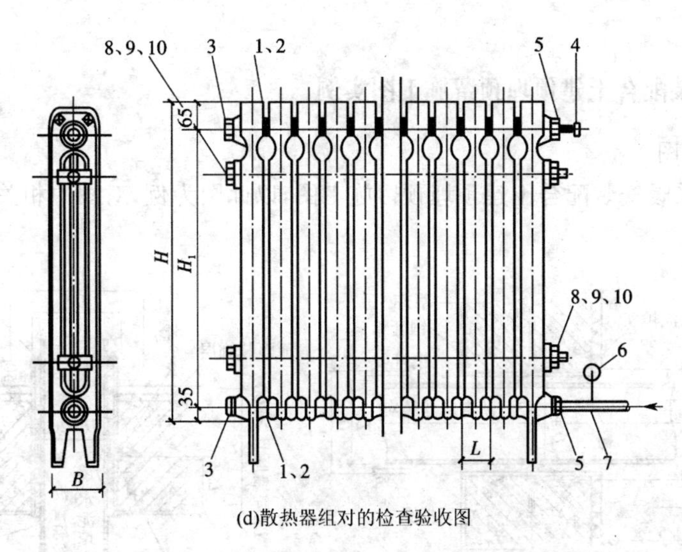

(d)散热器组对的检查验收图

图 5-18　采暖散热器安装组对施工图

1—对丝；2—垫片；3—丝堵；4—手动放气阀；5—补芯；6—散热器试压压力表；7—组对后试压进水管；8—拉杆；9—螺母；10—垫板

2. 相关知识

(1)散热器片制造质量应检查合格，特别是机加工部分，如凸缘及内外螺纹等，应符合技术标准。

(2)组对散热器前还应按《采暖散热器系列系数、螺纹及配件》(JG/T 6—1999)对散热器的补心、对丝、丝堵进行检查，其外形尺寸应符合图 5-18 要求。

(3)散热器组对所用垫片材质，当设计无要求时应采用耐热橡胶成品垫片，组对后垫片外露和内伸不应大于 1 mm。

(4)散热器组对后，水压试验前，散热器的补芯、丝堵、手动放气阀等附件应组装齐全，并接受水压试验检查。

(5)散热器组对后的平直度标准应符合表 5-6 的要求。

表 5-6　散热器组对后的平直度标准

散热器类型	片　数	允许偏差/mm
长翼型	2～4	4
	5～7	6
铸铁片式	3～15	4
钢制片式	16～15	6

散热器组对后，或整组出厂的散热器在安装前应做水压试验。

试验压力如无设计要求时应为工作压力的 1.5 倍，且不小于 0.6 MPa。

检验方法：试验时间为 2～3 min，压力下降，且不渗不漏为合格。

(6)散热器加固拉条安装，组对灰铸铁散热器 15 片以上，钢制散热器 20 片以上，应装散热器横向加固拉条；拉条为 ϕ8 mm 圆钢，两端套丝；加垫板(俗称骑马)用普通螺母紧固，拧紧拉条的丝杆外露不应超过一个螺母的厚度。拉条及两端的垫板及螺母应隐藏在散热器翼板内为宜。

三、采暖安装配合土建预埋预留施工图实例

1. 施工示意图

图 5-19 为采暖安装配合土建预埋预留施工图，以此图为例，对图中相关内容进行讲解。

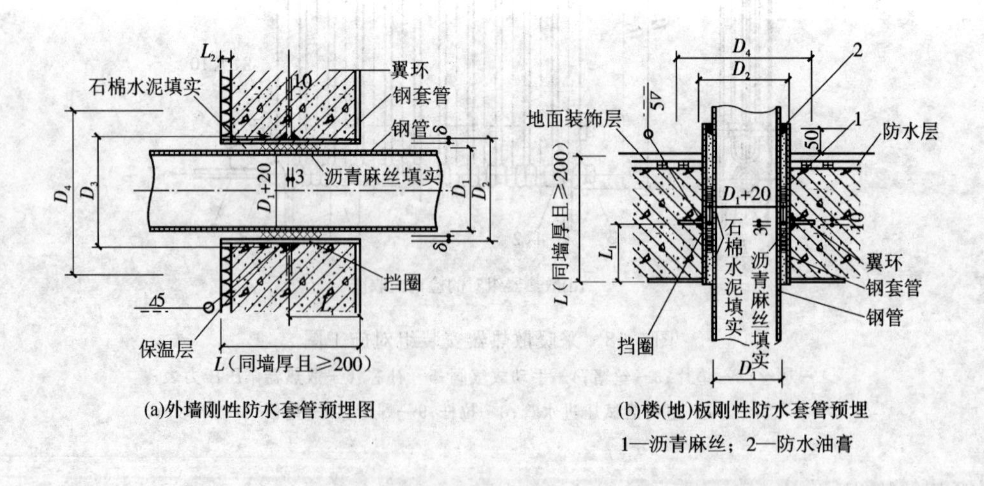

(a)外墙刚性防水套管预埋图　　(b)楼(地)板刚性防水套管预埋

1—沥青麻丝；2—防水油膏

图　5-19

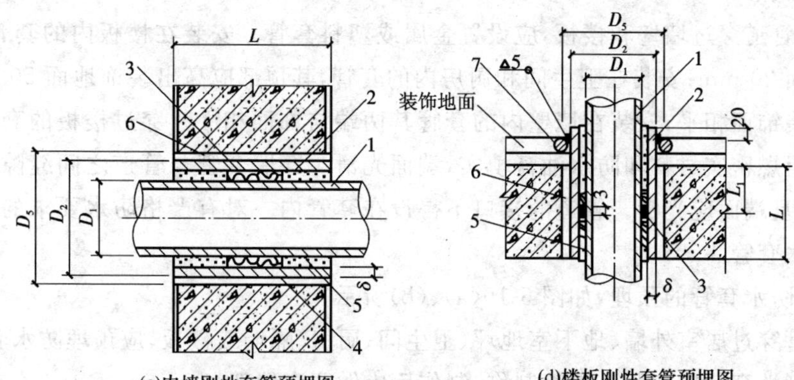

(c)内墙刚性套管预埋图　　(d)楼板刚性套管预埋图

1—采暖管道；2—刚性套管；3—挡圈（点焊于水管外壁）；4—沥青麻丝；5—石棉水泥（重量比=石棉0.5：水泥9.5：水1.2）；6—预留孔洞；7—托架

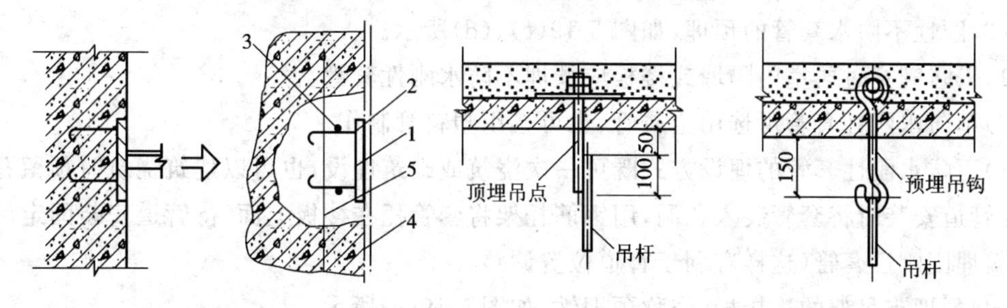

(e)连接板预埋　　(f)混凝土楼板上吊件预埋

1—埋板；2—连接板钢筋；3—混凝土钢筋；4—混凝土模板；5—钢丝线

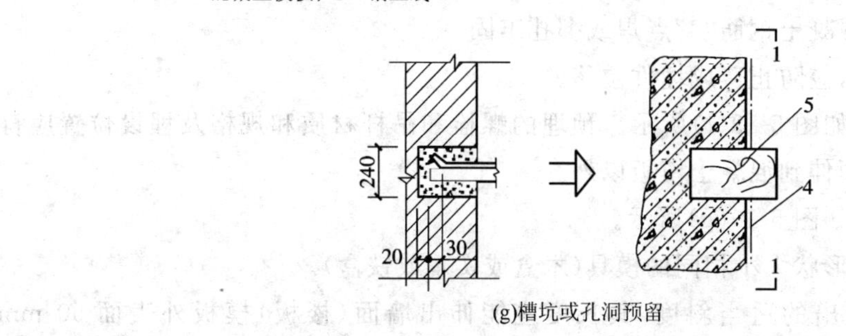

(g)槽坑或孔洞预留

4—混凝土模板；5—空调或槽坑模型

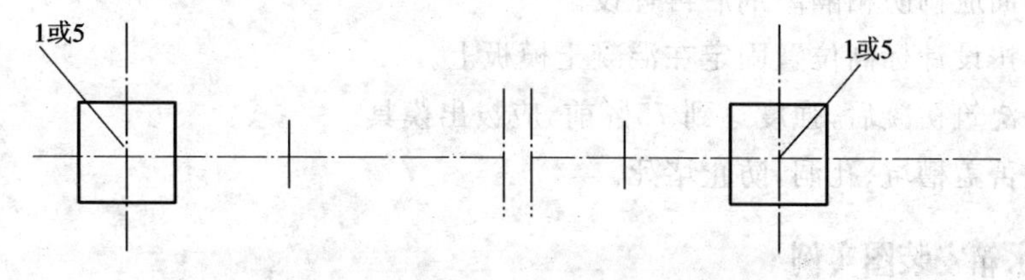

剖面1—1 预埋、预留件位置放线示意图

1—连接板；5—空洞或槽坑模型

图 5-19　采暖安装配合土建预埋预留施工图

2. 相关知识

(1)采暖管道穿过墙壁和楼板,应设置金属或塑料套管。安装在楼板内的套管,其顶部应高出装饰地面 20 mm;安装在卫生间和厨房内的套管,其顶部应高出装饰地面 50 mm,底部应与楼板底面装饰面相平;安装在墙壁内的套管其两端与饰面相平。穿过楼板的套管与管道之间缝隙应用阻燃密实材料和防水油膏填实,端面光滑。穿墙套管与管道之间缝隙宜用阻燃密实材料填实,且端面应光滑。管道的接口不得设在套管内。对有严格防水要求的建筑物必须采用柔性防水套管。

(2)刚性防水套管的预埋,如图 5-19(a)、(b)所示。

1)采暖管穿过居室外墙、地下室地坪、卫生间、厨房、隔墙或楼板,应预埋防水套管。

2)防水刚性套管应选用金属管制作,制作后应做防腐处理。

3)防水刚性套管应绑扎或焊接固定在混凝土钢筋上,在确保位置标高正确时,一次浇筑、埋设在混凝土内。

(3)刚性不防水套管的预埋,如图 5-19(c)、(d)所示。

1)采暖管穿过居室内隔墙或楼板应预埋不防水刚性套管。

2)不防水刚性套管可选用金属管,也可选用塑料管制作。

3)不防水刚性套管的埋设方式既可一次浇筑或砌筑埋设,也可以建筑浇筑时预留孔洞(件8),在管道安装时将套管装入孔洞,用钢筋托架将套管托在楼板上面,待管道安装固定后,再二次浇筑埋固刚性套管(这样有利于管道位置调整)。

(4)预埋支吊架的连接板,俗称预埋铁,如图 5-19(e)所示。

1)预埋板标高和纵横中心应拉钢丝线"5"进行校核。埋板"1"的外板面紧靠混凝土模板里面。

2)连接板钢筋"2"与混凝土钢筋"3"点焊或绑扎牢固。

3)混凝土浇筑振捣时,应防止造成埋件位移。

(5)预埋螺栓和吊杆,如图 5-19(f)所示。预埋的螺栓和吊杆材质和规格及埋设位置应符合设计要求,埋件端头必须伸到混凝土模板以外。

(6)预留槽坑或孔洞,如图 5-19(g)所示。

1)制作与槽坑或孔洞形状大小相同的模具(木盒或实木或铁盒)。

①模具应留有利于拔出的适当斜度,其长度应能伸出墙面(楼板)模板外表面 50 mm 以上。

②模具表面应刷防粘隔离剂后再埋设。

2)将模具按设计标高位置固定在混凝土模板上。

3)混凝土浇筑初凝后,强度达到 75%前,应拔出模具。

4)虚塞或苫盖槽坑、孔洞,防止堵死。

四、膨胀水箱安装图实例

1. 安装示意图

图 5-20 为膨胀水箱安装图,以此图为例,对图中相关内容进行识读。

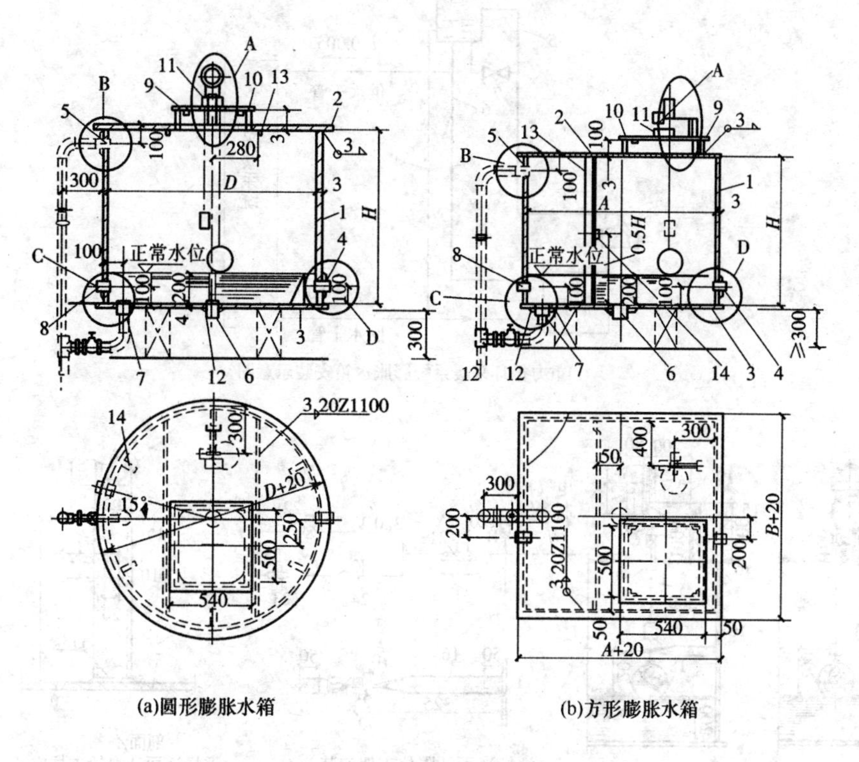

(a)圆形膨胀水箱　　(b)方形膨胀水箱

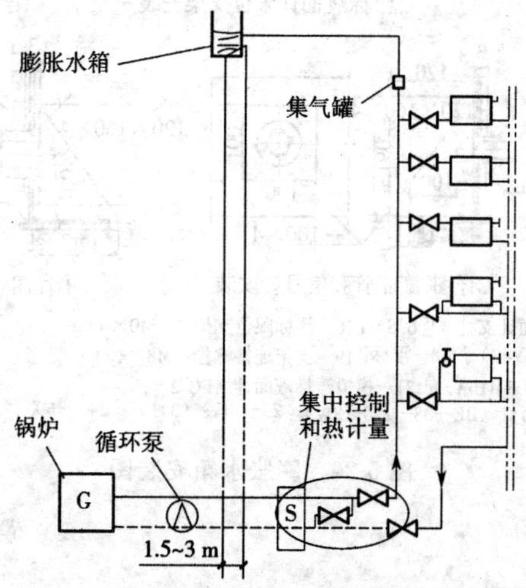

(c)机械循环采暖系统膨胀水箱安装示意图

图　5-20

1、2、3—膨胀水箱的壁、顶、底；4—$DN20$～$DN25$ 循环管；5—$DN50$～$DN70$ 溢水管；
6—$DN40$～$DN50$ 膨胀管；7—$DN32$ 排水管；8—$DN20$ 信号管(检查管)；9、10、
11—人孔盖、管(框)、拉手；12—管孔加强板；13、14—箱体加强角钢、拉杆

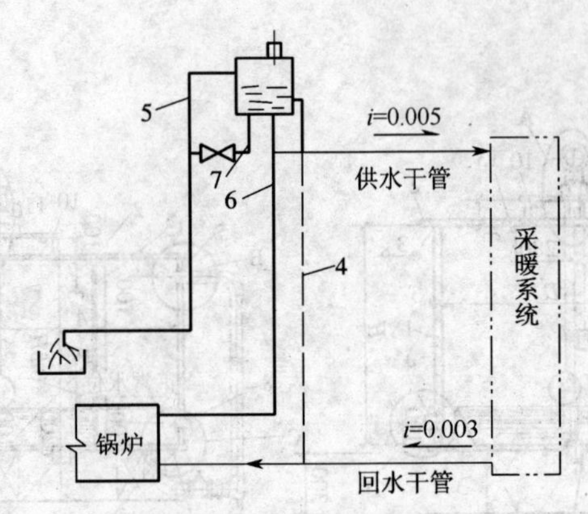

(c)重力循环采暖系统膨胀水箱安装示意图

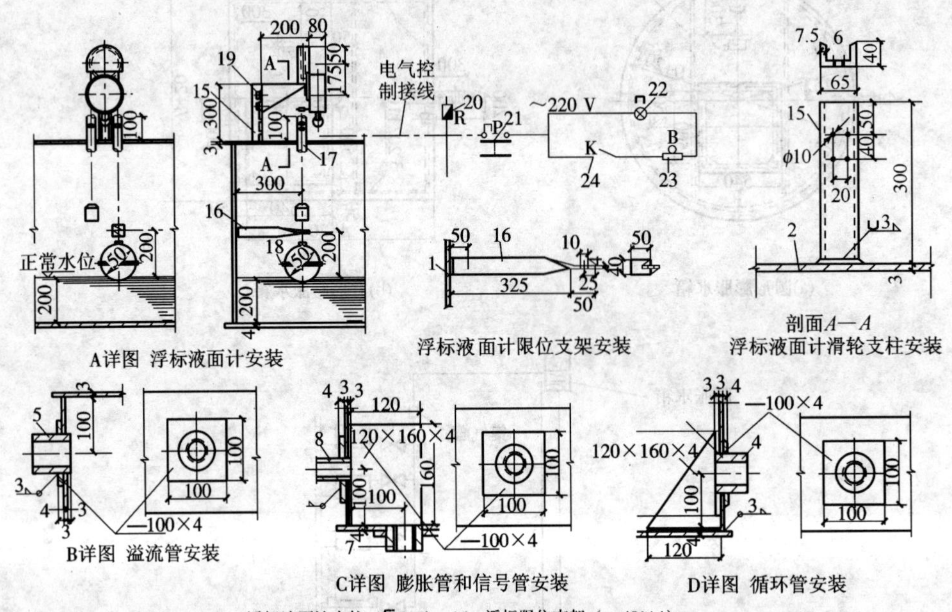

A详图 浮标液面计安装　　浮标液面计限位支架安装　　浮标液面计滑轮支柱安装

B详图 溢流管安装　　C详图 膨胀管和信号管安装　　D详图 循环管安装

15—浮标液面计支柱（[6.5）；16—浮标限位支架（—40×4）；
17—套管（DN40）；18—浮标；19—支架连接螺栓（M8×16）；
20—熔断器（RM16A）；21—模拟浮标液面计（FQ-2）；
22—红色信号灯（BE—38—220—8W）；23—电铃（3时）；24—开关

图 5-20　膨胀水箱安装图

2. 相关知识

(1)机械循环热水采暖系统的膨胀水箱，安装在循环泵入口前的回水管(定压点处)上部，膨胀水箱底标高应高出采暖系统 1 m 以上，如图 5-20(c)所示。

(2)重力循环上供下回热水采暖系统的膨胀水箱安装在供水总立管顶端，膨胀水箱箱底标高应高出采暖系统 1 m 以上，应注意供水横向干管和回水管的坡向及坡度应符合图 5—20(d)所示的箭头指向及坡度参数。

(3)膨胀水箱的膨胀管(件 6)及循环管(件 4)不得安装阀门，并要求：

1)循环管与系统总回水管干管连接，其接点位置与定压点的距离应为 1.5～3 m(如果膨胀水箱安装在取暖房间内可取消此管)；

2)膨胀管的连接,如图 5-20 中 C 详图所示。

(4)溢水管(件 5)同样不能加阀门,且不可与压力回水管及下水管连接,应无阻力自动流入水池或水沟。

(5)水箱清洗、放空排污管(件 7)应加截断阀,可与溢流管连接,也可直排。

(6)信号管(件 8)亦称检查管道,连同浮标液面计的电器、仪表、控制点,应引至管理人员易监控和操作的部位(如主控室、值班室)。

(7)膨胀水箱制造,如图 5-20(a)、(b)所示。

(8)膨胀水箱的箱体及附件(入浮标液面计、内外爬梯、人孔、支座等)的制造尺寸、数量、材质及合格标准等,应符合设备制造规范、标准及设计要求。

五、加热管固定及地暖系统水压试验施工图实例

1.施工示意图

加热管固定及地暖系统水压试验施工图,如图 5-21 所示。

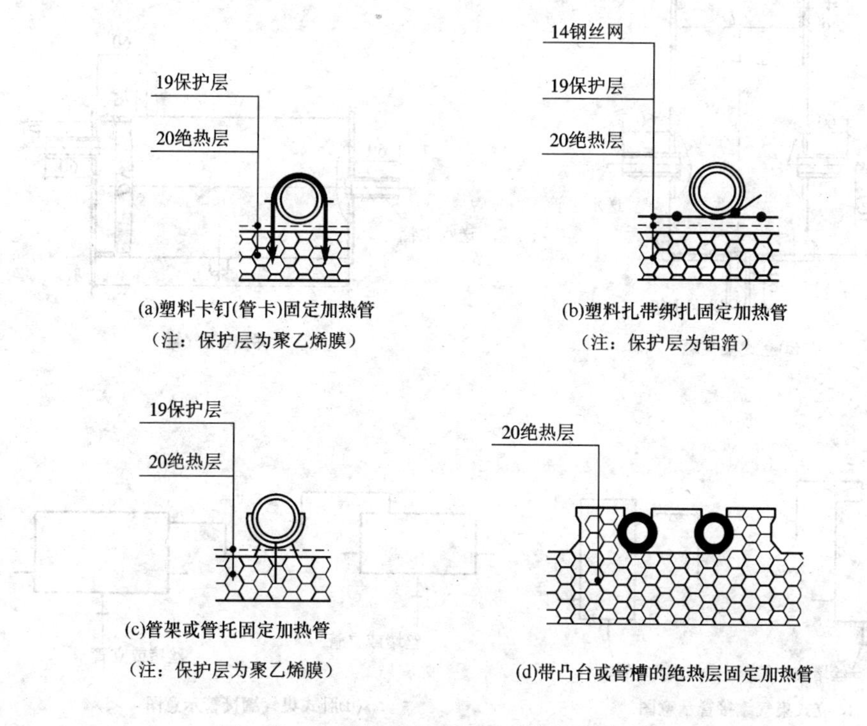

图 5-21　加热管固定及地暖系统水压试验施工图

2.相关知识

(1)水压试验之前除按左图固定加热管之外,还应对试压管道和构件采取其他安全有效的固定和保护措施。

(2)试验压力应为不小于系统静压加 0.3 MPa,但不得低于 0.6 MPa。

(3)冬季进行水压试验时,应采取可靠的防冻措施。

(4)水压试验步骤:

1)经分水器缓慢注水,同时将管道内空气排出;

2)充满水后,进行水密性检查;

3)采用手动泵缓慢升压,升压时间不得小于 15 min;

4)升压至规定工作压力后,停止加压,稳压 1 h,观察有无漏水现象;

5)稳压 1 h 后,补压至规定试验压力值,15 min 内的压力降不超过 0.05 MPa,无渗漏为合格。

六、集气罐安装图实例

1.安装示意图

图 5-22 为集气罐安装示意图。

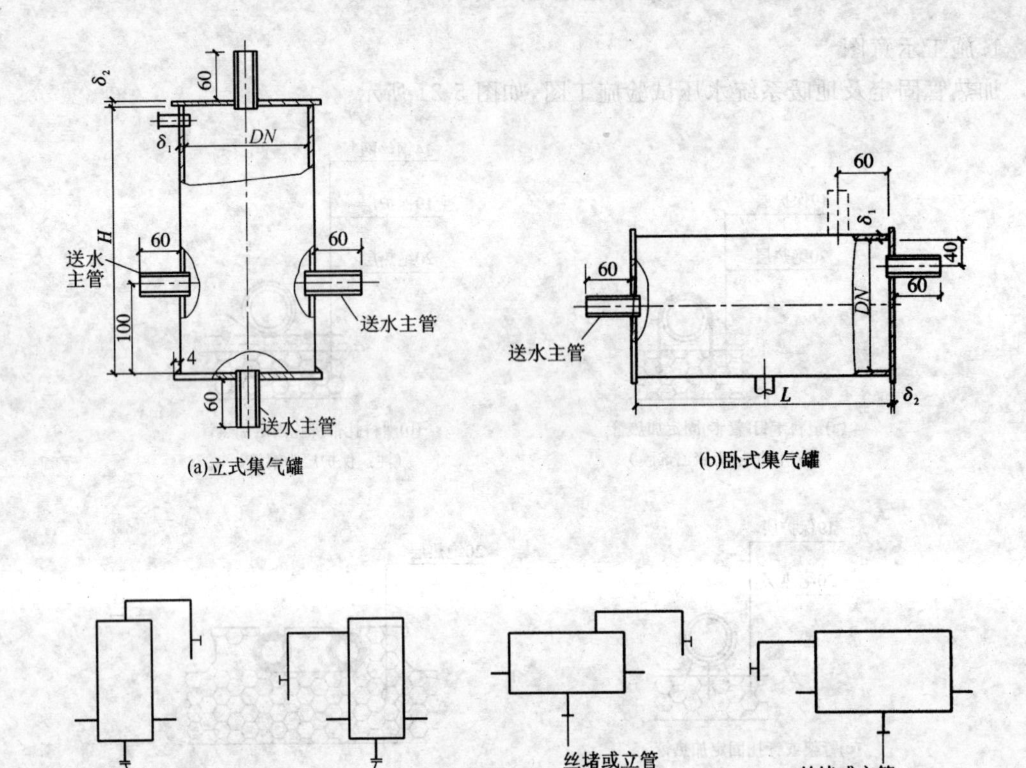

图 5-22　集气罐安装图

2.相关知识

(1)集气罐安装位置多为供水系统最高点和主要干管的末端。

(2)集气罐的排气管应加截断阀(见集气罐接管示意图),在系统上水时反复开关此阀,运行时定期开阀放气。

(3)集气罐安装的支架应参照管道支架安装要求进行施工和检验。

七、分、集水器安装图实例

1. 安装示意图

分、集水器安装图实例，如图 5-23 所示。以此图为例，对图中相关内容进行识读。

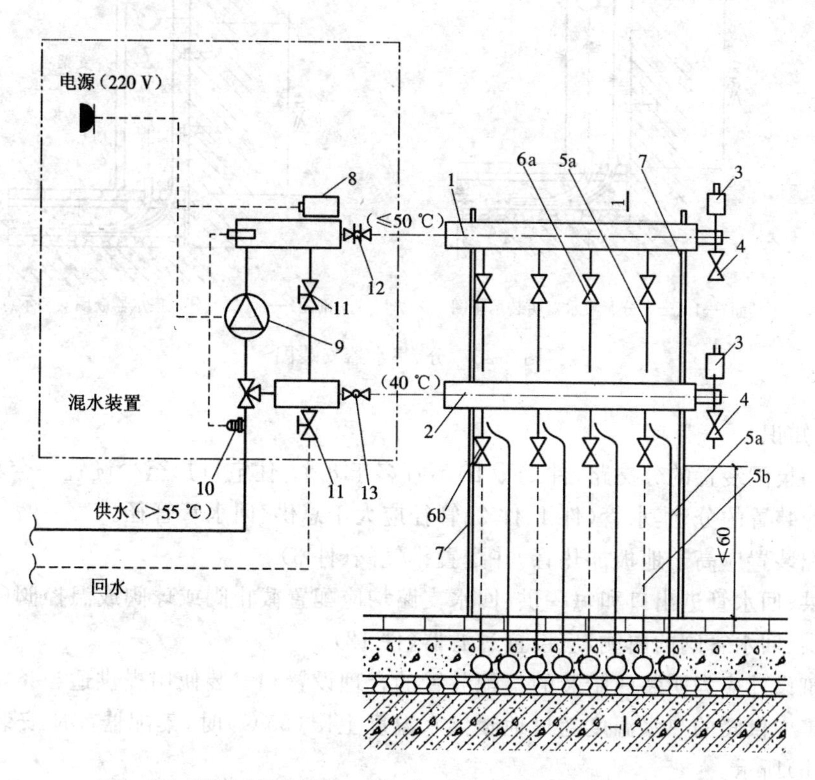

（注：集中供暖热水温度高于55 ℃时，分、集水器前应安装混水装置）

(a)分、集水器与混水装置安装示意图

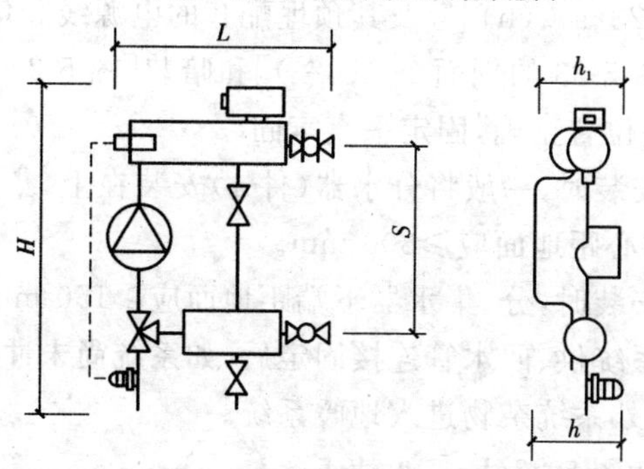

(b)混水装置安装尺寸

图 5-23

1—分水器；2—集水器；3—自动排气阀；4—泄水阀；5a—供水管；5b—回水管；6a—分水控制阀；6b—集水控制阀；7　分、集水器支架；8—电子温感器；9—调速水泵；10—远传温控阀；11—调解阀；12—温控及过滤阀；13—测温阀

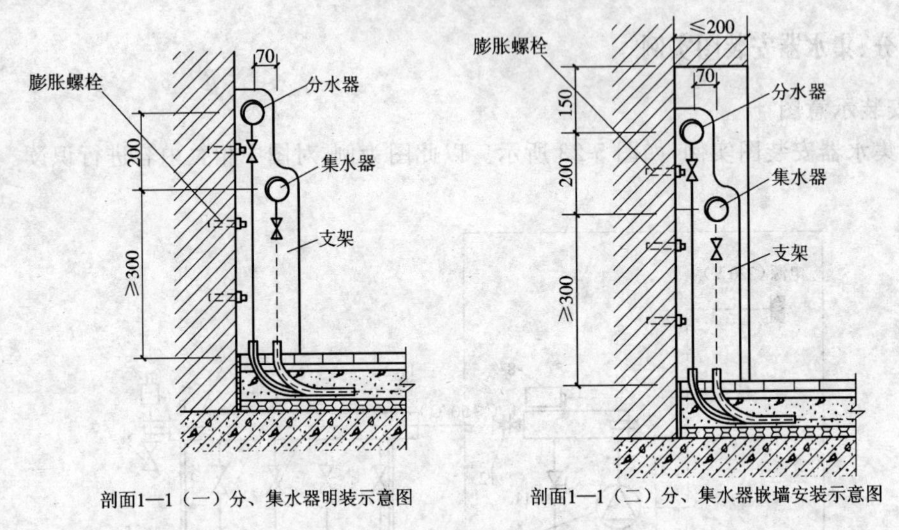

图 5-23　分、集水器安装图

2.相关知识

(1)每一集配装置的分支路(件 5a、5b)不宜多于 8 个;住宅每户至少设置一套集配装置。

(2)集配装置的分、集水管(件 1、件 2)管径应大于总供、回水管管径。

(3)集配装置应高于地板加热管,并配置排气阀(件 3)。

(4)总供、回水管进出口和每一供、回水支路均应配置截止阀或球阀或温控阀(件 6a、6b)。

(5)总供、回水管阀的内侧,应设置过滤器(件 12)。

(6)建筑设计应为明装或暗装的集配装置的合理设置和安装使用提供适当条件。

(7)当集中供暖的热水温度超过地暖供水温度上限(55℃)时,集配器前应安装混水装置,如图 5-23 (h)所示。

(8)当分、集水器配有混水装置和地暖各环路设置温度控制器时,集配器安装部位应预埋电器接线盒、电源插座[图 5-23(a)、(h)]等及其预埋配套的电源线和信号线的套管。

(9)分、集水器有明装[图 5-23 的剖面 1—1(一)]和暗装[图 5-23 的剖面 1—1(二)],要求分、集水器的支架(件 7)安装位置正确,固定平直牢固。

(10)当分、集水器水平安装时,一般将分水器(件 1)安装在上,集水器(件 2)安装在下,中心距宜为 200 mm,集水器中心距地面应≥300 mm。

(11)当分、集水器垂直安装时,分、集水器下端距地面应≥150 mm。

(12)分、集水器安装与系统供、回水管连接固定后,如系统尚未冲洗,应再将集配器与总供回水管之间临时断开。防止外系统杂物进入地暖系统。

(13)混水装置安装尺寸[图 5-23(b)],见表 5-7。

表 5-7　混水装置安装尺寸

规　格	长　度
L/mm	404
S/mm	210
H/mm	404
h_1/mm	150
h/mm	165.5

参 考 文 献

[1] 王旭.管道工程识图教材[M].上海:上海科学技术出版社,2011.
[2] 姜湘山.怎样看懂建筑设备图[M].北京:机械工业出版社,2008.
[3] 赵荣义.简明空调设计手册[M].北京:中国建筑工业出版社,1998.
[4] 中华人民共和国住房和城乡建设部.GB/T 50014—2010 暖通空调制图标准[S].北京:中国建筑工业出版社,2010.
[5] 孙勇,苗蕾.建筑构造与识图[M].北京:化学工业出版社,2005.
[6] 齐明超,梅素琴.土木工程制图[M].北京:机械工业出版社,2003.
[7] 高霞,杨波.建筑采暖、通风、空调施工图识读技法[M].安徽:安徽科学技术出版社,2011.